Prozessmanagement in Einkauf und Logistik

Thomas Liebetruth

Prozessmanagement in Einkauf und Logistik

Instrumente und Methoden für das Supply Chain Process Management

Springer Gabler

Thomas Liebetruth
Ostbayerische Technische
Hochschule Regensburg
Regensburg
Deutschland

ISBN 978-3-658-09758-5 ISBN 978-3-658-09759-2 (eBook)
DOI 10.1007/978-3-658-09759-2

Die Deutsche Nationalbibliothek verzeichnet diese Publikation in der Deutschen Nationalbibliografie; detaillierte bibliografische Daten sind im Internet über http://dnb.d-nb.de abrufbar.

Springer Gabler

Lektorat: Susanne Kramer

Gedruckt auf säurefreiem und chlorfrei gebleichtem Papier

Springer Fachmedien Wiesbaden ist Teil der Fachverlagsgruppe Springer Science+Business Media
(www.springer.com)

Vorwort

Dieses Buch ist entstanden nach fast zehn Jahren Erfahrung als Unternehmensberater und fünf Jahren als Professor an einer Hochschule für angewandte Wissenschaften in den Bereichen Einkauf, Logistik und Prozessmanagement. In dieser Zeit habe ich einige Projekte bearbeitet, Masterarbeiten betreut und Projektseminare durchgeführt. Die Analyse hat gezeigt, dass Bedarf besteht, Grundlagen und Anwendungen des Prozessmanagements mit speziellem Bezug zu Einkauf und Logistik darzustellen. Das Buch fokussiert dabei hauptsächlich auf Methoden und Instrumente; soll also eine Art Methoden- und Instrumentenrucksack für Praktiker, aber hauptsächlich Studierende in Bachelor- und Masterstudiengängen sowie im Rahmen der Weiterbildung sein. Es versucht außerdem, den Spagat zwischen Fach- und Lehrbuch zu schaffen. Einerseits sollen die konzeptionellen Grundlagen der Instrumente und Methoden so verständlich beschrieben werden, dass Studierende ein gutes Verständnis bekommen können. Andererseits soll der Beitrag für Praktiker interessant sein, indem der Anwendungsbezug punktuell über Beispiele oder Fallstudien hergestellt wird und neue Entwicklungen wie Prozessmanagement im Rahmen von Industrie 4.0 oder Tools zur Prozessautomatisierung diskutiert werden. Deshalb steht ein hoher Anwendungsbezug der Instrumente und Methoden über einer konzeptionellen Geschlossenheit. Ein kleiner Quick-Guide erklärt die Nutzung der Hauptkapitel des vorliegenden Buchs:

- Kap. 2 ist zu konsultieren, wenn Unterstützung dabei benötigt wird, mit welcher Systematik operative Prozesse in Einkauf und Logistik modelliert werden sollten.
- Kap. 3 gibt Hinweise, wie im Rahmen einer Prozessanalyse die zu untersuchende Fragestellung wissenschaftlich untermauert konkretisiert werden sollte und wie verschiedene Erhebungsmethoden, wie z. B. Interviews, so eingesetzt werden können, dass auch belastbare Aussagen erzielt werden können.
- Kap. 4 kann dabei unterstützen, Prozesse zu gestalten, indem zum einen in einer Art Checkliste möglichst umfassend allgemeine Prozessverbesserungsprinzipien aufgelistet werden und zum anderen der Beitrag und die Wirkungsweise aktueller Konzepte in Einkauf und Logistik wie z. B. Industrie 4.0 erläutert werden.

- Kap. 5 enthält einen Leitfaden, wie in den Bereichen Einkauf und Logistik eine stabile und prozessorientierte Organisation implementiert werden kann.
- Kap. 6 enthält einen Themenspeicher für den Aufbau eines Supply Chain Controlling, d. h. eine möglichst umfassende Liste von Themenfeldern, die zum Management und Controlling von Supply Chains eine Rolle spielen könnten.

Thomas Liebetruth

Inhaltsverzeichnis

Abbildungsverzeichnis

Tabellenverzeichnis

1 Bedeutung von Supply Chain Process Management

Prozessmanagement ist so aktuell wie noch nie zuvor. Dies zeigt eine Studie im Auftrag der Gesellschaft für Organisation, die den Umsetzungsstand von Prozessorganisationen in deutschen Unternehmen untersuchte. Sie macht deutlich, dass – obwohl einer Prozessorganisation eine hohe Bedeutung beigemessen wird – die Umsetzung erst teilweise gelungen ist. Interessant ist, dass in kleinen und mittleren Unternehmen der Umsetzungsstand höher ist als in Großunternehmen, wo häufig noch funktionsbezogene Subkulturen vorherrschen und sich die Mitarbeiterzuordnung noch an Funktionen orientiert (Dombrowski et al. 2014). Deshalb ist zu vermuten, dass auch ein hoher Bedarf hinsichtlich der Anwendung von Instrumenten und Methoden des Prozessmanagements besteht.

Speziell auch die Bereiche Einkauf und Logistik sind in den letzten Jahren verstärkt in den Fokus gerückt. Gründe hierfür liegen einerseits im hohen und über die letzten Jahre kontinuierlich gestiegenen Fremdleistungsanteil im verarbeitenden Gewerbe (Abb. 1.1) und andererseits in der aktuellen Diskussion zu Industrie 4.0 und den Möglichkeiten, die die Digitalisierung auch im Bereich der Prozessautomatisierung mit Prozessmanagement-Tools bietet (Binner und Schnägelberger 2014).

Der hohe Fremdleistungsanteil stellt hohe Anforderungen an die Gestaltung und Pflege des Lieferantennetzwerks und die damit verknüpfte logistische Integration der Lieferanten. Ebenso sind die Aktivitäten und Herausforderungen in Einkauf und Logistik so vielfältig wie nie zuvor. Als Stichworte seien hier neben den klassischen Aktivitäten im Rahmen des Bestell- und Logistik-Prozesses nur Global-Sourcing und Compliance genannt. Die neuen technologischen Möglichkeiten zwingen Unternehmen dazu, Prozesse zu überdenken und Einsatzmöglichkeiten zu überprüfen. Ein Ausruhen auf dem bisher erreichten Status quo genügt nicht, um im internationalen Wettbewerb zu bestehen.

Insofern soll dieses Buch Studierenden und Praktikern einen Leitfaden mit Methoden und Instrumenten an die Hand geben, um speziell im Einkauf und in der Logistik das

T. Liebetruth, *Prozessmanagement in Einkauf und Logistik*,
DOI 10.1007/978-3-658-09759-2_1

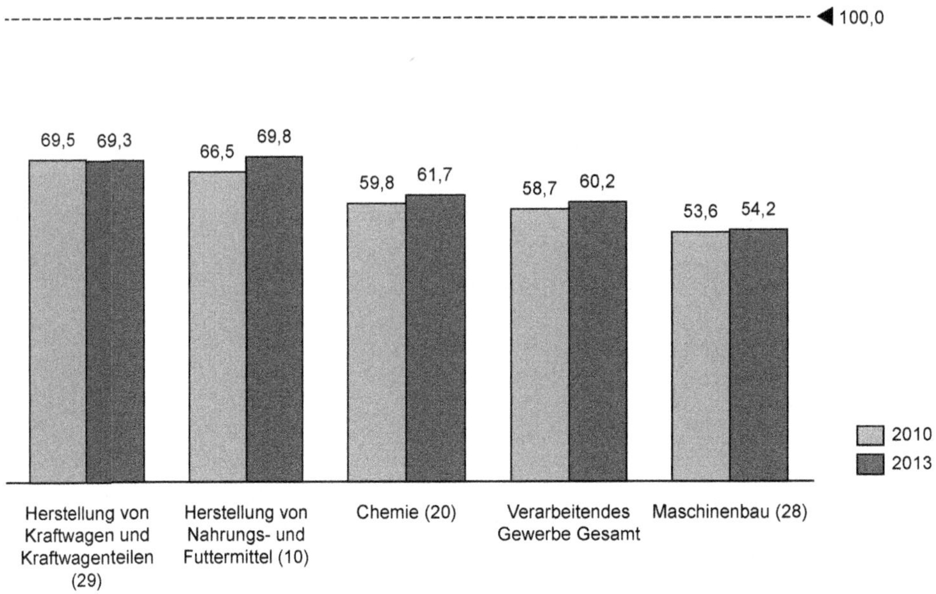

Abb. 1.1 Fremdleistungsanteil verarbeitendes Gewerbe (Quelle: Statistisches Bundesamt, eigene Darstellung)

Management von Prozessen voranzutreiben sowie eine prozessorientierte Gestaltung und Verbesserung der Organisation zu erreichen.

Deshalb sollen in diesem Kapitel

- ein kurzer Überblick über das hier vertretene Verständnis von Prozessen und Prozessmanagement gegeben werden,
- analog die Fokusbereiche Einkauf, Logistik bzw. Supply Chain Management definitorisch kurz aufgearbeitet und der Beitrag des Prozessmanagements für diese Bereiche aufgezeigt werden,
- der Einfluss und die Herausforderungen aktueller Entwicklungen und Megatrends für das Prozessmanagement in Einkauf und Logistik und im Supply Chain Management verdeutlicht werden.

1.1 Prozesse und Prozessmanagement

Grundsätzlich kann ein Prozess als eine wertschöpfende Input-Output-Beziehung definiert werden, die durch verschiedene Attribute wie Aktivitäten, Ressourcen, Rollen, Erfolgsfaktoren oder Messwerte (Key Performance Indicators) gekennzeichnet ist (vgl. Schulte-Zurhausen 2010, S. 51; Schmelzer et al. 2010, S. 62). Prozesse können sich dabei anhand verschiedener Prozessmerkmale unterscheiden. Becker et al. 2015, S. 285 ff.

differenzieren als übergeordnete Prozessmerkmale mit jeweils einigen beispielhaft zugeordneten Merkmalen:

- Standardisierungsgrad (z. B. Gleichartigkeit, Plan- und Strukturierbarkeit, Konstanz, Messbarkeit)
- Kognitivitätsgrad (z. B. Wissensintensität, Entscheidungsvielfalt, kognitive Anforderungen)
- Ergebnisorientierung (z. B. Art der Leistung, Betrachtungsobjekt, Qualität, Wertschöpfung, Wettbewerbsvorteile)
- Vorhersehbarkeit (z. B. Dynamik, Komplexität, Risiko)
- Kollaborationsgrad (z. B. Arbeitsteilung, Koordinations- und Steuerungsaufwand, Partner, Schnittstellen)
- Ressourcenintensität (z. B. Kapazitätsbedarf, Ressourceneinsatz, Systeme)
- Signifikanzniveau (z. B. Hierarchie, Kernkompetenz, strategische Bedeutung)
- Sonstige (z. B. Ganzheitlichkeit, Lebenszyklus, Reengineering-Schwerpunkt)

Je nachdem, welche Merkmale die jeweils vorliegenden Prozesse aufweisen, sind auch die Anforderungen an das Prozessmanagement anders. Schmelzer/Sesselmann definieren deshalb Geschäftsprozessmanagement als „ein integriertes System aus Führung, Organisation und Controlling, das eine zielgerichtete Steuerung der Geschäftsprozesse ermöglicht. Es ist auf die Erfüllung der Bedürfnisse der Kunden und anderer Interessengruppen ausgerichtet und trägt wesentlich dazu bei, die strategischen und operativen Ziele des Unternehmens zu erreichen" (Schmelzer et al. 2010, S. 6). Dieser allgemeinen Definition soll in diesem Beitrag gefolgt werden[1] und für den speziellen Anwendungsbezug für Einkauf und Logistik bzw. Supply Chain Management konkretisiert werden.

Auf Basis der Literatur und nach Erfahrungen und Berichten aus der Praxis lassen sich darüber hinaus einige Thesen zu gut definierten Geschäftsprozessen aufstellen, die den Charakter von Prozessen noch etwas besser verdeutlichen (vgl. Schmelzer et al. 2010, S. 62 ff.). Das Prozessmanagement sollte sich darum kümmern, dass die oben genannten Punkte definiert, eingehalten und ggf. (wieder) hergestellt werden:

---

[1] Kummer et al. 2013, S. 4 unterscheiden Prozessmanagement als Planung und Organisation interner Prozesse von Supply Chain Management für unternehmensübergreifende Prozesse. Gerade in Quellen aus der Wirtschaftsinformatik wird manchmal ein starker IT-Bezug des Prozessmanagements betont. So definieren beispielsweise Weißenberg und Stemmer 2009, S. 1, dass man „unter Business Process Management (BPM) [...] alle Aktivitäten [versteht], um die modellbasierten automatisierten Geschäftsprozesse (samt manuellen Aktivitäten) eines Unternehmens (und unternehmensübergreifend) stets optimal ablaufen lassen zu können". Gerade in Einkauf und Logistik existieren aber neben automatisierbaren, standardisierten Aufgaben auch wenig standardisierte, komplexe Aufgaben, wie z. B. die Wahl eines geeigneten Lager- oder Produktionsstandortes oder Verhandlungen mit Lieferanten bzw. die Definition der richtigen Warengruppenstrategie, wo eine Automatisierung nicht unbedingt sinnvoll ist.

- Sie beginnen und enden beim Kunden: Es handelt sich dann um „End-to-End"-Prozesse. Ein Beispiel für einen solchen End-to-End-Prozess ist der Order-to-Payment-Prozess bzw. Auftragsabwicklungsprozess im Supply Chain Management. Er beginnt mit dem Auftragseingang des Kunden, geht über die Bestellabwicklung, ggf. die Herstellung des Produkts und endet mit der Bezahlung durch den Kunden, nachdem er das Produkt und die dazugehörige Rechnung erhalten hat.
- Sie werden durch ein internes oder externes Ereignis ausgelöst: Dieser Aspekt zielt – die obige End-to-End-Betrachtung konsequent weitergeführt – auf die Kundenorientierung. Es sollte kein Prozess zum Selbstzweck durchgeführt werden. Es muss also immer ein Kundenbedarf vorliegen. Dieser Kundenbedarf kann ggf. wie im Falle des Prozesses zur Neuproduktentwicklung durchaus auch abstrakt sein, aber er sollte erkennbar sein bzw. gemacht werden.
- Sie haben einen definierten Beginn und ein definiertes Ende: Obwohl das trivial klingt, kann es im Tagesgeschäft oder in Projekten häufig sehr unterschiedliche Vorstellungen über beide Ereignisse geben: Beginnt z. B. der Wareneingangsprozess mit dem Abladen von Ladungsträgern auf der Rampe des Kunden oder bereits mit der Anmeldung des Fahrers? Oder endet ein Bestellprozess schon mit der Lieferung des Produkts oder wie oben bereits angedeutet mit der Bezahlung oder sogar erst nach Abschluss des dazugehörigen Matchings mit der Bestellung?
- Sie führen zu einem messbaren Output: Das Prozessergebnis sollte sich optimalerweise messen lassen. Das können wie bei (Beschaffungs-)Logistikprozessen die rechtzeitig eingegangenen Lieferungen sein oder etwas abstrakter die Zufriedenheit der Kunden. Wenn es aber schwerfällt, das Prozessergebnis einerseits überhaupt zu definieren und andererseits messbar zu machen, bietet das einen Anlass, den Prozess in Frage zu stellen.
- Sie können (und sollten oft sogar) abteilungs- und funktionsübergreifend ablaufen: Wenn (End-to-End-!) Prozesse so definiert werden, dass jeweils die Abteilungs- oder Funktionsgrenze den Beginn bzw. das Ende darstellen, führt das genau dazu, dass sie eben nicht beim Kunden beginnen und enden. Deshalb sind auch vor- und nachgelagerte Abläufe in anderen Abteilungen und Funktionen mit zu betrachten. Ein klassisches Beispiel ist der Konflikt zwischen Einkauf und Logistik beim Auswahlprozess von Lieferanten: Während der Einkauf manchmal ein starkes Gewicht auf den Preis legt (und für den Einkauf der Auswahlvorgang dann beendet wäre), sind für die Logistik (und anschließend die Produktion und den Vertrieb), wenn man den weiteren Prozess betrachtet, auch die Liefertreue oder die Qualität von hoher Bedeutung.
- Sie haben ein definiertes internes Kunden-Lieferanten-Prinzip: Wenn es aufgrund aufbauorganisatorischer Notwendigkeiten der Fall ist, dass sich ein Prozess über mehrere Organisationseinheiten erstreckt und damit eine Schnittstelle im Prozess existiert, dann sollte diese Schnittstelle zum einen im Sinne des internen Kunden gestaltet werden und zum anderen möglichst genau definiert werden. Ersteres kann erreicht werden, indem die Kundenbedürfnisse analysiert werden. Letzteres kann durch sogenannte interne

Service-Level-Agreements (die durchaus auch formalisiert durch die Leiter der beiden beteiligten Organisationseinheiten wie ein Vertrag unterschrieben werden) geschehen.
- Sie werden durch jeweils nur einen (!) Prozessverantwortlichen (Process-Owner) gesteuert: Insbesondere wenn sich Prozesse über verschiedene Einheiten in der Aufbauorganisation erstrecken und Schnittstellen zu verschiedenen betrieblichen Funktionen abgebildet werden müssen, ist es für gute Ergebnisse zwingend erforderlich, dass ein Verantwortlicher existiert, der im Konfliktfall Entscheidungen treffen kann.
- Sie sind hierarchisch aufgebaut (Prozess, Aktivitäten, Teilaktivitäten): Prozesse bzw. Prozessdefinitionen dienen verschiedenen Zwecken. So kann im Rahmen von Compliance-Anforderungen gerade im Einkauf die Dokumentationsfunktion im Vordergrund stehen. Andere Funktionen können die Schulungsfunktion bei neu einzuarbeitenden Mitarbeitern oder die Definition von Prozessen vor Beginn eines IT-Projektes als Grundlage für eine Automatisierung in Workflow-Management-Systemen sein. Verschiedene Hierarchieebenen oder Aggregationsgrade bilden alle diese Anforderungen gemeinsam am besten ab. Auf einer oberen Ebene können Prozesse grob beschrieben sein, während für die IT-Einführung die Prozesse bis in tiefere Ebenen sehr genau beschrieben sein müssen. Allerdings sollte Konsistenz zwischen diesen Ebenen herrschen.

Das Prozessmanagement kann diese Anforderungen erfüllen, indem es sich eines Instrumentariums bedient, das auch im „Common Body of Knowledge" festgehalten wird (Gesellschaft für Organisation 2014, S. 44 f.). Wesentliche Aufgaben sind deshalb unter anderem Prozessmodellierung (Kap. 2), Prozessanalyse (Kap. 3), Prozessdesign (Kap. 4), Prozessorganisation (Kap. 5) und Prozessleistungsmessung (Kap. 6). Diese Aufgaben bilden die inhaltlichen Schwerpunkte des vorliegenden Beitrags, die in den folgenden Kapiteln mit Bezug zu Einkauf und Logistik anwendungsorientiert diskutiert werden.

1.2 Einkauf, Logistik und Supply Chain Management

Wie oben bereits kurz angerissen, sind Einkauf und Logistik in Unternehmen des produzierenden Gewerbes wesentliche Funktionsbereiche und zudem eng verknüpft. Das kann mit einem Blick auf die generische Wertkette von Porter (vgl. Porter 1998, S. 33 ff.) verdeutlicht werden. Obwohl Einkauf als übergreifende Unterstützungsaktivität und die primäre Aktivität (Eingangs-)Logistik mit der Schnittstelle zu Operations in der Wertkette als getrennte Aktivitäten abgebildet werden, weisen sie eine große Nähe zueinander auf.

Mit dem Anteil der fremdbezogenen Materialien hat auch der Grad der Arbeitsteiligkeit der Wirtschaft insgesamt stark zugenommen. Damit einher ging eine dynamische Entwicklung der Bereiche Einkauf und Logistik sowie damit auch des (Selbst-)Verständnisses und der Bedeutung hin zu einem Supply (Chain) Management. Deshalb sollen die Begriffsverständnisse von Einkauf, Logistik und auch Supply Chain Management und damit der Fokusbereich des vorliegenden Werkes etwas näher umrissen und die aktuellen Entwicklungen in einen Gesamtzusammenhang gestellt werden.[2]

Vom Einkauf zum Supply Management

Diese Entwicklung soll zunächst aus dem Blickwinkel von Einkauf und Beschaffung gezeigt werden: In einer traditionellen Sichtweise war der Einkauf ein „‚Erfüllungsgehilfe' der übrigen betrieblichen Funktionen" (Wildemann 2001, S. 3). Nach Arnold et al. 2008, S. 255 umfasst Beschaffung dagegen „sämtliche Tätigkeiten, die darauf gerichtet sind, einem Unternehmen die benötigten, aber nicht selbst hergestellten Objekte verfügbar zu machen." Eßig et al. 2013, S. 98 ergänzen, dass Beschaffung dabei eher auf die marktlich-rechtliche Verfügbarkeit abhebt (während Logistik sich auf die physisch-materielle Verfügbarkeit konzentriert). Heß 2010, S. 20 ff. charakterisiert insofern den Übergang von Beschaffung zum Einkauf als fließend, indem er den Aufgabenbereich des Einkaufs, insbesondere in seiner Aufgabe als strategischer Einkauf, in ähnlicher Weise bei „alle[n] kaufmännischen und vertraglichen Aspekten in der Versorgung" sieht.

Heß 2010, S. 20 ff. erkennt darüber hinaus, dass eine „ganzheitliche Versorgung des Unternehmens mit Gütern und Leistungen" im Sinne eines Supply Managements

- eine Integration der Gestaltungsfelder bzw. Einzelprojekte (z. B. Reduzierung Lieferantenanzahl, Global-Sourcing oder E-Procurement-Initiativen),
- eine Cross-funktionale Integration der Versorgungsprozesse (wie Materialdisposition oder Lieferantenmanagement) selbst und mit den Hauptprozessen,
- eine Integration der Organisationseinheiten im Sinne von Standorten oder Geschäftsbereichen,
- eine Integration der Lieferanten und Marktpartner im Sinne einer unternehmensübergreifenden Zusammenarbeit sowie
- eine Integration in die Unternehmens- und Wettbewerbsstrategie

erfordert. Diese Sichtweise zeigt die zunehmende Komplexität der Aufgaben und die zunehmende Vernetzung mit anderen betrieblichen Funktionen.

Einen Überblick über die konkreten Aufgaben des Supply Management sowie die hohe Vernetzung mit anderen betrieblichen Organisationseinheiten und Aktivitäten geben der funktionsübergreifende Procure-to-Pay-Prozess und die Rollen und Aufgaben des strategischen Einkaufs (Handfield et al. 2011, S. 45 ff.).

Der in Abb. 1.2 dargestellte Purchase-to-Pay-Prozess (P2P) ist ein typisierter Prozess, der alle möglichen Schritte abbildet. Allerdings können die Beschaffungsobjekte sehr unterschiedlich sein und der Prozess kann in Abhängigkeit dessen sehr unterschiedlich ausgestaltet sein. So wird die Beschaffung eines komplexen IT-Systems oder einer Spe-

[2] Bereits an dieser Stelle wird deutlich, dass es im Sinne von End-to-End-Prozessen sinnvoll ist, Einkauf und Logistik nicht als getrennte Funktionalbereiche zu betrachten, sondern Kummer et al. 2013, S. 4 zu folgen und eine prozessorientierte Betrachtung einzunehmen.

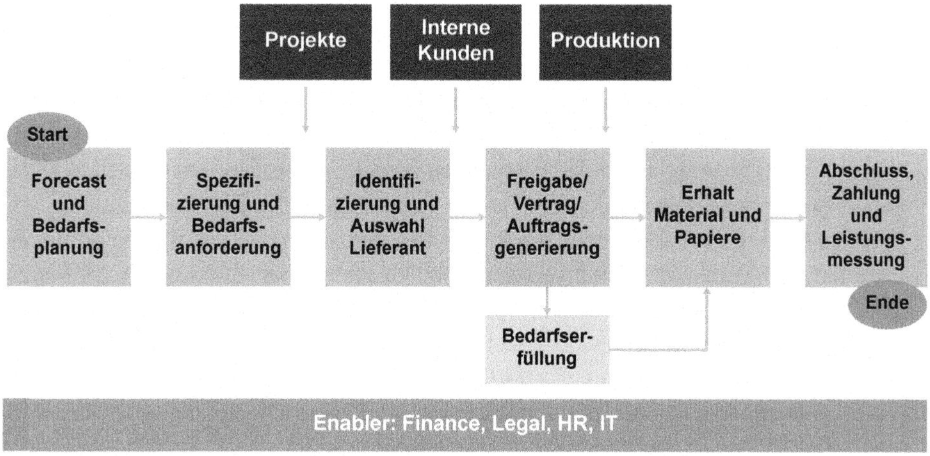

Abb. 1.2 Typisierter Ablauf (operativer) Procure-to-Pay-Prozess (Quelle: Eigene Darstellung in Anlehnung an Handfield et al. 2011, S. 51)

zialmaschine als Beispiel für die Beschaffung in Projektform jeden Schritt des Prozesses abbilden, während für Standard-Materialien wie C-Teile oder Büromaterial einige Schritte durch Rahmenverträge oder Gutschriftverfahren nur einmal durchlaufen werden, während andere sehr standardisiert ablaufen werden (z. B. Bestellung über ein Katalogsystem bei Büromaterial oder automatische Nachlieferung durch den Lieferanten bei C-Teilen).

Die Schritte des P2P-Prozesses umfassen:

- Forecast und Bedarfsplanung: Die Basis für jegliche Beschaffung ist eine möglichst genaue Planung des zukünftigen Bedarfs. Dies kann auf Basis der vergangenen Verbräuche (verbrauchsorientiert) stattfinden oder deterministisch hinsichtlich der zukünftigen Bedarfe (bedarfsorientiert) geplant werden.
- Spezifizierung und Bedarfsanforderung: Bei komplexen Projekten erfolgt die Spezifizierung in Form eines Pflichten-/Lastenhefts, wo die Anforderungen an das zu beschaffende Produkt oder die Dienstleistung hinterlegt sind. Auf dieser Basis erfolgt die Bedarfsanforderung durch den Bedarfsträger. Eventuell kann der Bedarfsträger auch Empfehlungen hinsichtlich möglicher Lieferanten aussprechen. In automatisierten Prozessen wie bei C-Teilen oder Serienmaterial mit linearem Bedarfsverlauf kann die Bedarfsanforderung dagegen auf Basis normierter Teile auch automatisch erfolgen, wenn ein definierter Bestand unterschritten wurde.
- Identifizierung und Auswahl des Lieferanten: Hierbei sind zwei Möglichkeiten zu unterscheiden. Auf der einen Seite können Bedarfe bei bereits bestehenden Lieferanten aus Rahmenverträgen gedeckt werden. Hier erfolgte die Auswahl bereits vorher unabhängig vom konkreten Bedarf. Auf der anderen Seite ist es möglich, dass für bestimmte Bedarfe zunächst Lieferanten identifiziert werden müssen und die Lieferanten im Rahmen einer Ausschreibung ausgewählt werden müssen. Die Ausschreibung kann als klassische Ausschreibung erfolgen, als Reverse-Auction gestaltet werden oder über Beschaffungsplattformen ausgeschrieben werden.

- Freigabe/Vertrag/Bestellung: Während die vorherigen Schritte bis zur internen Freigabe durch einen zeichnungsberechtigen Mitarbeiter (in der Regel im 4-Augen-Prinzip) lediglich interne Einheiten betrafen, beginnt mit der daran anschließenden Ausstellung der Bestellung an den Lieferanten die Abgabe einer Willenserklärung, die durch Bestätigung bzw. Annahme durch den Lieferanten zu einer externen vertraglichen Bindung führt. Dieser Schritt begründet somit ein Rechtsverhältnis mit dem Lieferanten.
- Erhalt Material und Dokumente: Nach der Lieferung durch den Lieferanten erfolgt der Empfang der Waren, die durch verschiedene Dokumente begleitet werden. Im Wareneingangsprozess werden diese dann auf Richtigkeit und Qualität geprüft. Durch den Vergleich der Bestellung mit dem Lieferschein kann geprüft werden, ob das richtige Material in der richtigen Menge geliefert wurde. Ein Vergleich des Lieferscheins mit den Frachtpapieren kann Fehler in der Lieferung durch den Spediteur aufdecken. Falls Fehler entdeckt wurden, sind diese zu reklamieren.
- Abschluss, Zahlung und Leistungsmessung: Sofern alle Leistungen korrekt erhalten wurden, kann die Zahlung geleistet werden und die Bestellung geschlossen werden. Ebenfalls sind an dieser Stelle im Prozess auch für die Leistung des Lieferanten relevante Daten wie die Zuverlässigkeit, Liefertreue oder Qualität zu erfassen.

Während der zuvor dargestellte operative P2P mit jedem einzelnen Bedarf mehr oder weniger umfänglich durchlaufen wird, fallen im Einkauf auch Aufgaben an, die unabhängig von einzelnen Bestellungen ausgeführt werden müssen. Bei Unternehmen mit sehr verteilten Einkaufseinheiten ist damit auch stark die Funktion der Bündelung verbunden. So können beispielsweise standortübergreifende Bedarfe gebündelt werden oder Standards für IT-Systeme definiert werden, die für den gesamten Konzern gelten. Ausgangspunkt ist eine übergreifende Supply-Strategie (vgl. dazu Heß 2010, S. 27 ff.). Im Einzelnen können die in Abb. 1.3 dargestellten Aufgaben im strategischen Einkauf angesiedelt werden:

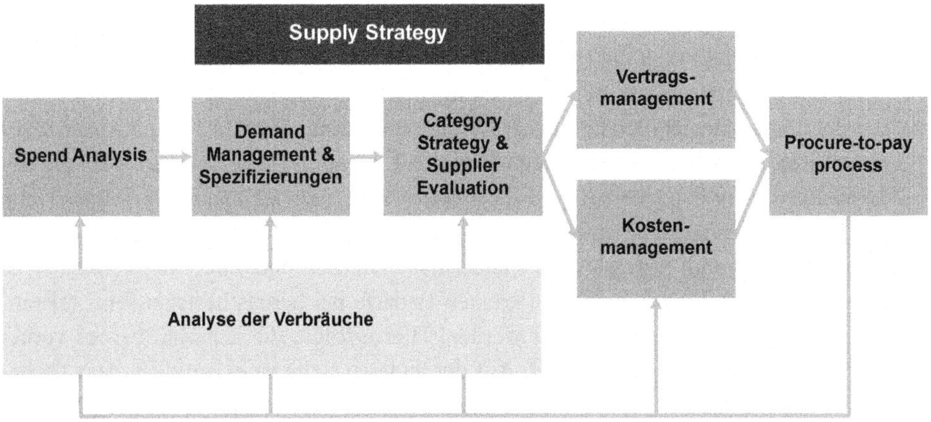

Abb. 1.3 Aufgaben strategischer Einkauf (Quelle: Eigene Darstellung in Anlehnung an Handfield et al. 2011, S. 50)

- Spend Analysis: Ausgangsbasis für den strategischen Einkauf ist eine Übersicht über alle im Unternehmen beschafften Güter und Leistungen und deren Analyse anhand bestimmter Merkmale, wie z. B.: Von welchen Lieferanten wurde beschafft, wie hat sich das Volumen über die Zeit entwickelt etc.? Basis hierfür ist u. a. die Analyse der Verbräuche. Besonderes Augenmerk sollte auf der Analyse der „Verbräuche" von Anlagegütern liegen, die nicht laufend beschafft werden, sondern aktiviert und abgeschrieben werden.
- Demand Management: Auf der Basis der Spend Analysis kann im Rahmen des Demand Managements überprüft werden, ob einzelne Beschaffungen (ggf. in der entsprechenden Höhe oder mit den angegebenen Spezifikationen) wirklich notwendig sind. Beispiele können die Wahl von Dienstfahrzeugen oder Übernachtungen in Hotels sein. Ein anderes Beispiel betrifft Beraterverträge: Hier kann überprüft werden, ob die Leistung auch intern hätte erbracht werden können.
- Warengruppenstrategien und Lieferantenevaluation: Hier kann anhand z. B. eines Warengruppenportfolios (vgl. Kraljic 1983) für jede Materialgruppe eine Einkaufsstrategie entwickelt werden (z. B. Bündelung von Bedarfen für C-Teile und Verschlankung des Beschaffungsprozesses über einen Katalog) und das aktuelle Lieferantenportfolio auf Eignung überprüft werden. Ein Abgleich mit den Möglichkeiten des Beschaffungsmarkts liefert Ansätze für eine Nachjustierung.
- Contract Management: Die Erkenntnisse aus der Warengruppenstrategie fließen in das Vertragsmanagement ein. Hier werden Standardverträge mit entsprechenden Klauseln für die jeweilige Strategie einheitlich formuliert oder Zahlungsbedingungen angepasst und möglichst für das gesamte Unternehmen umgesetzt.
- Cost Management: Im Rahmen des Kostenmanagements müssen entsprechende Tools bereitgestellt werden, die es den Entscheidern erlauben, richtige Entscheidungen zu treffen. Ein Beispiel wäre ein Tool zur einfachen Ermittlung der Total Cost of Ownership zur Unterstützung von Verlagerungsprojekten an oder zwischen Lieferanten.
- Alle Erkenntnisse, die im Rahmen der bisherigen Aktivitäten gewonnen wurden, sollten dazu genutzt werden, den P2P zu verbessern. Beispiele wären der selektive Einsatz von Rahmenverträgen oder die Implementierung von Beschaffungsplattformen zur effizienten Abwicklung von E-Auctions in Warengruppen mit hohem Wettbewerb am Markt. Aber auch die Einrichtung eines 4-Augen-Prinzips bei der Auftragsfreigabe, um Compliance-Anforderungen zu erfüllen, kann darunter subsumiert werden.

Von der Logistik zum Supply Chain Management

Eine ähnliche Entwicklung von einer funktionsorientierten Betrachtung zu einem übergreifenden Verständnis kann auch im Bereich der Logistik gezeigt werden. Klaus 1993, S. 6 ff., 2003, S. 17 ff. erkennt eine Entwicklung des Logistikverständnisses in drei Stufen:

- Die erste Bedeutung als „TUL-Logistik" ist stark auf die bereits im Zusammenhang mit der Abgrenzung zur Beschaffung genannten physischen Prozesse des Transportierens (Überwindung der räumlichen Verteilung wirtschaftlicher Aktivitäten), Umschlagens

(Veränderung von Güterzuordnungen und -mengen im Sinne von Kommissionieren, Sammeln oder Sortieren) und Lagerns (Überwinden eines zeitlichen Auseinanderfallens wirtschaftlicher Aktivitäten) gerichtet.

- Die zweite Bedeutung als „Koordinationslogistik“ greift die gestiegenen Anforderungen an die Koordination von wirtschaftlichen Aktivitäten zur Herstellung von Produkten auf. Anknüpfend an die elementaren TUL-Funktionen der Logistik konzentriert sich die zweite Bedeutung auf die Analyse und Gestaltung der Schnittstellen im Wertschöpfungsprozess und reichert die Aufgaben der Logistik um Planung, Steuern, Kontrollieren an. Ziel dieser Sichtweise ist die Erreichung der „Sieben Rs“ (Verfügbarkeit des richtigen Produkts in der richtigen Menge, im richtigen Zustand, am richtigen Ort, zur richtigen Zeit, für den richtigen Kunden, zu den richtigen Kosten).
- Die dritte Bedeutung als „Flow Management“ setzt am Prozessdenken und an den Entwicklungen im Rahmen des Toyota-Produktionssystems an und entwickelt diese weiter. Die Idee ist, Logistik als Paradigma von Flüssen in Netzwerken zu betrachten und die Ideen und Ansatzpunkte dieser Analogie auf weitere Fließsysteme wie z. B. Patientenflüsse in Krankenhäusern oder Informationsflüsse in Organisationen etc. zu übertragen. Mit dieser Denkweise einher geht auch die Ausweitung der Betrachtung auf unternehmensübergreifende Aktivitäten im Sinne eines Supply Chain Management.

Insbesondere an der dritten Bedeutung orientiert sich der wissenschaftliche Beirat der Bundesvereinigung Logistik (BVL) in seinem Eckpunktepapier (Delfmann et al. 2010) zum Grundverständnis der Logistik als wissenschaftliche Disziplin, indem er folgende Definition von Logistik aufstellt:

Logistik ist eine anwendungsorientierte Wissenschaftsdisziplin. Sie analysiert und modelliert arbeitsteilige Wirtschaftssysteme als Flüsse von Objekten (v. a. Güter und Personen) in Netzwerken durch Zeit und Raum und liefert Handlungsempfehlungen zu ihrer Gestaltung und Implementierung. Die primären wissenschaftlichen Fragestellungen der Logistik beziehen sich somit auf die Konfiguration, Organisation, Steuerung oder Regelung dieser Netzwerke und Flüsse mit dem Anspruch, dadurch Fortschritte in der ausgewogenen Erfüllung ökonomischer, ökologischer und sozialer Zielsetzungen zu ermöglichen.

Im Papier werden weiterhin fünf Eckpunkte beschrieben, die dieses Grundverständnis nochmals konkretisieren und erläutern sollen:

- Erkenntnisobjekt der Logistik: Flüsse in Netzwerken – durch die Sichtweise der Logistik als Flüsse von Objekten wie Gütern, Informationen, Werten oder Personen mit ökonomischen, ökologischen und sozialen Zielsetzungen ergibt sich ein multiperspektivischer Ansatz. In einer technischen Sichtweise wird das Zusammenwirken von Infrastrukturen, Maschinen, Behältern und Personen hinsichtlich technischer Gestaltungs- und Konstruktionsprinzipien subsumiert. Die organisatorische Sichtweise fokussiert auf die Steuerung, Konfiguration und Dimensionierung der Flüsse und Knoten des Netzwerks. Schließlich liefert die soziale Sichtweise Erkenntnisse, wie die beteiligten Menschen in einer eher technisch geprägten Weise, als beschränkt rationale Akteure (Transaktionskostentheorie, Prinzipal-Agenten-Theorie) oder unter Zuhilfenahme weiterer Anreicherungen des homo oeconomicus (z. B. Ersatz der Maximierungsregel durch Satisfizierungsannahme oder weitere kognitive Beschränkungen, die mit mentalen Modellen abgebildet werden können) modelliert werden können
- Logistische Aggregationsgrade: Selbstähnlichkeit des Netzwerkmodells – eine Unterteilung der Logistik in verschiedene Aggregationsebenen hilft, spezielle Fachgebiete zu unterscheiden und gibt im Sinne einer Sukzessivplanungslogik verschiedene Planungsebenen vor, auf denen unter-

schiedliche Aspekte im Vordergrund stehen. Dabei können die verschiedenen Problemstellungen der Flüsse in den Netzwerken grundsätzlich mit ähnlichen Methoden beschrieben und gelöst werden. Auf einer Makro-Ebene werden volkswirtschaftliche Ströme zwischen Ländern betrachtet. Die Stärke der Ströme hat Einfluss auf die Gestaltung des grenzüberschreitenden Handels und der Infrastruktur (z. B. Häfen, Flotten). Die Meso-Ebene fokussiert darauf, wie Unternehmen (z. B. Dienstleister und Verlader oder Produzenten und Händler) zusammenarbeiten und welche Transportarten sinnvoll sind. Die Mikroebene umfasst die innerbetriebliche Logistik der verschiedenen Akteure.
- Interdisziplinarität der Logistik – mit diesem Eckpunkt soll deutlich gemacht werden, dass eine übergreifende Funktion wie die Logistik auch Erkenntnisse aus verschiedenen Disziplinen nutzen kann bzw. muss, um anwendungsorientierte Lösungen zu generieren. So kann je nach Erkenntnisobjekt oder betrachteter Ebene eine andere Lösungsmethode aus der Mathematik, Ingenieurwissenschaft, Informatik, Wirtschafts- oder Sozialwissenschaft oder anderer Disziplinen alleine oder im Verbund im Vordergrund stehen. Insofern bezieht sich die Anwendungsorientierung der Logistik häufig auf eine Verknüpfung von Methoden aus verschiedenen Disziplinen, um eine zielgenaue und umsetzbare Lösung zu finden.
- Bezug des Begriffs-, Theorie- und Methodenzugangs zum Netzwerkmodell – trotz der Interdisziplinarität und Vielfalt der Anwendungen, ist es sinnvoll, ein konsistentes theoretisches Gerüst für die Forschung und Anwendung im Sinne einer Wissenschaftsdisziplin zur Verfügung zu haben. Deshalb nehmen das Begriffsgebäude und die verwendeten Modelle der Logistik auf das Netzwerkmodell (Knoten, Kanten etc.) Bezug oder stellen die Verbindung über Analogien her (z. B. Anwendung innerbetrieblich motivierter Konzeptionen aus der Betriebswirtschaft auf überbetriebliche Konstellationen). Schließlich ergibt sich die Systematisierung der Anwendungen einer Theorie aus dem breiten Spektrum der Praxis, das wiederum Input für das Begriffsgebäude und die Modellmenge liefert.
- Anwendungsorientierung der Logistikwissenschaft – Anwendungsorientierung bedeutet, dass die Lösungsfindung und die sich daraus ergebenden Handlungsempfehlungen immer abhängig von den jeweiligen sehr unterschiedlichen Rahmenbedingungen und Zielsetzungen sind. Beispielhafte Fragestellungen oder Zielsetzungen können die logistische Nachhaltigkeit von Wertschöpfungssystemen, die Weiterentwicklung der Logistik virtueller Systeme oder die Rückübertragung logistischer Erkenntnisse in andere Wissenschaftsbereiche sein.

Die dritte Bedeutung der Logistik nach Klaus weist bereits stark übergreifende Charakteristika auf, die im Rahmen der breiten Literatur zum Supply Chain Management verarbeitet wurden. Auch der Unterschied in der Begrifflichkeit zwischen Logistik und Supply Chain Management ist Thema kontroverser Diskussionen. Hier soll dies aber nicht thematisiert werden, da die dritte Bedeutung der Logistik nach Klaus das Supply Chain Management bereits umfasst. Stattdessen soll noch auf die in der akademischen und praktischen Diskussion hohe Vielfalt an unterschiedlichen Verständnissen zum Begriff Supply Chain eingegangen werden.[3]

Im Folgenden wird so kurz wie möglich, aber so ausführlich wie nötig die akademische und praktische Diskussion über die verschiedenen Begriffe und Modelle einer Supply Chain zusammengefasst, indem eine Strukturierung der Definitionen erfolgt und dabei auf die Bedeutung für das Prozessmanagement in Einkauf und Logistik hingewiesen wird.

[3] Vgl. Hierzu auch die ausführliche Diskussion zum Konzept des Supply Chain Management in Eßig et al. 2013, S. 25 ff.

Otto 2002, S. 89 ff. unterscheidet drei grundlegende Sichtweisen einer Supply Chain:

- Supply Chain als Wertschöpfungsprozess
- Supply Chain als Gruppe von Unternehmen
- Supply Chain als Superorganisation

Die erste Gruppe von Definitionen modelliert eine Supply Chain als **Wertschöpfungsprozess**. Nach dem artbildenden Unterschied lassen sich drei Untergruppen abgrenzen:

- Die erste Untergruppe bilden Definitionen, die eine Supply Chain als allgemeinen Wertschöpfungsprozess vom Rohmaterial zum Endkunden sehen, der enge Integration und geringe Bestände zum Ziel hat.
- Die zweite Untergruppe beinhaltet Definitionen, die eine Supply Chain als alle Wertschöpfungsprozesse innerhalb eines Unternehmens definieren.
- Die dritte Untergruppe umfasst solche Definitionen, die unter einer Supply Chain einen generischen Wertschöpfungsprozess in der Form einer modularen, rekonfigurierbaren Wertschöpfungskette bzw. eines Referenzmodells eines Wertschöpfungsprozesses verstehen.

Bei der ersten Untergruppe ist auffällig, dass sie stark auf die Erstellung physischer Güter abstellt und damit einen starken Logistikbezug hat. Das wird auch daran deutlich, dass die Zielsetzungen enge Integration und geringe Bestände sind. Eine Supply Chain kann dabei als Erweiterung der Logistikfunktion bezeichnet werden. Daneben greifen alle diese Modelle den prozessualen Aspekt einer Supply Chain auf. Insbesondere die letztgenannte Sichtweise bringt eine wichtige Grundlage für ein unternehmensübergreifendes Management ein: den modularen prozessualen Aufbau einer Supply Chain. Dieser modulare Aufbau ist gleichzeitig die Grundlage für eine spätere unternehmensübergreifende Vergleichbarkeit von Prozessen. Für den Supply Chain Manager bedeutet die Vielzahl der prozessorientierten Modelle einer Supply Chain, dass Instrumente, die aus den Bereichen Business Process Reengineering oder Lean Management eine hohe Bedeutung bei der Optimierung von Supply Chains besitzen dürften.

Die zweite Hauptgruppe fasst eine Supply Chain als eine **Gruppe von Unternehmen** auf. Es sind ebenfalls drei Untergruppen zu unterscheiden:

- Die erste Untergruppe beschreibt eine Supply Chain als eine Sequenz auftragsverbundener Unternehmen, die eine auftragsbezogene Austauschbeziehung mit vor- oder nachgelagerten Unternehmen unterhalten.
- Die zweite Untergruppe besteht aus den Definitionen, die eine Supply Chain als eine Gruppe eng integrierter Unternehmen sehen. Die verschiedenen Unternehmen übernehmen dabei jeweils eine funktional definierte Wertschöpfungsstufe. Diese ersten beiden Definitionsgruppen können auch als Wertschöpfungskette oder in Anlehnung an Porter als Value System beschrieben werden.

- Die dritte Untergruppe kann als vertikal alliierte Unternehmen charakterisiert werden, bei denen die Form der Zusammenarbeit besondere Merkmale aufweist

Die Modelle in dieser Hauptgruppe greifen den Aspekt der unternehmensübergreifenden Zusammenarbeit auf. Insbesondere die zweite Untergruppe weist auf einen Aspekt hin, der für das Supply Chain Management eine hohe Bedeutung hat: Unternehmen in einer Supply Chain sollten eine (vertikale) Allianz bilden, um für die gesamte Supply Chain einen Zusatznutzen zu generieren. Bei der Bildung von Allianzen spielen insbesondere soziale und institutionelle Aspekte eine prominente Rolle. Ebenso impliziert diese Sichtweise eine verstärkte Zusammenarbeit zwischen Einkauf und Vertrieb sowohl innerhalb eines Unternehmens als auch unternehmensübergreifend. Genau dieser Aspekt ist eine besondere Herausforderung für einen Supply Chain Manager als Process Owner.

Die dritte Hauptgruppe modelliert eine Supply Chain als eine **Superorganisation**. Sie besitzt als eine ökonomische Einheit eine dedizierte Führungsinstanz und steht im Wettbewerb zu anderen Organisationen gleichen Typs. Synonym für diese Definition einer Supply Chain stehen die Begriffe „Extra Corporate Organization" oder „Extended Enterprise" als Weiterentwicklung des Absatzkanals aus der Marketingforschung.

Diese Definitionsgruppe weist auf eine Besonderheit hin, die ebenfalls für das Management einer Supply Chain zentral ist: Es ist bei der Zusammenarbeit der Unternehmen der Spagat zwischen Kooperation und Wettbewerb zu finden, denn da viele Unternehmen nicht nur einer Supply Chain angehören, besteht einerseits ein Interesse, durch gemeinsame Aktivitäten die eigene Supply Chain voranzubringen. Gleichzeitig würde das andererseits aber bedeuten, dass diese Effekte auch anderen Unternehmen aus anderen Supply Chains zugutekommen würden und damit kontraproduktiv wirken würden. In diesem Spannungsfeld ist das richtige Maß zu finden. Eine weitere Besonderheit einer Supply Chain kann aus dieser Sichtweise abgeleitet werden: Die Frage nach der unternehmensübergreifenden Steuerungsinstanz. Bei der Sichtweise einer Supply Chain als einer Superorganisation geht man davon aus, dass eine Instanz existiert, die die Aktivitäten in der gesamten Supply Chain koordiniert. Hier ist die Frage evident, wo diese Steuerungsinstanz angesiedelt sein soll.

Aus einer ähnlichen Analyse verschiedener Literaturquellen entwickeln Eßig et al. 2013, S. 30 ff. eine Arbeitsdefinition von Supply Chain Management, die auf den Merkmalen Flussorientierung, Prozessorientierung, Netzwerkorientierung, Kooperationsorientierung, Zielorientierung, Funktionenorientierung und Managementorientierung aufbaut:

▶ **Supply Chain Management** ist die kooperative Koordination von Material-, Informations-, und Finanzmittelflüssen in Unternehmensnetzwerken durch Schaffung integrativer, funktionsübergreifender Führungs- und Ausführungsprozesse mit dem Ziel, Wettbewerbsvorteile bei Endkunden zu realisieren und somit die Wirtschaftlichkeit des Gesamtnetzwerkes zu erhöhen.

In dieser Definition finden sich alle vorher genannten Elemente wieder:

- Betrachtungsobjekte sind Material-, Informations- und Finanzmittelflüsse in Unternehmensnetzwerken (dies ist etwas spezifischer als die Definition der BVL, wo es allgemein um Flüsse in Netzwerken geht).
- Ziele sind, die Wettbewerbsvorteile beim Endkunden zu realisieren und die Wirtschaftlichkeit des Gesamtnetzwerks zu erhöhen.
- Mittel zur Erreichung der Ziele ist die Schaffung integrativer und funktionsübergreifender Führungs- und Ausführungsprozesse.

Es kann also zusammengefasst werden, dass einerseits die Verständnisse von Einkauf und Logistik in der Literatur und zunehmend auch in der Praxis in Richtung eines übergreifenden und integrierten Supply Chain Management konvergieren, aber in Unternehmen trotzdem häufig noch Organisationseinheiten mit den Namen Einkauf und Logistik zu finden sind, die noch nicht durchgehend prozessorientiert aufgestellt sind. Um beiden Gegebenheiten gerecht zu werden, heißt das Buch Prozessmanagement in Einkauf und Logistik – Supply Chain Process Management.

1.3 Megatrends und deren Einfluss auf Supply Chains

Ein Megatrend ist eine tiefgreifende soziale, politische, umwelttechnische oder technologische Veränderung, die sich verhältnismäßig langsam herausbildet, aber die Aktivitäten, Sichtweisen und Wahrnehmungen von Regierungen, Unternehmen oder Gesellschaften über Jahrzehnte hin beeinflusst. Aus diesen Megatrends entstehen Trends, auf die Unternehmen reagieren müssen. Als wichtige globale Megatrends werden in verschiedenen Studien Globalisierung, Urbanisierung, demographischer Wandel, Klimawandel und Ressourcenverknappung, Verkürzung von Innovationszyklen technischer Entwicklungen sowie Digitalisierung und ökonomische Krisen und strukturelle Brüche diskutiert (Horx 2014; Naisbitt 1986). Neben diesen Megatrends gibt es zu jedem spezielle Entwicklungen, die sich in den letzten Jahren entwickelt haben und einen großen Einfluss auf das Management der Prozesse haben. Im Folgenden werden die einzelnen Trends systematisch nach deren Inhalt, aktuellen Entwicklungen und insbesondere deren Auswirkungen auf Einkauf und Logistik analysiert (vgl. dazu auch: Handfield 2013; Geissbauer et al. 2012; Jacobi et al. 2005, S. 4 ff.; Delfmann und Jaekel 2012).

Globalisierung

Globalisierung, die zunehmende weltweite Verflechtung (in verschiedenen Bereichen; hier interessiert zunächst die Wirtschaft, aber auch die Politik als wesentlicher Einflussfaktor ist von Bedeutung), ist der seit Jahren diskutierte wichtigste Trend mit den größten Auswirkungen. Dieser Trend macht sich zunächst in für die Logistik wichtigen steigenden weltweiten Handelsvolumina insbesondere mit den für die globale Wertschöpfung (wieder[4]) wichtiger werdenden BRIC-Staaten bemerkbar.

Treiber, die zu einer global verteilten, zunehmend mehrgliedrigen Supply Chain führen, sind beispielsweise:

- Ausnutzung komparativer Kostenvorteile und Ertragspotenziale: Neben der Ausnutzung von Faktorkostenvorteilen werden durch die steigende Wertschöpfung die BRIC-Staaten zunehmend auch als Absatzmärkte interessant. Aber die Unternehmen aus den Schwellenländern streben nach angemessener Beteiligung an den Erträgen der Wertschöpfung. In diesem Zusammenhang ist das Konzept der Smiling-Curve anzuführen, das die Verteilung der ertragsreichen Wertschöpfungspotenziale (am Anfang bei den F&E-Aktivitäten und am Ende beim Vertrieb) der Wertschöpfungskette sieht, während die Erträge in der Mitte bei der (mehr oder weniger austauschbaren) Produktion eher gering sind. Acer-Gründer Stan Shih hat deshalb schon 1992 seine Strategie darauf ausgerichtet, Acer als globale Marke zu etablieren und aggressiv in Forschung und Entwicklung zu investieren, um innovative Technologien anbieten zu können.
- Local-Content-Forderungen bei Ausschreibungen: Um an der Wertschöpfung nicht nur wirtschaftlich, sondern auch durch Know-how-Aufbau zu partizipieren, fordern viele Länder, dass ein bestimmter Anteil der Wertschöpfung im Land stattfindet. In der Automobilindustrie führte das zu CKD- bzw. SKD-Werken in Schwellenländern (CKD = Completely knocked down, SKD = Semi-knocked-down), bei denen Bausätze in die Länder geschickt und dort zusammengebaut werden.
- Ressourcenbedarfe: Durch die gestiegene Nachfrage nach Rohstoffen globalisiert sich der Beschaffungsmarkt für Rohstoffe zunehmend. Außerdem erhöht sich zum einen deren Preis (insbesondere bei solchen, wo das Angebot endlich erscheint wie z. B. Öl, Edelmetalle, aber auch in einzelnen Regionen Wasser) und zum anderen ist die Preisvolatilität unter anderem durch deren Entdeckung als Spekulationsobjekt deutlich gestiegen.

Einige **Einflussfaktoren** machten diese Entwicklung erst möglich und beeinflussen auch die zukünftige Entwicklung der jeweiligen Märkte. So haben z. B. eine gute Informations- bzw. Kommunikations- sowie Transportinfrastruktur auch einen erheblichen Einfluss auf die weitere Entwicklung der Globalisierung. Daneben spielen aber auch rechtliche, politische und administrative Rahmenbedingungen in einzelnen Ländern eine wesentliche Rolle und sind deshalb im Auge zu behalten. Der Logistics Performance Index (LPI) der

[4] Bereits 1913, im frühen 20. Jahrhundert, betrugen die weltweiten ausländischen Direktinvestitionen als ein Indikator für internationale wirtschaftliche Verflechtungen 9 % des Bruttoinlandsprodukts; ein Wert, der erst etwa 80 Jahre später wieder erreicht werden sollte; die Auslandsaktivitäten konzentrierten sich neben dem klassischen Handel mit Gütern auf Rohstoffe. Wichtige Treiber waren damals die Erfindung der Dampfmaschine und die Verbreitung von Eisenbahnen als massenleistungsfähiges Verkehrsmittel.

Weltbank greift diese Einflussfaktoren auf und misst vergleichend für verschiedene Länder grundlegende Größen, mit denen die Politik auf die Logistikleistung Einfluss nehmen kann, wie z. B. die Qualität der Infrastruktur oder die Effizienz der Zollabwicklungsvorschriften, sowie die von den Nutzern subjektiv wahrgenommene Qualität der daraus resultierenden logistischen Rahmenbedingungen, wie z. B. die Wahrscheinlichkeit, mit der Transporte pünktlich ankommen und die Möglichkeit zur Sendungsverfolgung (vgl. Arvis et al. 2012, S. 6). [5] An dieser Stelle werden beispielhaft die IuK- und Transportinfrastruktur sowie politische Rahmenbedingungen detaillierter vorgestellt.

Zur Entwicklung der **Transportinfrastruktur** (Häfen, Straßen- und Eisenbahnnetz) haben gerade die Schwellenländer in den letzten Jahren viel getan. So ist beispielsweise das Eisenbahnnetz von China, das insbesondere für Ferntransporte von Schüttgütern wie Kohle und Erz wichtig ist, mittlerweile das drittlängste weltweit und gehört zu den am meisten ausgelasteten. Die Transportinfrastruktur ist also ein wesentlicher „Enabler" für global verteilte Wertschöpfung und die Erschließung von Absatz- und Beschaffungsmärkten.

Mindestens ebenso wichtig wie die physische Infrastruktur ist die **informations- und kommunikationstechnische Infrastruktur**, da mit jeder physischen Güterbewegung ein Informationsfluss verbunden ist. Zu nennen sind hier die Verbreitung von Internet bzw. Verfügbarkeit sonstiger Netze. Eine wichtige Entwicklung, die sich in den letzten Jahren vollzieht, ist die bessere Verknüpfung von physischen und informationstechnischen Flüssen, die auch mit dem Begriff „Internet der Dinge" beschrieben wird. Eine Anwendung ist beispielsweise die leichtere Generierung von Daten durch optische oder funktechnische Identifikatoren (Barcodes oder RFID-Chips) und deren bessere Verarbeitbarkeit mittels leistungsfähigerer Netze und Rechnern. Eine Wirkung einer leistungsfähigen IuK-Infrastruktur ist eine gute Sendungsverfolgung, durch die Effizienzgewinne in vielen Bereichen gehoben werden können.

Während einige Einflussfaktoren (IuK-Infrastruktur oder technologischer Fortschritt) zumindest kurzfristig eher geradlinig die Globalisierung unterstützen, kann der Einflussfaktor **Politik** auch dazu führen, dass Globalisierung gehemmt oder sogar eingedämmt wird. Beispiele hierfür sind tarifäre und nicht-tarifäre Handelshemmnisse oder administrative Richtlinien zur Zollabfertigung an Grenzen. Daneben übt die Politik auch indirekt durch Gesetze in anderen Bereichen Einfluss auf die Gestaltung von Supply Chains aus. So führen beispielsweise regulatorische Rahmenbedingungen wie Maßnahmen zur CO^2-Reduzierung dazu, dass über Transportmodi oder Sourcing-Quellen neu nachgedacht werden muss. Oder die Einführung von Regularien in Zusammenhang mit dem „Bekannten

[5] Dazu zählen: Effizienz der Abwicklungsprozesse (Geschwindigkeit, Einfachheit und Vorhersehbarkeit der Formalitäten) an den Grenzen, Qualität der handels- und transportrelevanten Infrastruktur (Häfen, Schienen- und Straßennetz und IuK-Infrastruktur), Möglichkeit, wettbewerbsfähige Transportpreise zu vereinbaren, Kompetenz und Qualität von Logistikdienstleistungen (Spediteure, Zollagenten etc.), Fähigkeit zur Sendungsverfolgung, Termintreue von Lieferungen; die Erhebung erfolgte durch Befragung von über 1000 Frachtführern.

Versender“ oder „Reglementierter Beauftragter“ für die Luftfracht führt zu einer Erhöhung des Aufwands und stellt damit zunächst ein Handelshemmnis dar.

Für den Einkauf und die Logistik von multinationalen, aber auch mittelständischen, lokalen Unternehmen hat die zunehmende globale Vernetzung teilweise gravierende **Auswirkungen**:

- Zunächst folgt aus der zunehmenden Vernetzung der internationalen Wirtschaft eine **Erhöhung des Wettbewerbs und ein gestiegener Preisdruck**, indem neue Wettbewerber entstehen und die Kunden durch das umfangreichere Angebot anspruchsvoller werden. Unternehmen sind beispielsweise schon fast gezwungen, durch Global Sourcing Kostenpotenziale durch Ausnutzung günstigerer Faktorkosten zu heben. Auch eine Kostensenkung durch Standardisierung auf Endprodukt- oder Modulebene kann dem nur kurzfristig Abhilfe schaffen, denn sie führt zu einer höheren Austauschbarkeit oder zu einer Verzögerung von Innovationen, die wiederum Nachteile im Wettbewerb nach sich zieht. Unternehmen müssen mit kontinuierlichen Innovationen auf den Wettbewerbsdruck reagieren, um ihre Wettbewerbsfähigkeit zu halten. Dies ist beispielsweise in den seit einiger Zeit beobachtbaren deutlich kürzer werdenden Innovationszyklen zu beobachten.
- Weiterhin sind eine **steigende Volatilität und Nachfrageschwankungen** zu beobachten. So weisen die Indikatoren für Rohstoffpreise seit einigen Jahren größere Schwankungen auf. Weiterhin sind aufgrund der leichteren Austauschbarkeit der Produkte durch Standardisierung oder andererseits der kürzer werdenden Innovationszyklen die Kundenbedarfe schwerer einschätzbar und weniger gut mittel- bis langfristig plan- und vorhersehbar. Eine Planung, die die Vorjahreszahlen um +/− 10 % fortschreibt, ist so nicht mehr möglich und verstärkt die Unsicherheiten und Volatilität sogar noch, da die Planung so häufiger von der tatsächlichen Entwicklung abweichen wird und somit zusätzliche Gegenmaßnahmen erfordert.
- Durch jede zusätzliche Produktions- und Transportstufe in der Supply Chain steigen auch die Notwendigkeit von Abstimmung bzw. Koordination und damit das Risiko von Fehlern und Schäden. **Supply Chain-Risiken** können eine Bedrohung durch Piraten sein, aber durch die engere Vernetzung der Wirtschaft werden auch die Folgen zunächst lokaler Ereignisse global spürbar. In diesem Zusammenhang sei auf die Entwicklung der Finanzkrise 2008/2009 verwiesen, die in den USA ihren Ursprung nahm und sich um den ganzen Globus verbreitete, oder den Tsunami in Japan, der gravierende Auswirkungen auf die europäische und amerikanische Automobilindustrie hatte. Ein weiteres Risiko, dem bisher noch wenig Beachtung geschenkt wurde, sind Cyber-Attacken. Die wenigen bekannt gewordenen Beispiele zeigten, dass es grundsätzlich möglich ist, Organisationen durch Viren oder Spyware erheblich zu schädigen.

Die vorgenannten Faktoren bedeuten erhöhte **Anforderungen an das Management** hinsichtlich Komplexität und Flexibilität. Das Management mehrgliedriger Transportketten erfordert neben entsprechenden Planungs- und Steuerungswerkzeugen auch die persönliche Fähigkeit der beteiligten Manager, mit Kulturunterschieden über Unternehmens- und Ländergrenzen hinweg umgehen zu können. So wird eine End-to-End-Sichtweise der Supply Chain immer wichtiger: War in den Anfängen des Supply Chain Management eine umfassende Betrachtung der Supply Chain vom Produzenten des Rohmaterials bis zum Endabnehmer noch eine relativ unrealistische Sichtweise, so wird diese mit den vielfältigen Schnittstellen und Risiken zunehmend Realität. Hierbei ist bei Betrachtung aller relevanten Kostenbestandteile (neben den reinen Produktkosten auch die Kosten für Logistik, Qualität etc.) auch eine grundlegende Neukonfiguration von Supply Chains in Betracht zu ziehen, wie eine kürzlich erschienene Studie der Boston Consulting Group vorschlägt, die für einige Bereiche eine Rückkehr der Wertschöpfung in die Vereinigten Staaten prognostiziert (vgl. Sirkin et al. 2011).

Verschärfend erkennt das Supply Chain Council des World Economic Forum ein substanzielles Defizit an profundem Supply Chain Management-Know-how, um die Probleme und Risiken zu erkennen und geeignete Lösungen auf den Weg zu bringen. Dieses Defizit behindert den weltweiten Handel. So stehen insbesondere in den wichtiger werdenden Ländern Süd-Ost-Asiens wie Indien, China oder Südkorea, aber auch in Europa, wie Studien aus dem Vereinigten Königreich zeigen, nicht genügend Logistik-Experten mit entsprechendem Know-how zur Verfügung (vgl. Global Agenda Council on Logistics and Supply Chains 2011–2012 2012, S. 7).

Urbanisierung

Die Urbanisierung zeigt sich darin, dass ein immer höherer Anteil der Bevölkerung in Städten lebt. So lebt aktuell etwa die Hälfte der Erdbevölkerung in Städten. Dieser Anteil wird sich bis 2050 nach Schätzungen der UNO auf etwa 70 % erhöhen. In einigen Regionen wird er voraussichtlich noch höher sein (z. B. in Europa 84 % und in China 90 %). Weiterhin ist ein Trend zu nach heutigen Maßstäben „Megacities“ zu beobachten: Die in Shanghai lebende Bevölkerung hat sich in den letzten 50 Jahren auf 15,7 Mio. Menschen verdoppelt und soll 2025 19,4 Mio. erreichen. Eine weitere Zahl verdeutlicht die Entwicklung: 1975 existierten weltweit nur 3 Städte mit einer Bevölkerung von über 10 Mio. Menschen; bis zum Jahr 2025 werden voraussichtlich 27 solcher „Megacities“ existieren, die dann etwa 10 % der Weltbevölkerung ein Zuhause bieten. Mit der Urbanisierung geht unabhängig von dem Entwicklungsstand ein Rückgang der Geburten einher. So lag auch die Fertilitätsrate in Addis Abbeba mit 1,4 etwa in dem Bereich von Deutschland (ca. 1,3).

Gründe für die Urbanisierung sind häufig Landflucht aufgrund wegfallender Arbeitsplätze in der Landwirtschaft bzw. neu in Städten entstehende Arbeitsplätze im Dienstleistungssektor. Die Urbanisierung hat auch Effekte für ländliche Gebiete: So wird es dort zunehmend aufwendiger, eine gleichwertige Infrastruktur wie in den Städten aufzubauen bzw. zu erhalten, was wiederum eine sehr unterschiedliche Entwicklung der Infrastruktur von städtischen und ländlichen Gebieten zur Folge hat.

Die **Auswirkungen** der Urbanisierung für das Supply Chain Management sind zum einen sehr branchenspezifisch: Insbesondere in den Metropolregionen wächst der Bedarf nach besserer, effizienterer und insbesondere nachhaltigerer und ressourcenschonenderer

Infrastruktur wie Netzwerke und öffentlicher Personennahverkehr (ÖPNV). Die Siemens AG hat darauf reagiert und Ende 2011 einen eigenen Sektor „Infrastructure & Cities“ aufgebaut, in dem verschiedene Infrastrukturlösungen zusammengefasst sind: Rail Systems, Mobility and Logistics (Bahnautomatisierung, Infrastrukturlogistik, intelligente Verkehrs- und Transportsysteme, Elektromobilitätsinfrastruktur) sowie Smart Grid (u. a. Intelligente Stromnetzinfrastruktur, Bahnelektrifizierung, Stromversorgung der Industrie). Eine weitere damit zusammenhängende industriespezifische Auswirkung trifft die Automobilindustrie. Seit einigen Jahren ist ein Rückgang der Führerscheinquote zugunsten von ÖPNV zu beobachten. Außerdem wurde in einer Umfrage festgestellt, dass sich deutlich mehr Jugendliche ein Leben ohne Auto vorstellen können als ein Leben ohne Smartphone oder soziale Netzwerke.

Zum anderen bedeutet diese Entwicklung, dass die Verteilung von Gütern (z. B. Konsumgütern) in Städten und ländlichen Gebieten sehr unterschiedlich ist. Bereits heute ist zu beobachten, dass die Konsumgüterdistribution in Flächenländern wie Mecklenburg-Vorpommern aufgrund der geringen Besiedelungsdichte und damit geringen Bündelungseffekte teurer ist als in städtischen Gebieten, wo jedoch Stau ein Problem darstellt. Es müssen also unterschiedliche Verteilungskonzepte für städtische und ländliche Gebiete entwickelt werden.

Schließlich können aus dem sehr unterschiedlichen Prozess der Urbanisierung in westlichen Industrienationen im Vergleich zu Entwicklungsländern, wo eine Slumbildung zu beobachten ist, neue Ressourcenkonflikte um z. B. sauberes Trinkwasser oder eine allgemein höhere Kriminalität entstehen. Diese Konflikte bergen wiederum Risiken, die im Rahmen des Supply Chain Management zu bewerten sind.

Bei der internationalen Konfiguration von Supply Chains ist zusammenfassend der Zusammenhang zwischen einem globalen Geschäftsmodell (auch begünstigt durch eine oft erwartete Konvergenz von Bedarfen und Geschmäckern) und ggf. sehr unterschiedlich ausgestalteten lokalen urbanen bzw. ruralen Strukturen nicht aus den Augen zu verlieren.

Demographischer Wandel

Die Weltbevölkerung soll von 6 Mrd. Menschen 2008 auf 8,7 Mrd. Menschen 2025 wachsen. Dieses Wachstum ist jedoch nicht gleich verteilt. So sollen die Wachstumsraten in Afrika (+55 %), Asien (+24 %) und Lateinamerika (+23 %) deutlich höher sein als im Rest der Welt. In den industrialisierten Ländern stagnieren die Bevölkerungszahlen bzw. werden aufgrund von immer älter werdenden Gesellschaften und zurückgehenden bzw. stagnierenden Fertilitätsraten sogar zurückgehen. Wichtige Faktoren, die die Schätzungen beeinflussen, sind unter anderem Migrationsbewegungen und die Möglichkeit, Krankheiten wie HIV/AIDS zu behandeln.

Die **Auswirkungen** dieses Trends für das Supply Chain Management liegen in der wachsenden Nachfrage nach Gütern und damit Logistikleistungen und einer Verschiebung der Bedürfnisse zwischen industrialisierten Ländern und Entwicklungsländern.

In Kombination mit Globalisierung bedeutet eine wachsende Bevölkerung deshalb grundsätzlich mehr Nachfrage nach Logistikleistungen und der entsprechenden Infrastruktur. Es werden sich also insbesondere für Logistik-Dienstleister Chancen in den am stärksten wachsenden Regionen ergeben. Da jedoch das Wachstum hauptsächlich in politisch instabilen Regionen stattfindet, sind sowohl beim Aufbau als auch beim Betrieb der Infrastruktur steigende Supply Chain-Risiken sowie ein signifikanter Beitrag zur Erhöhung der Volatilität in Betracht zu ziehen.

Die ungleiche Verteilung des Bevölkerungswachstums bedeutet auch, dass in den Entwicklungsländern auch die Gesellschaften deutlich jünger sind als in den industrialisierten Ländern. Für die industrialisierten Länder bedeutet das, dass der Bedarf nach altersgerechter Infrastruktur und Logistikdienstleistungen wie z. B. individualisierte Feindistribution bzw. Hauszustellung steigen könnte. Im Gegensatz dazu ist in den Entwicklungsländern zu erwarten, dass gerade dort aufgrund des hohen Anteils junger Menschen und einer insgesamt wachsenden Nachfrage nach Logistikleistungen Logistik-Know-how aufgebaut werden muss, um die steigenden Anforderungen zu bewältigen.

Technologie, Innovation und Digitalisierung

Ein wichtiger Indikator für diesen Trend sind die immer kürzer werdenden Innovationszyklen: Während im vorletzten Jahrhundert die Einführung von Innovationen wie der Eisenbahn oder des Telefons sich über mehrere Jahrzehnte erstreckt hat, sind heute neue Technologien wie z. B. das Internet praktisch unmittelbar global verfügbar. Bereiche, in denen aktuell geforscht wird, sind insbesondere Bio- und Nano-Technologie, Medizintechnik, Sensorik und Assistenz-Systeme, Netzwerk- und Informationstechnologie sowie soziale Netzwerke. Allen voran werden sich Innovationen auch hauptsächlich auf den Bereich Energie und Umwelttechnologie konzentrieren. Verbesserte Ressourceneffizienz oder die alternativen Energien, die auch für Transportmittel eingesetzt werden, sind die Ziele, die es zu erreichen gilt.

Ein weiterer Aspekt, der im Zusammenhang mit Technologie und Innovation zu nennen ist, ist eine höhere Digitalisierung. Damit gehen strukturelle Umbrüche in einzelnen Branchen wie z. B. Medien (Zeitungen, Bücher, aber auch Musik) einher. So werden immer häufiger E-Books anstatt physischen Büchern verkauft und die CD als Medium für Musik wird zunehmend durch digitale Vertriebskanäle im Internet verdrängt. Aber auch die Infrastruktur für die Nutzung der Digitalisierung entwickelt sich rasant. So haben heute bereits mehr Menschen Zugang zu Handys als zu Elektrizität im Haushalt. Auch ist nicht mehr die Verfügbarkeit von Informationen der Engpassfaktor (Stichwort Information Overflow), sondern die effektive Filterung und zielgerechte Aufbereitung der relevanten Informationen als Grundlage für eine schnellere Reaktion auf Veränderungen (Stichworte hier sind: Wissensgesellschaft und Time-Based-Competition)

Eine weitere Entwicklung im Zuge der Digitalisierung in Verbindung mit anderen Technologien ist die Realisierung des „Internets der Dinge". Dabei können Daten durch bessere und günstigere Sensoren leichter und zeitnäher generiert werden und durch bessere Verarbeitungsmöglichkeiten schneller und in höherem Volumen verarbeitet werden. Statt wie früher Informationen mit der Hand aufzuschreiben, können durch Technologien die OCR, Barcodes oder RFID-Tags Informationen der realen Welt unmittelbar digital verfügbar gemacht werden. Es entsteht eine Konvergenz von Daten und Realität. Anwendungsbeispiele sind Toll Collect oder die Verfolgung von Produktionslosen anhand von RFID-Tags in modernen Fabriken, die eine schnellere Produktionssteuerung und damit Reduzierung von Durchlaufzeiten und Beständen ermöglichen. Aber auch dezentrale Lösungen im Sinne von selbststeuernden Systemen insbesondere in Intralogistik-Systemen werden durch diese Entwicklungen zunehmend interessant. Die Entwicklung von Standards für elektronische Schnittstellen und Datenformate wie z. B. der Electronic Product Code ist ein Faktor, der für die weitere Entwicklung der Digitalisierung eine Rolle spielt.

Die **Auswirkungen** dieses Trends betreffen neben den spezifische Industrien und Branchen auch insbesondere die Logistik und das Supply Chain Management: Ganz allgemein führen Innovationen zunächst zu Produktivitätssteigerungen und in der Regel höheren Handelsvolumina für die betreffenden Technologien und Güter. Diese Handelsvolumina sind wiederum Treiber für Logistikaktivitäten. Kürzer werdende Innovationszyklen lassen also auf eine gestiegene Nachfrage nach Logistikdienstleistungen hoffen. Allerdings hat die zunehmende Digitalisierung auch eine gegenläufige Auswirkung auf die Logistik: So fällt beispielsweise neben dem Drucken von Medien, das z. B. auch schon bei Druckmaschineherstellern spürbar ist, auch die Distribution der Medien weg.

Jedoch ist durch die Entwicklung im Bereich der Technologie und Digitalisierung eine Veränderung der Anforderungen an Verlader und Logistikdienstleister zu erwarten: So ist aufgrund der kürzer werdenden Innovationszyklen eine höhere Zahl von Produktionsneuanläufen zu erwarten, die komplexe logistische Prozesse erfordern: Neben den internen Anlaufprozessen müssen die Beschaffungsprozesse mit den Zulieferern koordiniert werden und die Time-to-Market so gestaltet werden, dass auch die Marketingmaßnahmen zur rechten Zeit geschaltet werden und die Produkte zur richtigen Zeit bei den Käufern verfügbar sind. Außerdem ermöglichen häufigere Produktneuanläufe die Überprüfung der Supply Chain-Konfiguration auf Kosten- und Leistungspositionen in immer kürzeren Frequenzen und erfordern damit eine höhere Flexibilität und eine schnellere Anpassung von Supply Chains an neue Gegebenheiten.

Weiterhin sollten Logistikdienstleister und Verlader aufgrund der technischen Innovationen, die sehr stark in den Bereich der Logistik fallen, einerseits ihre Investitionsentscheidungen mit langfristigem Charakter bewusster vorbereiten. So versprechen ressourceneffiziente Antriebe, Aerodnynamik-Kits oder Routing-Mechanismen Kostenvorteile, sind aber mit entsprechend hohen Investitionskosten verbunden. Andererseits kann die Entwicklung neuen Lösungen auf Basis neuer technologischer Möglichkeiten zur Verknüpfung von physischen und informatorischen Prozessen die Wettbewerbsposition erheblich verbessern, während es mit einfachen Basisleistungen (commodities) wie reinen Transportdienstleistungen zunehmend schwerer wird, Erträge zu erwirtschaften. So bieten beispielsweise integrierte Lösungen, die intelligent physische und informatorische Prozesse verknüpfen, Chancen für hohen Kundennutzen und für überdurchschnittliche Erträge.

Aufgrund der immer kürzer werdenden Innovationszyklen und der breiteren Basis für Forschungs- und Entwicklungsregionen (z. B. durch Verlagerung von F&E-Aktivitäten in Schwellenländer) ist allerdings auch eine zunehmende Volatilität und Unsicherheit in der

Planung zu erwarten. Dazu trägt auch bei, dass bei Innovationen häufig nicht von Beginn an klar ist, wie der wirtschaftliche Erfolg der Innovation sein wird.

Auch aus der Digitalisierung können Gefahren für Supply Chains wie zum Beispiel Urheberrechtsverletzungen für digital verfügbare Inhalte und Cyber-Attacken auf die Systeme der beteiligten Unternehmen entstehen. Wie real insbesondere die letztgenannte Gefahr ist, zeigen die kürzlich dokumentierten Angriffe auf das iranische Atomprogramm oder auf Gas-Pipelines in den USA. Unternehmen sollten Strategien entwickeln, wie sie auf diese neuen Gefahren reagieren.

Nachhaltigkeit/Ressourcenknappheit

Treiber für den Trend zur Nachhaltigkeit ist die globale Erwärmung. So wurde etwa 2012 der weltweit höchste CO^2-Gehalt in der Luft gemessen. Das Max-Planck-Institut hat vorhergesagt, dass nur eine drastische Reduzierung des CO^2-Gehalts in der Luft die globale Erwärmung unter 2 °C halten würde. Andernfalls droht der Meeresspiegel zu steigen, eine Zunahme von Naturkatastrophen etc.

Ein weiterer Aspekt in diesem Zusammenhang ist die Ressourcenknappheit. Durch die steigende Weltbevölkerung und den steigenden Pro-Kopf-Bedarf an Energie und sonstigen Ressourcen entstehen eine verschärfte Notwendigkeit für die Nutzung erneuerbarer Energiequellen und neue Knappheiten für Ressourcen. Ein aktuelles Beispiel für diese neuen Knappheiten ist der Markt für seltene Erden.

Die **Auswirkungen** für das Supply Chain Management konzentrieren sich auf die verstärkte Beachtung von Nachhaltigkeit sowie volatilere Preise für die entsprechenden Ressourcen im Sinne einer „Grünen Logistik" (vgl. Mieke 2010)

Da Transportaktivitäten ein wesentlicher Treiber der CO^2-Produktion sind, werden auch zukünftig regulatorische Rahmenbedingungen die Logistik dazu zwingen, Nachhaltigkeit in Supply Chains zum Thema zu machen und intelligente, nachhaltige Logistiknetzwerke aufzubauen, die möglichst wenig CO^2 generieren. Die EU hat dazu bereits verschiedene Programme aufgelegt (z. B. „Zero-Carbon Urban Logistics 2030" oder Emissionszertifikate) und argumentiert damit, dass mit einer erfolgreichen Umsetzung der Klimaschutzziele die dabei entstehende Technologie in andere Länder exportiert werden kann.

Hinsichtlich der Ressourcenknappheit kann beobachtet werden, dass sich die Preise für die entsprechenden Ressourcen sehr volatil verhalten werden und Unternehmen gezwungen sind, Strategien zu entwickeln, damit umzugehen. Eine Studie von Roland Berger Strategy Consultants hat dazu gezeigt, dass Unternehmen typischerweise einen Mix aus Beschaffungsstrategien zur Stabilisierung des Preisniveaus und der Einkaufsverbünde, Strategien zur Reduzierung des Ressourceneinsatzes in den Produkten, Kostenüberwälzung an Kunden sowie Produktionsverlagerung nach China einsetzen.

Strukturelle Brüche und Ökonomische Krisen

Neben den „klassischen", eher langsam verlaufenden Megatrends wird in der Literatur auch besonderes Augenmerk auf strukturelle Brüche gelegt. Solche strukturellen Brüche können entweder aus plötzlich eintretenden Naturkatastrophen wie Vulkanausbrüchen, Tsunamis o. Ä. oder aus politischen Veränderungen wie z. B. den Revolutionen in den arabischen Staaten resultieren. Aus logistischer Sicht wird in diesem Zusammenhang die „humanitäre Logistik", d. h. die schnelle Bereitstellung von Hilfsgütern und die Koordination der verschiedenen Hilfsorganisationen diskutiert. Für industrielle Supply Chains fallen solche Ereignisse unter die oben bereits diskutierte Kategorie der Supply Chain-Risiken.

Ein weiteres Phänomen, das sich beobachten lässt und signifikanten Einfluss auf die globalen Supply Chains hat, sind ökonomische Krisen, wie die zuletzt auftretende Schuldenkrise in Europa. Die Wirkung solcher Krisen ist in der Regel eine erhöhte Unsicherheit über den Verlauf der Krise und das Nachfrageverhalten. Je nachdem, ob eine schnelle „Rückkehr zur Normalität" oder eine grundlegende strukturelle Veränderung der ökonomischen Landschaft die Folge ist, müssen Supply Chains in der Lage sein, sich kurzfristig an die veränderten Nachfragebedingungen anzupassen.

In einer zusammenfassenden Betrachtung der Trends und deren Auswirkungen fallen zwei Dinge auf:

- Zum einen sind die Trends nicht unabhängig voneinander, sondern weisen häufig Verbindungen auf und Ursache und Wirkungen können nur schwer voneinander getrennt werden. So hängt Globalisierung sehr eng mit globalen Transportströmen zusammen und ist damit ein Treiber für die Nachfrage nach Energieressourcen für den Transport. Gleichzeitig reagiert die Politik darauf mit dem Erlass neuer Regeln, die wiederum Anstoß für Innovationsprozesse sind. Für Unternehmen ist es damit wichtig, die Auswirkungen der Trends auf ihr Geschäftsmodell genau zu beobachten und mögliche Gegenmaßnahmen zu entwickeln, anstatt eine detaillierte Analyse der Trends zu unternehmen.
- Zum zweiten fällt auf, dass Auswirkungen vieler Trends steigende Volatilität und steigende Risiken sind. Deshalb müssen Strategien entwickelt werden, Supply Chains flexibler und anpassungsfähiger zu machen (vgl. Lee 2004).

Zusammenfassung Kap. 1

Ein Prozess ist eine wertschöpfende Input-Output-Beziehung, die durch verschiedene Attribute wie Aktivitäten, Ressourcen, Rollen, Erfolgsfaktoren oder Messwerte gekennzeichnet ist.

Wesentliche Aufgaben des Prozessmanagements sind

- Prozessmodellierung
- Prozessanalyse
- Prozessdesign
- Prozessleistungsmessung
- Prozessorganisation

Die Verständnisse von Einkauf und Logistik konvergieren in Richtung eines übergreifenden und integrierten Supply Chain Management. Die Charakteristika von Supply Chain Management sind:

- Betrachtungsobjekte des Supply Chain Management sind Material-, Informations- und Finanzmittelflüsse in Unternehmensnetzwerken.
- Ziele des Supply Chain Management sind, die Wettbewerbsvorteile beim Endkunden zu realisieren und die Wirtschaftlichkeit des Gesamtnetzwerks zu erhöhen.
- Mittel zur Erreichung der Ziele ist die Schaffung integrativer und funktionsübergreifender Führungs- und Ausführungsprozesse.

Trotzdem sind in Unternehmen häufig noch Organisationseinheiten mit den Namen Einkauf und Logistik zu finden, die noch nicht durchgehend prozessorientiert aufgestellt sind.

Megatrends, die einen starken Einfluss auf das Supply Chain Management bzw. Einkauf und Logistik haben, sind:

- Globalisierung
- Urbanisierung
- Demographischer Wandel
- Technologie, Innovation und Digitalisierung
- Nachhaltigkeit/Ressourcenknappheit
- Strukturelle Brüche/Ökonomische Krisen

In den folgenden Kapiteln wird ein Referenzrahmen geschaffen, wie Prozesse in Einkauf und Logistik modelliert, analysiert und gestaltet werden können, um schließlich eine Prozessorganisation in diesen Bereichen aufzubauen und ein zielorientiertes Controlling zu gestalten. Darüber hinaus wird mit Supply Chain Risk Management eine aktuelle Entwicklung aufgenommen, die den bereichsübergreifenden Charakter dieses Beitrags aufgreift. Basierend auf den Aufgaben des Prozessmanagements geht der vorliegende Beitrag zunächst mit der Prozessmodellierung auf grundlegende Systeme zur Beschreibung von Prozessen in Einkauf und Logistik ein (Kap. 2), stellt anschließend verschiedene Möglichkeiten zur Analyse von Prozessen und der Servicequalität als ein wesentliches Prozessergebnis vor (Kap. 3), erläutert danach verschiedene Prinzipien und Ansätze zum Prozessdesign (Kap. 4) und diskutiert in Kap. 5 Möglichkeiten zur Gestaltung einer prozessorientierten Organisation in Einkauf und Logistik, bevor in Kap. 6 Möglichkeiten zum Controlling vertieft werden.

Literatur

Arnold, D., Isermann, H., Kuhn, A., Tempelmeier, H., & Furmans, K. (2008). *Handbuch Logistik*. Berlin: Springer Berlin Heidelberg.

Arvis, J.-F., Mustra, M. A., Ojala, L., Shepherd, B., & Saslavsky, D. (2012). Connecting to compete 2012. Trade logistics in the global economy – the logistics performance index and its indicators. The international bank for reconstruction and development/The World Bank. Washington.

Becker, W., Hilmer, C., & Holzmann, R. (2015). Prozesscharakterisierung. Der Ausgangspunkt des Prozessmanagements. *Zeitschrift für Organisation, 84*(4), 283–289.
Binner, H., & Schnägelberger, S. (2014). Prozessmanagement-Tools. Übersicht über den Anbietermarkt. *zfo, 82*(2), 115–117.
Delfmann, W., & Jaekel, F. (2012). The Cloud - Logistics for the Future. Diskussionspapier. Bundesvereinigung Logistik.
Delfmann, W., Dangelmaier, W., Günthner, W., Klaus, P., Overmeyer, L., Rothengatter, et al. (2010). Eckpunktepapier zum Grundverständnis der Logistik als wissenschaftliche Disziplin. In W. Delfmann & T. Wimmer (Hrsg.), *Strukturwandel in der Logistik. [Wissenschaft und Praxis im Dialog; 5. Wissenschaftssymposium Logistik 2010]* (S. 3–10). Hamburg: DVV Media Group Dt. Verkehrs-Verl. (Schriftenreihe Wirtschaft & Logistik).
Dombrowski, U., Grundei, J., & Melcher, P. (2014). Studie im Auftrag der gfo: Prozessorientierte Organisationsformen in deutschen Unternehmen. gfo-Jahreskongress für Organisation und Management. Gesellschaft für Organisation (gfo) e. V. Düsseldorf. 14.10.2014.
Eßig, M., Hofmann, E., & Stölzle, W. (2013). Supply chain management. s.l.: Vahlen. http://lib.myilibrary.com/detail.asp?id=625286.
Geissbauer, R., Roussel, J., Schrauf, S., & Strom, M. A. (2012). Next-generation supply chains – Efficient, fast and tailored. Price Waterhouse Coopers (PwC). www.pwc.com/GlobalSupplyChainSurvey2013.
Gesellschaft für Organisation. (2014). *Business process management. BPM common body of knowledge – BPM CBOK; Leitfaden für das Prozessmanagement; Version 3.0. 2., überarb., deutschsprachige Ausg.* Gießen: Schmidt. (Schriftenreihe der EABPM, Bd. 1)
Global Agenda Council on Logistics and Supply Chains 2011–2012. (Hrsg.). (2012). *Outlook on the Logistics & Supply Chain Industry 2012.* Genf: World Economic Forum.
Handfield, R. (2013). *Embracing global logistics complexity to drive market advantage.* Hamburg: DVV Media Group. (Trends and strategies in logistics and supply chain management)
Handfield, R. B., Monczka, R. M., Giunipero, L. C., & Patterson, J. L. (2011). *Sourcing and supply chain management* (5. Aufl., internat. Aufl.). Mason: South-Western Cengage Learning.
Heß, G. (2010). *Supply-Strategien in Einkauf und Beschaffung. Systematischer Ansatz und Praxisfälle.* (2. aktualisierte und überarb. Aufl.). Wiesbaden: Gabler. (Gabler-Lehrbuch)
Horx, M. (2014). *Das Megatrend-Prinzip. Wie die Welt von morgen entsteht* (1. Aufl.). München: Pantheon.
Jacobi, C., Hartel, Dirk H., & Spendl, K. (2005). Logistics Excellence in der Automobilindustrie. Unterföhring: Emporias Management Consulting (Reihe Emporias, 5).
Klaus, P. (1993). Die dritte Bedeutung der Logistik. Nürnberger Logistik-Arbeitspapier Nr. 3. Nürnberg.
Klaus, P. (2003). Logistik – Flow Management. Nürnberger Logistik-Arbeitspapier Nr. 8. Nürnberg.
Kraljic, P. (1983). Purchasing must become supply management. How managers can guard against materials disruptions by formulating a strategy for supply. *Harvard Business Review (September-October) 61*(5), 109–117.
Kummer, S., Grün, O., & Jammernegg, W. (Hrsg.). (2013). *Grundzüge der Beschaffung, Produktion und Logistik* (2. aktualisierte Aufl.) [Nachdr.]. München: Pearson Studium. (wi – Wirtschaft)
Lee, H. L. (2004). The Triple-A Supply Chain. In: *Harvard Business Review* (October).
Mieke, C. (2010). Grüne Logistik. *WISU, 39*(3), 344–347.
Naisbitt, J. (1986). *Megatrends. 10 Perspektiven, die unser Leben verändern werden* (2. Aufl.). München:. Heyne. (Heyne-Sachbuch, 01/7235)
Otto, A. (2002). *Management und Controlling von Supply Chains. Ein Modell auf der Basis der Netzwerktheorie.* Wiesbaden: Deutscher Universitätsverlag (Neue betriebswirtschaftliche Forschung, 290). http://dx.doi.org/10.1007/978-3-663-10716-3.

Porter, M. E. (1998). *Competitive advantage. Creating and sustaining superior performance; with a new introduction.* New York: Free Press. http://www.loc.gov/catdir/bios/simon051/98009581.html.

Schmelzer, H. J., Sesselmann, W., & Schmelzer-Sesselmann (2010). *Geschäftsprozessmanagement in der Praxis. Kunden zufriedenstellen, Produktivität steigern, Wert erhöhen; [das Standardwerk]* (7. überarb. und erw. Aufl.) München: Hanser. http://www.socialnet.de/rezensionen/isbn.php?isbn=978-3-446-42185-1.

Schulte-Zurhausen, M. (2010). *Organisation* (5. überarb. und aktualisierte Aufl.). München: Vahlen. (Vahlens Handbücher der Wirtschafts- und Sozialwissenschaften)

Sirkin, H., Zinser, M., & Hohner, D. (2011). Made in America, Again – Why Manufacturing will return to the U.S. BCG.

Weißenberg, N., & Stemmer, M. (2009). Moderne IT-Plattformen für Geschäftsprozessmanagement und Portale. Vergleichende Bewertung der Toolsuit en von IBM, IDS Scheer & SAP, sowie Intalio & Liferay. Kurzfassung. Hrsg. v. Bücker GmbH und Fraunhofer ISST. http://www.isst.fraunhofer.de/content/dam/isst/de/documents/Publikationen/StudienundWhitePaper/Fraunhofer-ISST_IBM-Studie-Kurzfassung.pdf.

Wildemann, H. (2001). *Einkaufspotenzialanalyse. Leitfaden zur Kostensenkung und Gestaltung der Abnehmer-Lieferanten-Beziehung* (10. Aufl.). München: TCW-Verl. (Leitfaden/TCW Transfer-Centrum für Produktions-Logistik und Technologie-Management, 2)

Prozessmodellierung 2

Um das Management von Prozessen überhaupt zu ermöglichen, muss zunächst die für das Prozessmanagement relevante Realität handhabbar gemacht werden. Diese Voraussetzung wird mit der Prozessmodellierung erreicht. Dabei ist ein Modell ganz allgemein eine Abbildung der Realität. Der Ausgangspunkt ist demnach die Realität, die sehr viele Aspekte aufweist. Nur einige davon sind für das Management von Prozessen relevant. Deshalb ist es die Aufgabe der Prozessmodellierung, eine Modellierungssystematik auszuwählen, mit der möglichst alle relevanten Aspekte sichtbar gemacht werden können. Dabei können auch bewusst einige Aspekte weggelassen werden, um die Realität für das Prozessmanagement beherrschbar zu machen und nicht zu komplex werden zu lassen (vgl. Liebetruth 2005, S. 25).

Im Folgenden werden zunächst einige Grundlagen der Modellierung von Prozessen beschrieben, bevor dann ausgewählte Modellierungssystematiken zur Abbildung von Prozessen in Einkauf und Logistik bzw. im Supply Chain Management vorgestellt werden.

2.1 Modellierung von Prozessen

Bei der Modellierung von Prozessen geht es darum, zielorientiert eine Abbildung von betrieblichen Abläufen zu erstellen (vgl. Mertens et al. 2012, S. 68). Deshalb werden in der Literatur unter Prozessmodellierung auch „alle Aktivitäten zur Darstellung von Ist- und Soll-Prozessen“ (Gesellschaft für Organisation 2014, S. 111) verstanden. Oder etwas präziser wird Prozessmodellierung auch als „die vollständige, formale, präzise und konsistente Beschreibung von Geschäftsprozessen mithilfe einer Modellierungssprache“ (Schmelzer et al. 2010, S. 416) bezeichnet.

Zwecke einer Prozessmodellierung können deshalb sein:

T. Liebetruth, *Prozessmanagement in Einkauf und Logistik*,
DOI 10.1007/978-3-658-09759-2_2

- Herstellung von Transparenz über die betrieblichen Abläufe, insbesondere zur Analyse, Messung und Verbesserung von Prozessen
- Förderung eines einheitlichen Prozessverständnisses sowie Training von (neuen) Mitarbeitern und Erfahrungsaustausch zwischen (verteilten) Organisationseinheiten
- vorbereitende Dokumentation von Prozessen zur späteren Automatisierung oder Simulation, Auditierung oder Zertifizierung, Risiko- oder Compliance Management von Prozessen, Implementierung von IT-Tools oder Process Governance

Eine Modellierungssystematik gibt zur Beschreibung der Realität eine spezifische Notation vor. Diese legt wie auch z. B. in einer Sprache eine Semantik fest. Das heißt: Regeln, mit welchen Symbolen die verschiedenen Elemente von Prozessen dargestellt werden, was die Symbole bedeuten und wie sie kombiniert werden können. Sie definiert also, wie genau die Realität abgebildet wird, und damit auch, auf welche Aspekte von Prozessen die jeweilige Modellierungssystematik fokussiert.

Die Wahl der geeigneten Modellierungssystematik hat also für das Prozessmanagement eine besondere Tragweite. Welche Modellierungssystematik gewählt wird, ist abhängig vom verfolgten Ziel, der Prozessebene und wie „reif" eine Prozessorganisation ist.

Zunächst ist die Wahl der Modellierungssystematik abhängig vom verfolgten Ziel: So kann beispielsweise eine Modellierung anhand der SIPOC-Systematik einen schnellen Überblick über den Gesamtzusammenhang geben, ist aber als Grundlage für die Implementierung eines IT-Tools zu grob. Ebenso könnte eine Prozessmodellierung nach BPMN 2.0 zwar sehr gut administrative Prozesse abbilden können, für eine Analyse von Verschwendungsarten im Sinne des Lean Managements in physischen logistischen Prozessen (z. B. Bestände, Durchlaufzeiten) wäre aber eine Wertstromanalyse besser geeignet. Deshalb hat die Auswahl einer geeigneten Modellierungssystematik eine hohe Tragweite.

Ein weiterer Faktor bei der Auswahl der Modellierungssystematik ist die Ebene, auf der bzw. für die Prozesse modelliert werden sollen. Es existieren die in Abb. 2.1 strukturierten Prozessebenen, die unterschiedliche Anforderungen an die Modellierung stellen.

Für die Prozessmodellierung können insbesondere drei verschiedene Blickwinkel unterschieden werden (vgl. Gesellschaft für Organisation 2014, S. 139 ff.):

- Für das obere Management (zuständig für die Abstimmung der Unternehmensstrategie mit der unternehmensweiten Prozessleistung) spielt die Sichtweise des Gesamtunternehmens eine Rolle. Deshalb sollte hier nur eine sehr grobe Übersicht über die Prozesse und Teilprozesse angegeben werden. Geeignete Systematiken wären allgemeine Unternehmensprozessmodelle, in denen Kern- und Unterstützungsprozesse unterschieden werden, oder eine sehr allgemeine Wertkette (vgl. Porter 1998, S. 33 ff.).
- Für Prozessverantwortliche (zuständig für die Leistung eines einzelnen Prozesses) muss wie einleitend erwähnt eine End-to-End-Sichtweise eingenommen werden. Prozessverantwortliche interessieren daher Einzelprozessmodelle mit Prozessen, Teilprozessen und ggf. einzelnen Arbeitsschritten.

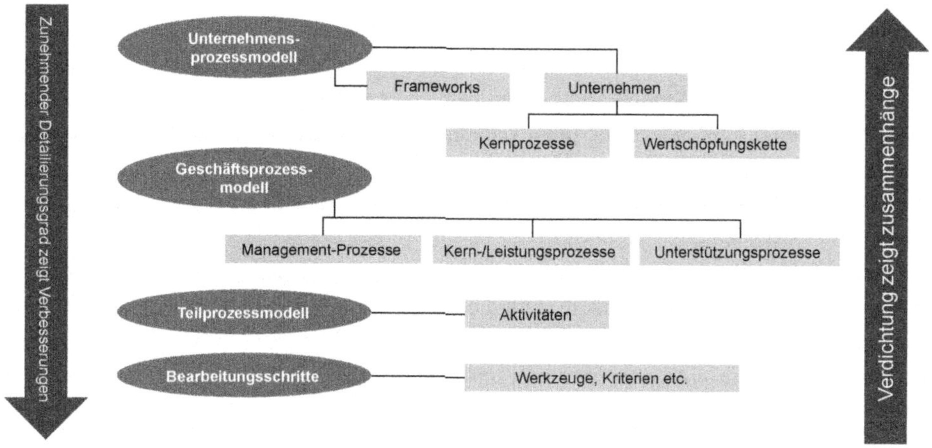

Abb. 2.1 Ebenen von Prozessmodellen (Quelle: Eigene Darstellung in Anlehnung an GFO 2014, S. 137 ff.)

- Das untere Management und die Ausführenden (beaufsichtigen die Umsetzung der einzelnen Aufgaben) arbeiten direkt im Workflow bzw. in einzelnen Arbeitsschritten mit deren Werkzeugen und Kriterien. Für diese Zielgruppe sind auch Details wie Dokumente, Verantwortlichkeiten und Datenflüsse relevant.

Die Modellierungssystematiken, die im Folgenden vorgestellt werden, sind insbesondere für die letzten beiden Zielgruppen gedacht.

Schließlich ist für die Auswahl der Modellierungssystematik relevant, auf welchem Stand der Prozessimplementierung sich der zu modellierende Prozess befindet und was die eingesetzte Systematik bzw. auch das zur Modellierung genutzte Tools leisten sollte (vgl. Geiser 2009, S. 143). Wenn beispielsweise ein Prozess neu konzipiert werden muss, dann bietet sich eine Modellierungssystematik wie das Folgediagramm an, mit dem grobe Abläufe definiert werden können, die später um Details angereichert werden können. Wenn allerdings ein Prozess schon implementiert ist und eine Automatisierung geplant ist, bietet sich beispielsweise BPMN 2.0 als Modellierungssystematik an, um alle relevanten Details aufnehmen zu können.

2.2 Modellierungssystematiken im Supply Chain-Kontext

Prozesse in Einkauf und Logistik weisen hinsichtlich ihrer Merkmale (vgl. Abschn. 1.1) häufig eine Besonderheit auf: Sie enthalten eine physische und eine administrative bzw. informationstechnische Komponente zugleich, bzw. diese beiden Komponenten sind stark miteinander verknüpft. Unterschiede zwischen physischen und administrativen Prozessen können sein, dass physische Prozesse in der Regel gut sichtbar und manchmal auch gut sequenziell beobachtbar (Produktion, Patientenfluss) sind. Administrative Prozesse dagegen sind häufig schwer beobachtbar (z. B. automatische Verarbeitung in IT-Systemen, gedankliche Prozesse, Entscheidungen) und laufen häufig parallel oder versetzt ab. Dies macht zum einen die Modellierung administrativer Prozesse etwas aufwendiger, bringt aber gleichzeitig hinsichtlich der oben genannten Zwecke auch oft einen höheren Nutzen. Gerade in logistischen Prozessen stellt diese Verknüpfung von physischen und administrativen Prozessen besonders hohe Anforderungen an die Modellierung (vgl. Schneider et al. 2011, S. 1 f.).

In den folgenden Abschnitten werden ausgewählte Systematiken zur Prozessmodellierung vorgestellt, die für den Einkauf und die Logistik eine hohe Relevanz haben. Darunter sind insbesondere auch solche Modellierungsmöglichkeiten (z. B. Wertstromanalyse, vgl. Abschn. 2.2.6), die physische und administrative Prozesse verknüpfen. Die vorgenommene Auswahl erhebt keinen Anspruch auf Vollständigkeit, greift jedoch die gängigsten Systematiken auf. Außerdem wurde bei der Zusammenstellung, darauf geachtet, dass verschiedene Ziele verfolgt werden können; der „Werkzeugkoffer" also möglichst groß ist.

Die Leser sollten mit den folgenden Ausführungen in der Lage sein, für einen einfachen Prozess mit der jeweiligen Modellierungssystematik zu modellieren. Die folgenden Abschnitte zu den jeweiligen Modellierungssystematiken enthalten deshalb jeweils folgende Aspekte:

- Hintergrund und Historie
- Modellierungsnotation
- Vorgehensweise zur Erstellung des Prozessmodells
- Eignung bzw. Vor- und Nachteile
- gegebenenfalls Hinweise zur Tool-Unterstützung
- Anwendungsbeispiel (allgemeines Beispiel oder speziell aus Einkauf oder Logistik)

2.2.1 SIPOC

Diese Modellierungssystematik geht zurück auf den Six-Sigma-Ansatz. Dabei steht SIPOC als Akronym für die Elemente

- Supplier: (Organisations-)Einheiten, die den Input liefern, die einen Prozess auslösen bzw. für einen Prozess notwendig sind
- Input: Eingangsinformationen, Materialien oder andere Ressourcen, die für den Prozess benötigt werden
- Process: Aktivitäten, die zu einer bestimmten Prozessresultat führen sollen
- Output: Ergebnisse eines Prozesses in Form von Produkten, Dienstleistungen, Daten oder anderen Ressourcen
- Customer: interne oder externe (Organisations-)Einheiten eines Prozesses oder auch andere Prozesse

Supplier	Input	Process	Output	Customer
▪ Lieferant ▪ IT	▪ Rechnung ▪ DMS	Einsendung Rechnung und Scan	▪ Eingescannte Rechnung im DMS	▪ Rechnungs-wesen
▪ Finanzamt ▪ Rechtsabteilung ▪ Rechnungswesen	▪ Steuerl. Kriterien, ▪ Buchungsvorschr.	Prüfung formale Richtigkeit	▪ Eingescannte Rechnung ▪ Ggf. Ablehnung	▪ Fachabteilung ▪ Ggf. Lieferant
▪ Fachabteilung ▪ QM/Logistik	▪ Bestellungen ▪ WE-Prüfung	Prüfung inhaltliche Richtigkeit	▪ Von Fachabt. frei-gegebene Rechn. ▪ ggf. Ablehnung	▪ Rechnungswesen ▪ ggf. Lieferant
▪ Rechtsabteilung ▪ Compliance-Officer	▪ Freigaberahmen	Freigabe im 4-Augen-Prinzip	▪ Vom Verantwort-lichen freigegebe-ne Rechnung	▪ Compliance-Officer
▪ Treasury	▪ Kontostandsinfo ▪ Liquiditätsplan	Prüfung Konto-deckung und An-weisung Zahlung	▪ Zahlung	▪ Lieferant

Abb. 2.2 SIPOC-Diagramm (Eigene Darstellung)

Ein Beispiel eines SIPOC-Diagramms für den Prozess der Rechnungsfreigabe im Rahmen der Beschaffung ist in Abb. 2.2 dargestellt.

Die jeweiligen Elemente können einfach, intuitiv untereinander aufgezählt werden. Eine spaltenübergreifende Zuordnung wie beispielsweise in einem Swim Lane-Diagramm ist nicht unbedingt nötig, kann aber helfen, den Ablauf besser zu strukturieren.

Aufgrund seiner schnellen und einfachen Erstellung kann ein SIPOC-Diagramm in der Define-Phase eines Six-Sigma-Projektes eingesetzt werden, um einen groben Überblick über den zu untersuchenden Prozess und die wichtigsten Stakeholder und Objekte zu erhalten oder als Vorarbeit für eine spätere detaillierte Prozessanalyse. Darüber hinaus kann es auch zur Abgrenzung des Untersuchungsbereichs oder zur Erarbeitung eines gemeinsamen Verständnisses über den Prozessumfang bei beteiligten Personen dienen (vgl. Bicheno und Holweg 2009, S. 97).

Allerdings ist diese Systematik nicht ausreichend für eine detaillierte Analyse eines Prozesses; es besteht sogar die Gefahr, dass eine detaillierte Analyse verhindert wird, weil ja vermeintlich der Prozess schon analysiert wurde (vgl. Gesellschaft für Organisation 2014, S. 134 f.).

Begonnen werden sollte zunächst mit dem Prozess (der nicht mehr als sieben Prozessschritte umfassen sollte). Dazu können Texte oder einfache Symbole verwendet werden. Anschließend sollten die Prozessergebnisse und die jeweiligen Kunden identifiziert werden. Danach sollten analog die Inputfaktoren und die Lieferanten ermittelt werden. Abschließend können – soweit möglich – noch Eingangskriterien für die identifizierten Kunden geklärt und das fertige SIPOC-Diagramm mit den Stakeholdern abgestimmt werden.

Aufgrund der intuitiven Erstellung können einfache Moderations-Tools wie Flipcharts (5 Flipcharts: eines für jedes Element) oder Metaplanwände oder auch einfache Software-Tools wie Präsentations- oder Tabellenkalkulationsprogramme verwendet werden.

2.2.2 Flussdiagramm/Folgeplan

Flussdiagramme (bzw. Flow Charts, Folgepläne oder auch Programmablaufpläne) sind eine frühe und weit verbreitete Form der grafischen Modellierung von Algorithmen, die auch zur Abbildung von Prozessen oder leicht abgewandelt in anderen Umfeldern wie im Industrial Engineering genutzt werden können. Der Fluss bzw. Ablauf wird dabei in einer Notation mit einem normierten Satz von einfachen Symbolen (vgl. DIN 66 001) wie Rechtecken, Rauten und Verbindungslinien dargestellt, die Operationen bzw. Aktivitäten, Entscheidungen und deren Verknüpfungen abbilden (vgl. Fleischmann et al. 2011, S. 318 ff.; Gesellschaft für Organisation 2014, S. 123).

Abbildung 2.3 enthält einen Auszug aus dem Symbolsatz. Eine Vorgehensweise zur Erstellung eines Folgeplans im Rahmen eines Modellierungsworkshops könnte sein (vgl. Ross und Jeffrey 2010, S. 62 ff.):

1. Zunächst sollte nach der Vorbereitung des Raumes mit dem Bereitstellen einer Metaplan-Wand und entsprechenden Kärtchen und Post-Its mit der Definition des „Scope" begonnen werden, also mit dem Prozessnamen und der genauen Festlegung des Beginns/Endes.
2. Anschließend sind die Prozessschritte ggf. mit Prozessvarianten zu beschreiben und Entscheidungsknoten einzufügen. Diese Elemente können auf vorbereiteten Kärtchen auf einer Metaplanwand platziert werden. Die Verbindungen zwischen den Elementen sollten erst ganz am Ende gezeichnet werden.
3. Abschließend kann bereits hier eine allgemeine Bewertung des Prozesses anhand von Stärken und Schwächen oder eine tiefere Analyse (z. B. Hinzufügen von Zeiten, IT-Systeme, Dokumente) erfolgen

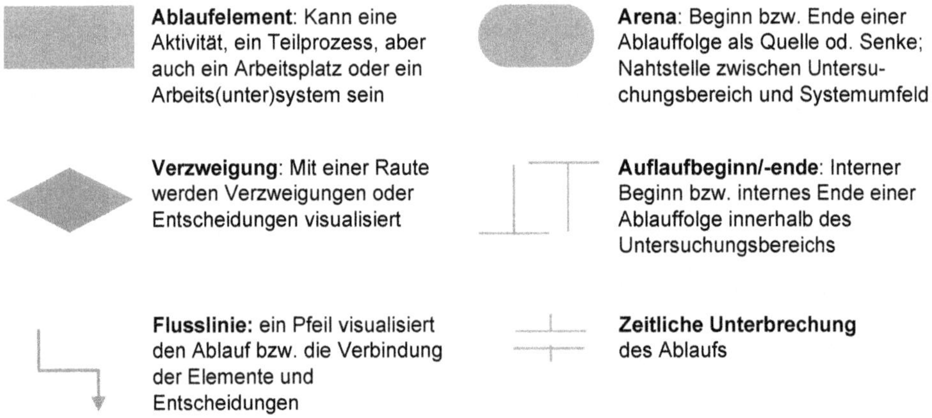

Abb. 2.3 Auszug Symbolsatz Folgeplan (Quelle: Eigene Darstellung in Anlehnung an Schulte-Zurhausen 2010, S. 539)

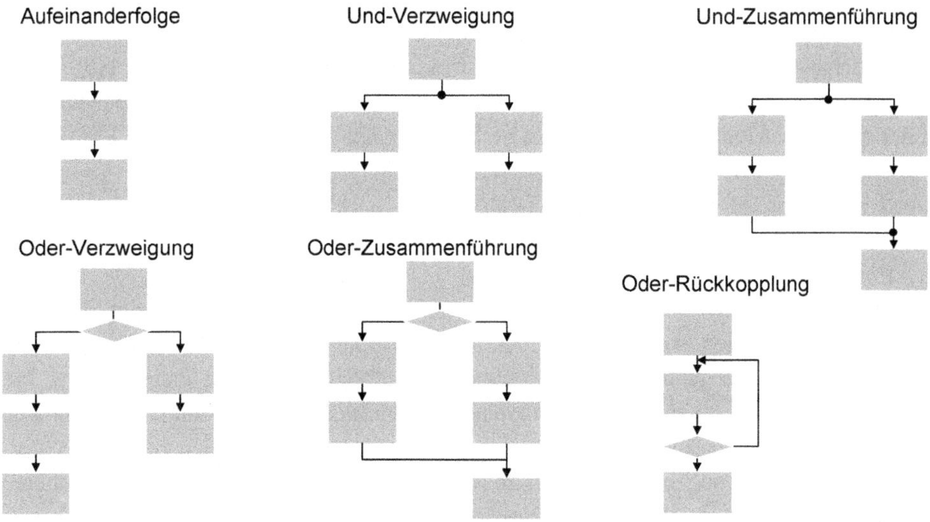

Abb. 2.4 Ausgewählte Ablaufbeziehungen (Quelle: Eigene Darstellung in Anlegung an Schulte-Zurhausen 2010, S. 538)

Mit einem Folgeplan lassen sich verhältnismäßig einfach, intuitiv und ohne größere Formalismen alle Grundformen von logischen Abhängigkeiten und Ablaufbeziehungen (Aufeinanderfolge, Und-Verzweigung, Und-Zusammenführung, Oder-Verzweigung, Oder-Zusammenführung, Oder-Rückkopplung) darstellen. Abbildung 2.4 zeigt eine Auswahl an Ablaufbeziehungen.

Weitere Vorteile liegen (dar)in:

- einer übersichtlichen Darstellung von Ablaufstrukturen, die z. B. auch gut zur Modellierung von Prozessen in Workshops eingesetzt werden kann,
- dass die Notation leicht ist erlernbar und in verschiedenen handelsüblichen Programmen (z. B. MS Visio) angeboten wird,
- einer leicht möglichen Ergänzung um weitere Elemente (z. B. Organisationseinheiten, Sachmittel, Informationen),
- dass (IT-)Entwickler und Ingenieure mit der Notation vertraut sein sollten.

Als Nachteile können angeführt werden:

- Aufgrund der relativ flexiblen Erweiterungsmöglichkeiten existieren verschiedene Varianten und Interpretationen.
- Für die Modellierung komplexer Prozesse, bei denen es auf Details ankommt, ist die Notation zu wenig präzise und die Objekte haben keinen ausreichenden Satz beschreibender Attribute.

Aufgrund der beschriebenen Vor- und Nachteile (vgl. Schulte-Zurhausen 2010, S. 542; Gesellschaft für Organisation 2014, S. 123 f.) kommt dem Folgeplan besondere Bedeutung am Anfang eines Modellierungsprojekts zu, wenn Details noch nicht relevant sind oder das finale Modellierungstool noch nicht ausgewählt ist.

2.2.3 Swimlanes

Swimlanes bzw. Schwimmbahn-Diagramme sind keine eigenständige Form der Modellierung, sondern werden in Verbindung bzw. als Ergänzung zu anderen Notationen genutzt, wie z. B. die im folgenden Kapitel beschriebene Modellierungssystematik BPMN 2.0. Aber auch im oben beschriebenen Folgeplan können die Aktivitäten und Entscheidungen nach dem jeweiligen Durchführenden sortiert und einem Ablaufbereich zugeordnet werden und man erhält sogenannte Schwimmbahnen, die Rollen, Organisationen oder andere Systeme abbilden (Gesellschaft für Organisation 2014, S. 122).

Eine Bahn symbolisiert dabei den Verantwortungs- oder Aufgabenbereich der jeweiligen Rolle. Die einzelnen Aufgaben, die je nach Detaillierungsgrad des Prozesses Tätigkeiten, Prozessschritte oder (Teil-)Prozesse sein können, werden innerhalb der jeweiligen Bahn angeordnet. Der Prozess entwickelt sich durch zeitliche und logische Verknüpfung der Aufgaben bahnübergreifend mit Hilfe von Richtungspfeilen. Somit sind der gemeinsame Durchlaufzeitbezug und die Vorgänger-/Nachfolger-Beziehung eindeutig bestimmt (Dombrowski und Brinkop 2010, S. 352).

Eine sehr bekannte und verbreitete Prozessmanagementsoftware zur Unternehmensgestaltung und -entwicklung, die ebenfalls auf die Swimlane-Darstellung zurückgreift, ist „SYCAT" (Systematische CIM Analyse Tools). Auch die OTH Regensburg nutzt zur Modellierung ihrer Prozesse diese Software. Zur Verdeutlichung eines mit diesem Tool modellierten Prozesses ist in Abb. 2.5 der Prozess zur Beschaffung von Gegenständen unter 410 Euro an der OTH Regensburg dargestellt.

Der Vorteil dieser Darstellung ist eine übersichtliche und transparente Visualisierung von Verantwortung und Aufgaben innerhalb eines Prozesses. Deshalb eignet sich diese Darstellung auch besonders gut, wenn Schnittstellen zwischen Zuständigkeiten verdeutlicht werden sollen oder um Kontrolltätigkeiten zu veranschaulichen.

2.2.4 BPMN 2.0

Die Business Process Model and Notation (BPMN) ist eine grafische Spezifikationssprache, die hauptsächlich in der Wirtschaftsinformatik eingesetzt wird und die in ihrer aktuellen Version 2.0 von der OMG (Object Management Group) entwickelt wurde. Sie stellt Symbole zur Verfügung, mit denen Fach- und Informatikspezialisten Geschäftsprozesse und Arbeitsabläufe modellieren und dokumentieren können. Mit der BPMN können vor allem Business Process-Diagramme (BPD) erstellt werden. Daneben existieren in der

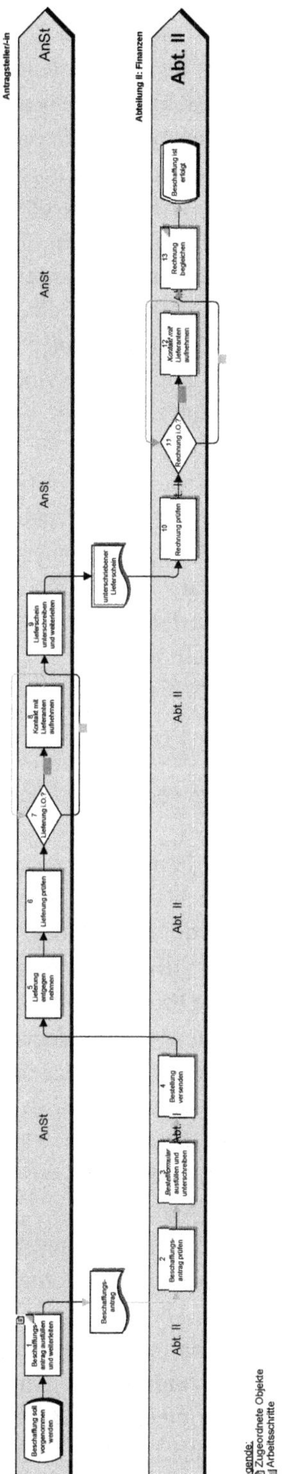

Abb. 2.5 Ausschnitt Beschaffungsprozess unter 410 Euro OTH Regensburg (Quelle: OTH Regensburg)

BPMN noch Kollaborationsdiagramme und ab Version 2.0 Choreographie-Diagramme und Konversationsdiagramme, die hier aber nicht vorgestellt werden sollen.

Da BPMN mittlerweile sehr ausgereift ist, bietet es neben einer Modellierung auch die Möglichkeit einer Ausführung von Prozessen mit einer Execution Language. Dazu bedarf es aber einer sehr differenzierten und detaillierten Beschreibung der Prozesse. Gleichzeitig hat BPMN aber die Anforderung, auch für Fachleute ohne IT-Hintergrund nutzbar zu sein. BPMN 2.0 reagiert auf diese Anforderung, indem es eine abgestufte Konventionensystematik in 4 Stufen anbietet. Diese Stufen umfassen jeweils unterschiedliche Symbole.

Mit der hier vorgestellten Variante sollten Mitarbeiter eines Fachbereichs ohne tiefe IT-Kenntnisse einen Prozess mit möglichst wenigen Elementen beschreiben können. Deshalb soll hier auf die Grundsystematik mit den einfachsten Symbolen fokussiert werden. Die grafischen Elemente der BPMN bestehen aus:

- Flow Objects: Diese Elemente sind die Knoten in den Geschäftsprozessdiagrammen. Sie umfassen wiederum Activities, Gateways und Events.
- Connecting Objects: Diese Elemente stellen die verbindenden Kanten in den Geschäftsprozessdiagrammen als Sequenzflüsse dar.
- Pools und Swimlanes: Diese Elemente bieten die Grundlage, Bereiche zu modellieren, mit denen Aktoren und Systeme dargestellt werden.
- Artifacts: Diese Elemente wie Data Objects, Groups und Annotations dienen der weiteren Detaillierung der Dokumentation.

Ein einfaches Diagramm zur Beschaffung von Teilen könnte nach BPMN 2.0 wie in Abb. 2.6 modelliert werden.

Zur Modellierung wurde der Signavio Process Editor (www.signavio.com) genutzt. Der Editor ist internetbasiert und eignet sich so sehr gut zur Zusammenarbeit in örtlich verteilten Arbeitsgruppen. Signavio bietet mit QuickModel Prozessbeteiligten die Möglichkeit, ohne Kenntnisse von BPMN 2.0 aktiv an der Prozessgestaltung teilzunehmen. QuickModel ermöglicht die tabellenbasierte Prozessaufnahme. Die Prozessbeteiligten tragen die einzelnen Prozessschritte und weitere Informationen einfach in eine Tabelle ein und der Signavio Process Editor erzeugt automatisch das dazugehörige BPMN-2.0-Modell. So können auch Mitarbeiter ohne Vorkenntnisse in der Prozessmodellierung leicht eingebunden werden. Die in QuickModel erstellten Prozessdiagramme können dann in der Modellierungsumgebung des Signavio Process Editor verfeinert werden. Die Zusammenarbeit an Prozessen wird dadurch stark vereinfacht.

Es existiert daneben noch eine Vielzahl weiterer Tools, mit denen Prozesse nach der BPNM 2.0 Notation modelliert werden können. Ein Tool zur Vereinfachung der Modellierung ist das Symbio-Tool Movmints. Dabei können Kärtchen mit den jeweiligen BPMN-2.0-Symbolen auf eine Metaplanwand gehaftet werden. Anschließend wird das fertige Modell abfotografiert und durch das Tool automatisch in ein elektronisches BPMN-2.0-Modell umgewandelt. Man hat also den Vorteil einer anschaulichen Modellierung an einer Metaplanwand, die im Workshop-Format durchgeführt werden kann, und gleichzeitig als

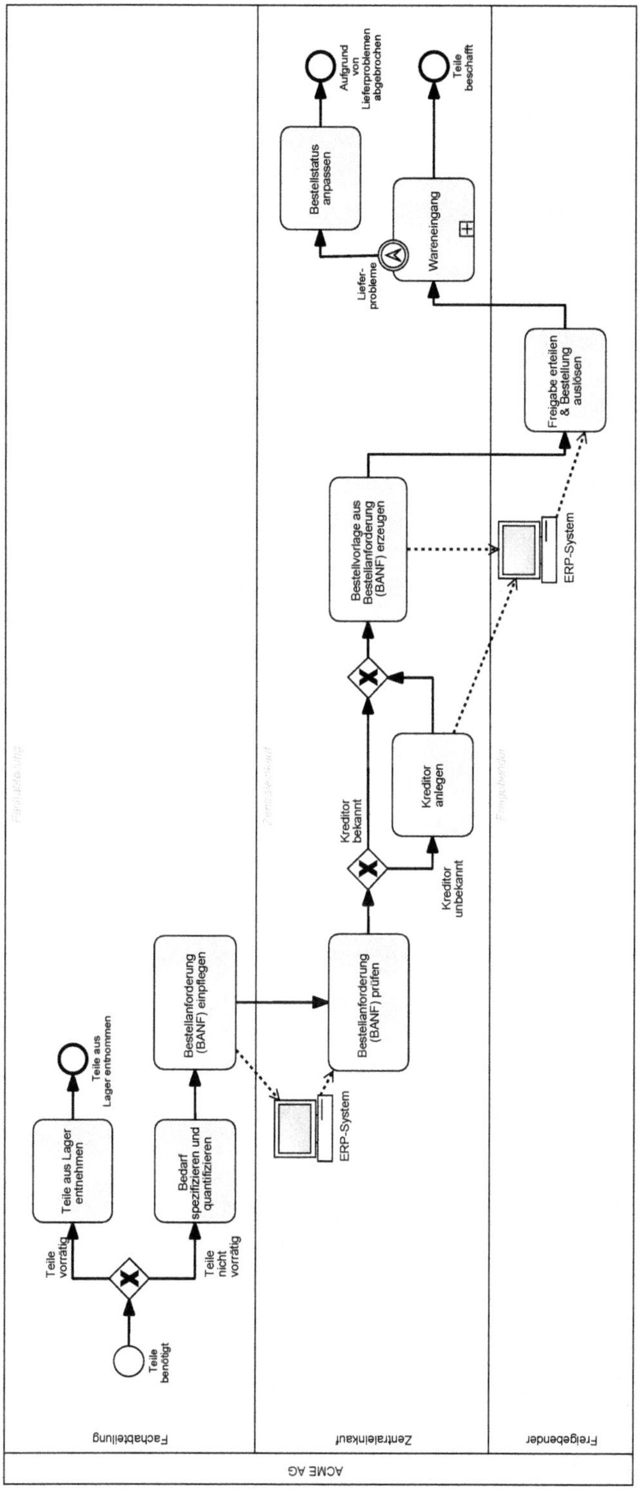

Abb. 2.6 Beispiel BPMN 2.0 Diagramm Teile beschaffen (Quelle: Signavio)

Ergebnis eine elektronische Dokumentation, die im Tool weiterbearbeitet und angereichert werden kann.

Die BPMN-2.0-Modellierungssystematik eignet sich hauptsächlich zur detaillierteren Modellierung von administrativen Prozessen. Außerdem ist sie geeignet, wenn eine Automatisierungslösung geplant ist, da einige Tools, die auch eine Ausführungskomponente beinhalten, auf dieser Systematik basieren.

2.2.5 Sankey-Diagramm und Materialflussmatrix

Ein Materialfluss ist nach der VDI-Richtline 3300 die „Verkettung aller Vorgänge beim Gewinnen, Be- und Verarbeiten sowie bei der Verteilung von stofflichen Gütern innerhalb festgelegter Bereiche". Zur Abbildung, Analyse und späteren Optimierung von Materialflüssen können das Sankey-Diagramm in Verbindung mit einer Materialflussmatrix herangezogen werden (vgl. Ehrmann 2008, S. 346).

Das Sankey-Diagramm stellt Mengenflüsse grafisch dar. Die Entstehung des Sankey-Diagramms geht ursprünglich auf den französischen Bauingenieur Charles Joseph Minard zurück. Er veröffentlichte 1869 eine Grafik zu den Verlusten der französischen Armee während Napoleons Russlandfeldzug. Der irische Ingenieur Captain Matthew Henry Phineas Riall Sankey verwendete dann 1898 eine ähnliche Darstellungsform, um die Energieflüsse bzw. -verluste realer und idealer Dampfmaschinen darzustellen. Später wurden Sankey-Diagramme von Alois Riedler (1850–1936) eingesetzt, der die Darstellungsform nutzte, um Leistung und Energieverluste bei Kraftfahrzeugen zu visualisieren. In neuerer Zeit werden Sankey-Diagramme verwendet, um Stoffstrom-Analysen durchzuführen. Auch in der Logistik werden Sankey-Diagramme häufig zur Visualisierung von Materialflüssen eingesetzt (vgl. Schneider et al. 2011).

Dabei zeigt die Stärke der Pfeile die Intensität des Flusses an. Als Mengen können zunächst Aufträge, zu transportierendes Gewicht oder andere Ressourcen wie Energie oder auch Emissionen visualisiert werden, die später aber in Transporteinheiten umgerechnet werden müssen, da nur diese Größe einen Rückschluss auf den Transportaufwand zulässt. Zur Erstellung eines Sankey-Diagramms zur Visualisierung von Materialflüssen können folgende Regeln herangezogen werden:

- Elemente eines Sankey-Diagramms sind Prozesse und Pfeile.
- Die Prozesse bzw. Betriebsmittel oder Flächen, zwischen denen Materialflüsse stattfinden, werden (ggf. in einem Layout) in ihrer räumlichen Lage zueinander aufgezeichnet.
- In den Pfeilen werden Mengengrößen abgebildet, die sich auf eine Zeitperiode wie z. B. einen Tag, eine Woche oder einen Monat beziehen.
- Die Pfeilbreite verhält sich direkt proportional zur dargestellten Menge.
- Es werden keine Bestandsgrößen berücksichtigt, das heißt, Lagerbildung wird nicht berücksichtigt.
- Die Analyse kann auf Basis eines Produktionsprogramms, vorliegender Transportaufträge oder durch Selbstaufschreibung oder Beobachtung erfolgen.

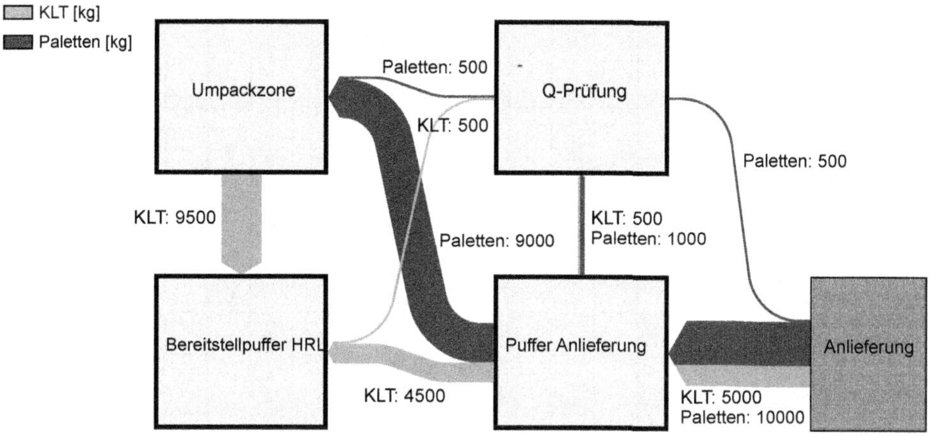

Abb. 2.7 Sankey-Diagramm Wareneingang (Quelle: Eigene Darstellung)

Abbildung 2.7 zeigt beispielhaft ein Sankey-Diagramm für den Wareneingang eines produzierenden Unternehmens. Darin ist der Materialfluss im Wareneingang visualisiert, bei dem jeden Tag 10.000 kg in Paletten und 5000 kg in KLT angeliefert werden. Alle angelieferten Waren werden zunächst auf einen Anlieferungspuffer abgeladen, wo die Ware vereinnahmt wird. 10 % des gesamten Wareneingangs müssen eine Qualitätsprüfung an speziell dafür ausgerüsteten Arbeitsplätzen durchlaufen. Wenn Materialien als nicht in Ordnung (niO) befunden werden, werden diese wieder an eine Sperrfläche an der Anlieferungsrampe gebracht (das ist in etwa der Hälfte der sich auf Paletten befindlichen Ware der Fall). Alle sich auf Paletten befindlichen Waren müssen außerdem in KLT umgepackt werden. Schließlich werden alle (auch die bei der Qualitätsprüfung bereits in KLT verpackten Waren) KLT auf die Bereitstellfläche zur Einlagerung in das Hochregallager gebracht.

Eine Software-Unterstützung ist unter www.e-sankey.com erhältlich. Mit der Testversion wurde auch das obige Diagramm erstellt.

Während das Sankey-Diagramm die grafische Modellierung des Materialflusses ist, kann eine quantitative Modellierung für eine spätere Analyse und Verbesserung durch eine Materialflussmatrix erreicht werden (vgl. zur Vorgehensweise Arnold et al. 2008, S. 393 ff.; Schulte 2013, S. 369 ff.).[1] Grundlage ist eine Analyse der schon für das Sankey-Diagramm notwendigen Informationen über die Betriebsmittel (Arbeitsplätze oder Flächen sowie Transporthilfsmittel wie Gabelstapler oder Hubwagen und die dazugehörigen Mitarbeiter) und deren Kapazitäten, das Layout und die Materialflüsse. Auf dieser Basis kann dann die Materialflussmatrix erstellt werden, mit der die Materialflüsse quantitativ nach verschiedenen Aspekten modelliert werden können. Für das obige Beispiel ist diese Vorgehensweise in Abb. 2.8 dargestellt.

[1] Vgl. zur Optimierung von Flüssen in Netzwerken u. a. anhand der Graphentheorie Feige und Klaus 2008, S. 281 ff.

Materialflussmatrix (kg)

Nach / Von	Anlieferung	Puffer Anlieferung	Q-Prüfung	Umpackzone	Bereitstell-puffer HRL	Summe
Anlieferung		15.000				15.000
Puffer Anlieferung			1.500	9.000	4.500	15.000
Q-Prüfung	500			500	500	1.500
Umpackzone					9.500	9.500
Bereitstell-puffer HRL						0
Summe	500	15.000	1.500	9.500	14.500	41.000

Entfernungsmatrix (m)

Nach / Von	Anlieferung	Puffer Anlieferung	Q-Prüfung	Umpackzone	Bereitstell-puffer HRL	Summe
Anlieferung		10				
Puffer Anlieferung			30	25	20	
Q-Prüfung	15			5	20	
Umpackzone					10	
Bereitstell-puffer HRL						
Summe						

Transportmatrix (Transporteinheiten)

Nach / Von	Anlieferung	Puffer Anlieferung	Q-Prüfung	Umpackzone	Bereitstell-puffer HRL	Summe
Anlieferung		200				200
Puffer Anlieferung			20	90	90	200
Q-Prüfung	5			5	10	20
Umpackzone					190	190
Bereitstell-puffer HRL						0
Summe	5	200	20	95	290	610

Transportintensitätsmatrix (m * Transporteinheiten)

Nach / Von	Anlieferung	Puffer Anlieferung	Q-Prüfung	Umpackzone	Bereitstell-puffer HRL	Summe
Anlieferung		2.000	0	0	0	2.000
Puffer Anlieferung			600	2.250	1.800	4.650
Q-Prüfung	75			25	200	300
Umpackzone					1.900	1.900
Bereitstell-puffer HRL						0
Summe	75	2.000	600	2.275	3.900	8.850

Abb. 2.8 Materialflussmatrix (Quelle: Eigene Darstellung)

In der Materialflussmatrix werden in diesem Fall nur die Gewichte dargestellt. Da im Beispiel aber Paletten und KLT transportiert werden, diese unterschiedliche Füllgrade und spezifische Gewichte haben können und in der Regel zur Modellierung von Materialflüssen die Transporteinheiten relevant sind, muss in einem Zwischenschritt die Umrechnung in Transporteinheiten in eine Transportmatrix erfolgen. In diesem Beispiel wird angenommen, dass im Schnitt eine Palette ein Gewicht von 100 kg hat und die KLT auf Transporteinheiten zu je 50 kg zusammengefasst sind bzw. (nach dem Umpacken) werden.

Anschließend kann durch eine Multiplikation mit einer Entfernungsmatrix die Transportintensitätsmatrix berechnet werden. Sie gibt Aufschluss über die zurückgelegten Entfernungen und ist die Grundlage für die Berechnung der jeweiligen Transportkosten (durch Multiplikation mit Kostensätzen) oder die Abschätzung von benötigten Kapazitäten (durch Multiplikation mit der durchschnittlichen Geschwindigkeit und Division der verfügbaren Kapazitäten je Transporthilfsmittel bzw. Mitarbeiter).

Für das dargestellte Beispiel ist bei einer durchschnittlichen Geschwindigkeit von ca. 3,6 km/h oder 1 m/s und einem Zeitaufwand von etwa 7 s für jeden Auf- und Abladevorgang (insgesamt müssen 610 Transporteinheiten je einmal auf- und abgeladen werden) sowie einem angenommenen Einzelspiel (im Gegensatz zu einem Doppelspiel, bei dem das Transportmittel immer beladen fährt, wird beim Einzelspiel angenommen, dass nach jeder Bewegung eines Ladungsträgers eine Leerfahrt folgt; hier muss also noch einmal etwa die gleiche Strecke an Leerfahren berücksichtigt werden) insgesamt $8850 \times 2 + 610 \times 2 \times 7 = 26.240$ s, 437 min bzw. 7,3 h an Kapazität eines Staplers mit einem Mitarbeiter nötig (das entspricht in etwa einem Kapazitätsbedarf eines Staplers mit Fahrer, der bei einem Arbeitstag von 8 h einen angenommenen Anteil von 15 % Verteilzeit hat).

Das Sankey-Diagramm eignet sich zur Modellierung und vor allem Visualisierung von physischen Materialflüssen. In Kombination mit einer Materialflussanalyse kann es die Grundlage für die Ermittlung von Schwachstellen im Materialfluss (z. B. ungünstige Anordnung der Arbeitsplätze oder Flächen; zur Analyse von stochastischen Prozessen können auch Warteschlangenmodelle oder Simulationen eingesetzt werden) und deren Verbesserung (z. B. Lösungsfindung durch Lineare Optimierung als Verfahren des Operations Research) sein.

Ergänzend kann auch zur Visualisierung von Engpässen ein Spaghetti-Diagramm erstellt werden. Ein Spaghetti-Diagramm zeichnet anhand eines maßstabsgetreuen Layouts die Transport- bzw. Lauf- oder Fahrwege nach (vgl. Bicheno und Holweg 2009, S. 106). Wichtig ist, dass der tatsächliche Weg nachgezeichnet wird, also auch eventuelle Wege zu Abfalleimern oder andere vermeintlich nicht unbedingt für den Prozess relevanten, aber tatsächlich durchgeführten Wege. Bei häufig bzw. in kurzer Frequenz durchgeführten Prozessen, wie z. B. in der Endmontage von Gütern, die in Großserie hergestellt werden, zeigt eine durchgehende Aufnahme über einen längeren Zeitraum (z. B. 15–20 min) auch Wegeschwerpunkte, Engpässe oder Ansatzpunkte für eine Neuanordnung von Gegenständen. Abbildung 2.9 zeigt ein Beispiel eines Spaghetti-Diagramms zur Bestückung einer Anlage sowie ein Spaghetti-Diagramm, das im Rahmen einer Analyse von Laufwegen angefertigt wurde.

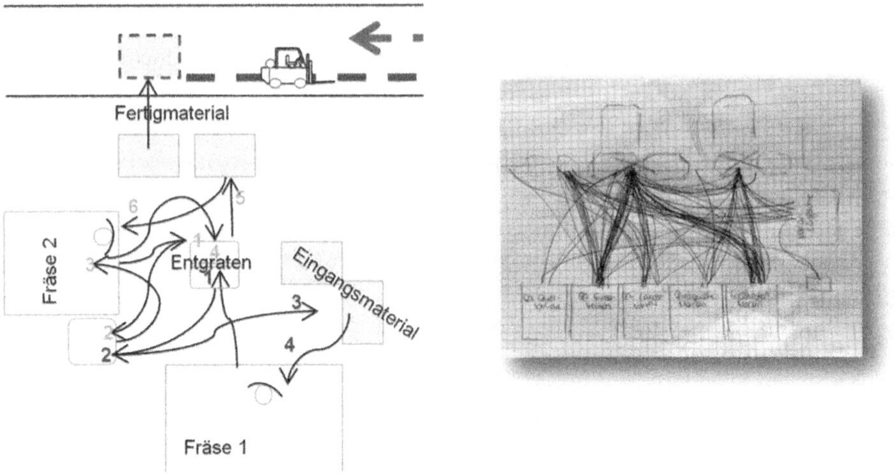

Abb. 2.9 Beispiel Spaghetti-Diagramm (Quelle: Sven Naumann)

2.2.6 Wertstromanalyse

Die Wertstromanalyse ist eine Modellierungssystematik, die insbesondere für Produktionsprozesse entwickelt wurde. Sie wird eingesetzt, um Verschwendung bzw. die für den Kunden erbrachte Wertschöpfung sichtbar zu machen. Sie setzt damit auf den Gedanken des Lean Managements auf und betrachtet den Wertstrom als ganzheitlichen Prozess (vgl. Rother und Shook 2009, S. 3; Bicheno und Holweg 2009, S. 104 ff.; Dehdari et al. 2012, S. 28 ff.).[2]

► Ein **Wertstrom** ist dabei „die Verbindung aller Aktivitäten, die benötigt werden, um ein Produkt vom Ausgangsmaterial in die vom Kunden gewünschte Form zu bringen. Dazu zählen nicht nur die Prozesse in einer Produktion und der Materialfluss, sondern auch die Aktivitäten, mit denen Prozesse und Materialflüsse gesteuert werden, einschließlich des Informationsflusses" (Klevers 2009, S. 27).

Ein Wertstrom-Diagramm macht einen Produktions- oder Montageprozess und die darin versteckte Verschwendung gut sichtbar. Denn im Gegensatz zu einem Layout – das trotzdem immer ergänzend zu einem Wertstrom-Diagramm erstellt werden sollte – wird durch die strukturierte und standardisierte Kennzeichnung von physischem und informatorischem Prozess sowie deren Verknüpfung der Wertstrom zum einen leichter verständlich. Zum anderen können durch die detaillierte Erhebung relevanter Informationen Verschwendungsarten und ggf. deren Ursachen besser analysiert werden. Eine Wertstrom-

[2] Im Gegensatz dazu fokussieren andere Tools wie die Arbeitsplatzanalyse auf die Analyse von Verschwendung an einem bestimmten Arbeitsplatz. Zum Lean Management vgl. Abschn. 4.2.1.

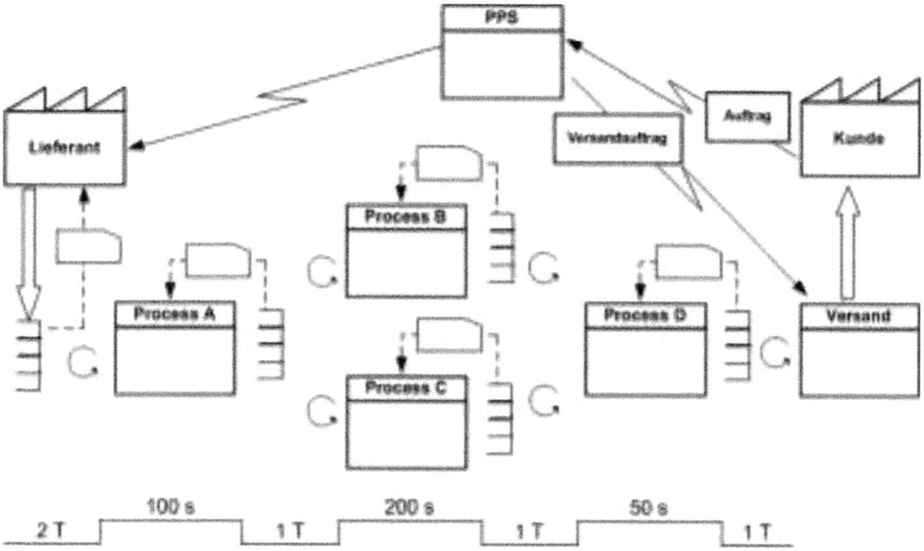

Abb. 2.10 Beispiel Wertstrom-Diagramm (Quelle: Lehrstuhl fml TU München 2015)

analyse eignet sich deshalb insbesondere zur Modellierung von Produktions- oder Montageprozessen (Rother und Shook 2009, S. 30). Abbildung 2.10 enthält ein beispielhaftes Wertstrom-Diagramm mit allen für die Darstellung des Wertstroms relevanten Elementen.

Rother und Shook 2009 empfehlen – nachdem man sich einen schnellen Überblick über den Prozess in Flussrichtung verschafft hat – eine fest definierte Reihenfolge (gegen die Flussrichtung, vom wichtigsten Element ausgehend – dem Kunden) zur Erstellung einer Wertstromanalyse, die im Folgenden nachgezeichnet wird. Dazu sind im Folgenden die für die jeweiligen Etappen wichtigen standardisierten Symbole angegeben.

1. Darstellung des Kunden und dessen Anforderungen: Da es der Kunde ist, der die erbrachte Leistung bezahlt und somit auch die Anforderungen festlegt, ist es wichtig, zuerst den Kunden aufzuschreiben und dazu in einem Datenkästchen seine Anforderungen. Das können sein: verschiedene Varianten des Produkts mit den entsprechenden Mengen für einen gegebenen Zeitraum (z. B. Woche oder Monat), die Anlieferform (KLT, Karton, Palette etc.) und ggf. die Anzahl der Schichten, die im Kundenprozess gearbeitet wird (z. B. 2 Schichten). Aus dieser Information kann bereits der „Kundentakt" ermittelt werden, also die durchschnittliche Zeit, in der der Kunde das nächste Stück verarbeitet (Abb. 2.11).
2. Erfassung der physischen Prozessschritte: Hierzu werden vom Kunden aus Prozesskästchen mit den Arbeitsschritten gezeichnet. Die Herausforderung besteht darin, abzugrenzen, was als ein Prozessschritt gezeichnet werden sollte, um eine möglichst übersichtliche Anzahl von Prozessschritten zu erhalten. Als Daumenregel wird empfohlen, immer dann einen Prozessschritt zu zeichnen, wenn es sich um einen abgegrenzten

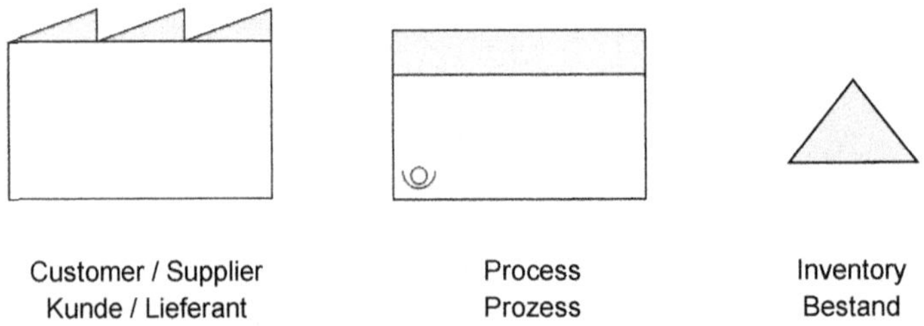

Abb. 2.11 Symbole Wertstromanalyse Teil 1

Bereich handelt, wie z. B. einen automatisierten Bearbeitungs- oder Transportprozess (z. B. eine SMD-Anlage bzw. automatisiert verbundene Bearbeitungszentren) oder auch einen in sich abgegrenzten Montageprozess, bei dem das Material kontinuierlich fließt. Wenn allerdings Brüche im Prozess erkennbar sind, wie z. B. Pufferplätze, Transporte oder Loszusammenstellungen, dann sollten separate Prozessschritte aufgenommen werden. Gegebenenfalls können auch verschiedene Zweige des Prozesses (bei synthetischen Prozessen) übereinander aufgezeichnet werden, sofern die Darstellung dann nicht zu komplex wird. Gegebenenfalls muss eine Konzentration auf die wichtigsten oder kritischsten Zweige erfolgen.

3. Analyse wichtiger Parameter in Prozessdatenkästchen: Bereits bei der Aufnahme des Ist-Zustandes muss die Grundlage für spätere Verbesserung gelegt werden. Darum müssen bei der Ist-Aufnahme für den Wertstrom wichtige Parameter erhoben werden, die Verschwendung im Wertstrom verursachen. Solche Ursachen können z. B. unausgeglichene Bearbeitungszeiten, Ausschussraten, Bestände und Liegezeiten aufgrund von Bearbeitungslosgrößen sein. Interessante aufzunehmende Parameter sind deshalb: Zykluszeit (durchschnittliche Zeit, die zwischen zwei fertig bearbeiteten Werkstücken am Ende des jeweiligen Prozesses vergeht; für einen gut „ausgetakteten" Prozess sollte die Zykluszeit möglichst genau dem Kundentakt entsprechen), Durchlaufzeit (Zeit, die für den Durchlauf des gesamten Prozessschritts benötigt wird; diese kann von der Zykluszeit abweichen, wenn es sich z. B. um einen Trocknungsprozess handelt, bei dem Teile in einen Durchlaufofen geschoben werden, dort 5 min durchlaufen, aber jede 30 s ein Teil wieder herauskommt: in diesem Fall wäre die Bearbeitungszeit/Durchlaufzeit 5 min, die Zykluszeit aber 30 s), Wertschöpfungszeit (Zeitanteile, die für wertschöpfende Tätigkeiten verwendet werden), Rüstzeit, Produktvarianten, verfügbare Arbeitszeit (abzüglich Pausen und Verteilzeiten), Produktionslosgröße (invers kann daraus abgeleitet werden, wie lange es dauert, bis eine Produktvariante wieder hergestellt wird, welche Zeit also durch Pufferung ggf. überbrückt werden muss), Verpackungsgröße, Anzahl Mitarbeiter im Prozessschritt oder Ausschussrate. Diese Informationen werden in einer Tabelle unter dem jeweiligen Prozessschritt erfasst.
4. Ermittlung der Bestände: Bestände zeigen an, wo der kontinuierliche Materialfluss unterbrochen ist, wo also keine Wertschöpfung stattfindet. Deshalb sind Bestände auch eine eigene Verschwendungsart. Darüber hinaus binden sie Kapital und benötigen Fläche. Bestände werden in der Wertstromanalyse mit einem (Warn-)Dreieck mit einem

„I" für „Inventory" gekennzeichnet, das auch als angedeuteter Haufen von Material interpretiert werden kann. Bestände zwischen zwei Prozessschritten können als Halbfertigmaterialien des vorherigen Prozessschritts auftreten und als Vormaterialien des nachfolgenden. Für die Analyse der Bestände werden diese beiden jeweils tatsächlich beobachteten Bestände zusammengefasst unter dem Dreieck (ggf. unterschieden nach Produktvariante) eingetragen. Die Bestände bilden die Grundlage für die später zu berechnende Gesamtdurchlaufzeit.

5. Darstellung des/der Lieferanten und deren/dessen Rahmenbedingungen: Analog der Darstellung des Kunden und dessen Anforderungen können nun der Lieferant und die Rahmenbedingungen notiert werden. Häufig ist es nicht nur ein Lieferant, der Vormaterial liefert. Zur besseren Übersicht, sollte sich die Wertstromanalyse jedoch nur auf den bzw. die wichtigsten Lieferanten konzentrieren. Auch hier sollten die wichtigsten Rahmenbedingungen, wie Gebindegröße oder Mindestbestellmenge, erfasst werden.
6. Ermittlung Transportbeziehungen: Um sowohl die Transporte der von den Lieferanten gelieferten Materialien als auch die an die Kunden gelieferten Produkte deutlich zu machen, werden breite Pfeile mit dem dazugehörigen Transportmittel (Lkw für Straße, Zug für Bahn etc.) und den jeweiligen Anlieferfrequenzen (z. B. 2-mal pro Woche, jeweils Dienstag und Donnerstag) notiert (Abb. 2.12).
7. Übersicht Informationsfluss: Die physischen Prozesse benötigen in der Regel Informationen, die vorgeben, wie viel und wann produziert werden soll. Dazu gehören in der Regel die Bestellungen (durch den Kunden und an die Lieferanten), die operative Produktionsplanung und -steuerung sowie prozessinterne Auslösemechanismen. Um die Aufträge von den Kunden und an die Lieferanten darzustellen, werden Informationspfeile (gerade für physische Informationen wie Briefe oder Faxe und gezackte für elektronische Informationen über EDI oder Web-EDI) genutzt. In ein dazu gehörendes Kästchen auf den Pfeilen können konkretisierende Informationen notiert werden (z. B. einmal wöchentlich). Es ist auch möglich – wie in der Realität durchaus üblich – mehrere Arten von Informationen einzuzeichnen (z. B. ein wöchentlicher Abruf per EDI und eine tägliche Fax-Meldung mit Änderungen oder Eilaufträgen). Die Produktionsplanung und -steuerung kann zur Verarbeitung dieser Informationen ein System oder eine Methode (z. B. MRP) nutzen, das in der rechten unteren Ecke in das PPS-Kästchen eingetragen werden kann. Ein weiteres wesentliches Element ist, wie die einzelnen Prozessschritte die Information erhalten, was und wann sie etwas zu produzieren haben. Hierzu existieren verschiedene Möglichkeiten. Die Prozessschritte können erstens einen Auftrag aus der zentralen PPS über das System oder einen Auftrag über einen

Abb. 2.12 Symbole Wertstromanalyse Teil 2

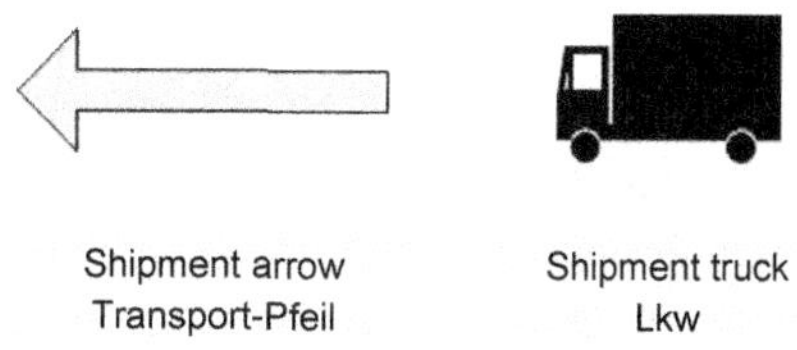

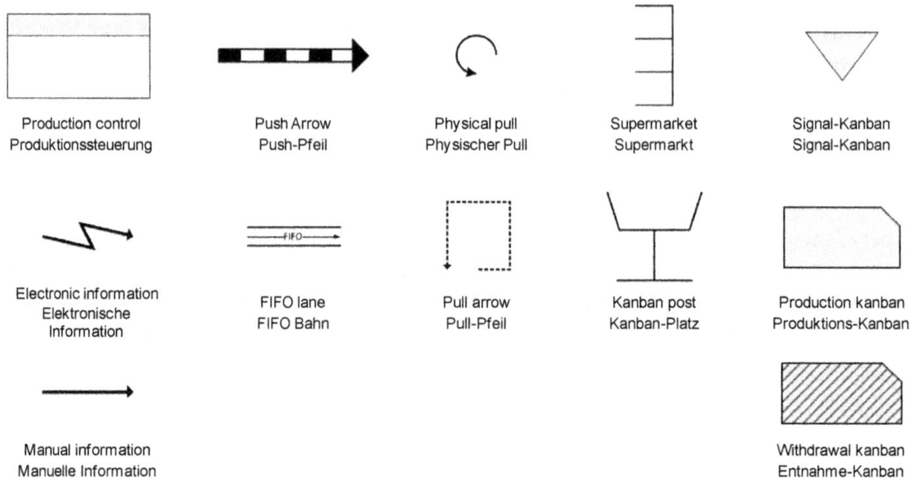

Abb. 2.13 Symbole Wertstromanalyse Teil 3

Materialsteuerer erhalten. Dies wird analog den externen Informationen über einen Informationspfeil angezeigt. Zweitens können die Prozessschritte auch keine explizite Information erhalten, sondern sie produzieren so viel sie können und „pushen" das Material zum nächsten Prozessschritt. Dies wird mit einem Push-Pfeil gekennzeichnet. Schließlich kann die Steuerung auch über ein Kanban-System (Pull-Steuerung, bei der ein Steuerungsimpuls vom „Kunden-Prozess" an den „Lieferanten-Prozess" gesendet wird) oder eine „FIFO-Lane" (ähnlich einem Push-System, nur mit einem definierten maximalen Bestand zwischen den beiden Prozessschritten, der zudem nach dem First-In-First-Out-Prinzip bestückt und entnommen wird) realisiert werden (Abb. 2.13).

8. Berechnung Zeitleiste: Wenn alle bisherigen Informationen in das Wertstrom-Diagramm eingetragen sind, kann die Zeitleiste zur Berechnung der Durchlaufzeit gezeichnet werden. Sie besteht aus zwei Teilen. Diese werden mit Strichen unterschiedlicher Höhe unter die Prozessschritte und die zwischen den Prozessschritten liegenden Bestände eingetragen. Der Anteil der Durchlaufzeit aus der für den einzelnen Prozessschritt benötigten Durchlaufzeit (vgl. oben) ist unmittelbar nachvollziehbar. Der Anteil der Liegezeit an der gesamten Durchlaufzeit, den Bestände verursachen, als zweiter Bestandteil berechnet sich, indem die Gesamtzahl der im Bestand liegenden Teile durch den täglichen Kundenbedarf geteilt wird bzw. mit dem Kundentakt multipliziert wird. Der Kundentakt entspricht dem Verhältnis aus verfügbarer Zeit und der vom Kunden benötigten Stückzahl (z. B. ist der Kundentakt 10 min wenn in einem Einschichtbetrieb, wo in dieser Schicht $8 \times 60 = 480$ min Zeit zur Verfügung stehen, ein Kunde pro Tag 48 Stück haben möchte). Bei 480 Stück im Bestand zwischen zwei Prozessschritten würde also bei einem täglichen Kundenbedarf von 48 Stück die Liegezeit 10 Tage betragen. Zur Ermittlung der gesamten Durchlaufzeit für den betrachteten Wertstrom wird jeweils die Summe aus beiden Komponenten für jeden Schritt bzw. jeden Bestand gebildet. Aus dem Ergebnis ist auch gut der Anteil der tatsächlichen Bearbeitungszeit

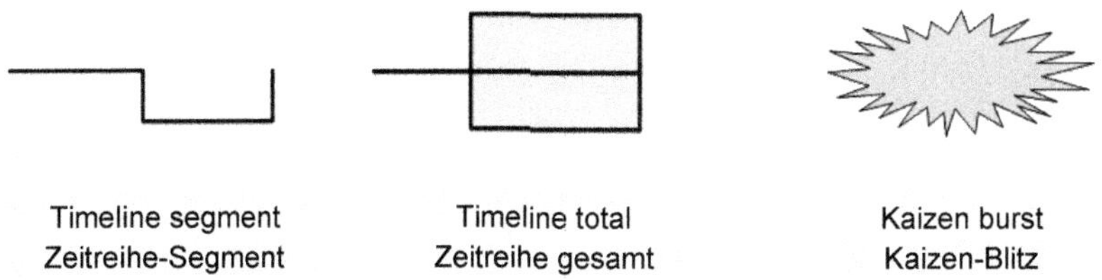

Abb. 2.14 Symbole Wertstromanalyse Teil 4

aus den Prozessschritten an der Gesamtdurchlaufzeit ersichtlich. Nicht selten liegt dieser Anteil (insbesondere bei großen Fertigungslosen oder Puffern) nur bei 1–5 % (Abb. 2.14).

9. Analyse Schwachstellen mit Kaizen-Blitzen: Schließlich kann der erstellte Wertstrom auf Schwachstellen untersucht werden. Dies können zum Beispiel sein: zu hohe Bestände (bei einer maximalen Wiederbeschaffungszeit von 2 Tagen beträgt die Liegezeit vor dem ersten Prozessschritt 5 Tage), Qualitätsprobleme (die Ausschussrate bei einem Prozessschritt liegt z. B. bei 20 %), nicht abgestimmte Zykluszeiten (die Zykluszeiten der Prozessschritte betragen bei einem Kundentakt von 60, 20, 40 und 80 s; das wird in der Regel mit Pufferbeständen zwischen Prozessschritten und/oder unausgeglichener Kapazitätsauslastung der einzelnen Prozessschritte einhergehen) (Abb. 2.15)

Abbildung 2.15 illustriert einen Prozess zur Herstellung von Burgern in einem Schnellrestaurant. In der Ausgangssituation werden in einem dreistufigen Prozess zunächst die „Patties" gebraten, dann die Burger „montiert" (das Pattie ist der wichtigste Bestandteil des Burgers) und schließlich das Menü für den Kunden zusammengestellt (der Burger ist der wichtigste Bestandteil des Menüs). Der Prozess basiert auf einer Bedarfsprognose (also einer Art Produktionsplan), der festlegt, wie viele Burger am Tag und in der jeweiligen Stunde (mittags mehr als nachmitttags) produziert werden. Das Braten der Patties erfolgt in einer Losgröße von 20 auf einem Grill. Diese Losgröße ist gleichzeitig auch die Losgröße für die Montage der Burger. Die Patties werden nach dem Braten auch gleich an die Burger-Montage weiter „gepusht", ebenso wie die fertigen Burger in das Warmhalteregal weiter „gepusht" werden. Bei der Zusammenstellung des Menüs werden die Burger nach Bedarf entnommen (Pull). Wenn zu wenige Kunden kommen, werden die überzähligen Burger, die länger als 15 min liegen, weggeworfen. Wenn zu viele Kunden kommen, müssen die Kunden warten, bis die Burger nachproduziert werden. Verschwendung kann in diesem Beispiel in den Beständen zwischen Patties braten und der Burger-Montage und der Zusammenstellung des Menüs gesehen werden. Außerdem ist die gesamte Durchlaufzeit zu lange, um sich flexibel am Kundenbedarf zu orientieren.

Das Diagramm wurde mit „Lean-Pilot" (www.leanpilot.com) erstellt. Mit diesem Tool kann eine Wertstromanalyse automatisiert und mit intuitiven Unterstützungen elektronisch erstellt werden.

Die Wertstromanalyse ist ein elementares Instrument zur Modellierung von Produktionsprozessen aus Sicht des Lean Managements (vgl. Abschn. 4.2.1). Allerdings können

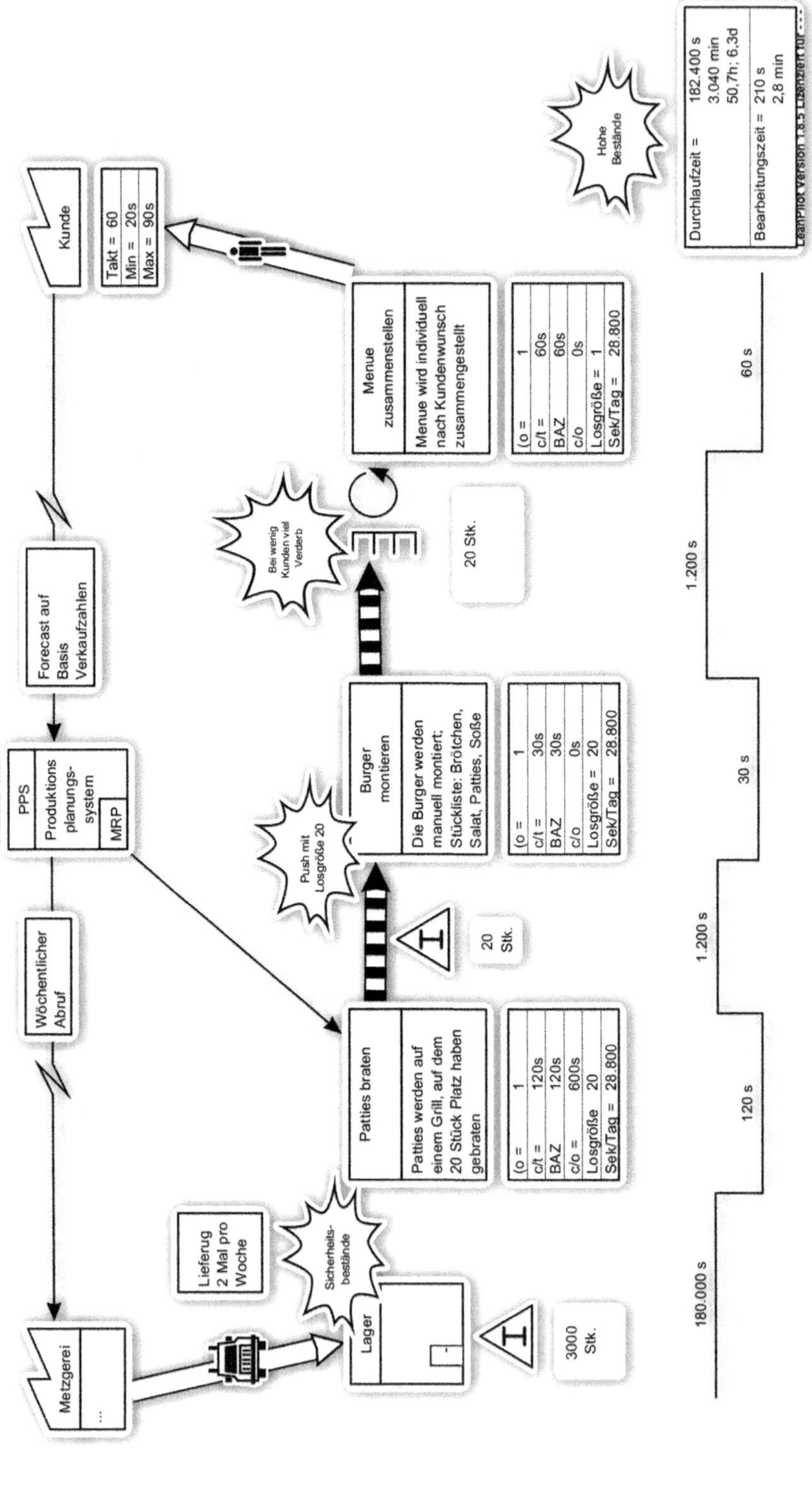

Abb. 2.15 Beispiel Wertstrom-Diagramm Burger Braten Current State

Schwierigkeiten für den Einsatz der Methode bei variantenreichen Prozessen und bei semiautomatisierten Prozessen auftreten (vgl. Dickmann 2009, S. 274). Aus Sicht der Logistik ist darüber hinaus ein Nachteil der Wertstromanalyse, dass die eigentlichen logistischen Tätigkeiten (wie z. B. Transportprozesse oder die Organisation des innerbetrieblichen Transports oder Pufferflächen zwischen zwei Prozessschritten) nur sehr rudimentär oder gar nicht näher beschrieben werden (vgl. Klenk und Knössl 2010, S. 9). Aus diesem Grund wurde die logistische Wertstromanalyse entwickelt.

2.2.7 Logistische Wertstromanalyse

In der klassischen Wertstromanalyse werden – wie oben beschrieben – logistische Tätigkeiten nur sehr vereinfacht als Pfeile oder in Form von Beständen wiedergegeben. Deshalb wurden die Schwächen der klassischen Wertstromanalyse aufgegriffen und im Rahmen des Forschungsprojektes LEAN:log diese für logistische Aktivitäten weiterentwickelt (vgl. Knössl 2013, S. 135).

Die dabei entwickelte Notation besteht aus einem adaptierten Diagramm und Symbolen für standardisierte logistische Funktionen.[3] Der Aufbau des in Abb. 2.16 dargestellten Diagramms für eine logistische Wertstromanalyse orientiert sich allerdings trotzdem sehr stark an dem der klassischen Wertstromanalyse und enthält die Bereiche Kunde, Lieferant sowie Material- und Informationsfluss. Lediglich die formalisierte Zeitleiste ist in dieser standardisierten Form nicht vorhanden.

Bei der Anpassung der Wertstromanalyse für Logistikprozesse wurden standardisierte Logistikfunktionen definiert, die in logistischen Prozessen enthalten sein könnten. Darüber hinaus wurden speziell für diese Funktionen Datenkästen mit Informationen entwickelt, die die Ausführung dieser Funktion näher beschreiben. So ist beispielsweise bei Transportprozessen der Transportweg von hoher Bedeutung, während bei Lagerung die Art der Lagerhilfsmittel eine große Rolle spielt. Für die logistischen Grundfunktionen wurde die in Abb. 2.17 dargestellte Strukturierung erarbeitet:

Die Symbole für die Funktionen sind (mit Ausnahme des Symbols für Puffern und Lagern) Tabellen mit der jeweiligen Funktion und den dazugehörigen Datenkästchen entnommen. Analog der klassischen Wertstromanalyse sind die Symbole für Puffern in Lagern ein Dreieck mit „I“ darin. Die Datenkästen werden mit prozessbeschreibenden Attributen angereichert, die in Tab. 2.1 dargestellt sind. Die Symbole, die die Steuerung und Informationsprozesse abbilden (z. B. Push-Pfeile, Kanban-Zyklen, Go-See etc.), sind die gleichen wie bei der klassischen Wertstromanalyse, deshalb werden sie an dieser Stelle nicht noch einmal wiederholt. Lediglich das Uhr-Symbol für die Taktung, z. B. bei Routenzügen, ist adaptiert.

[3] Das ist ebenfalls eine Veränderung zur klassischen Wertstromanalyse, wo je nach Produktionsprozess sehr unterschiedliche Funktionen bzw. Prozessschritte abgebildet werden.

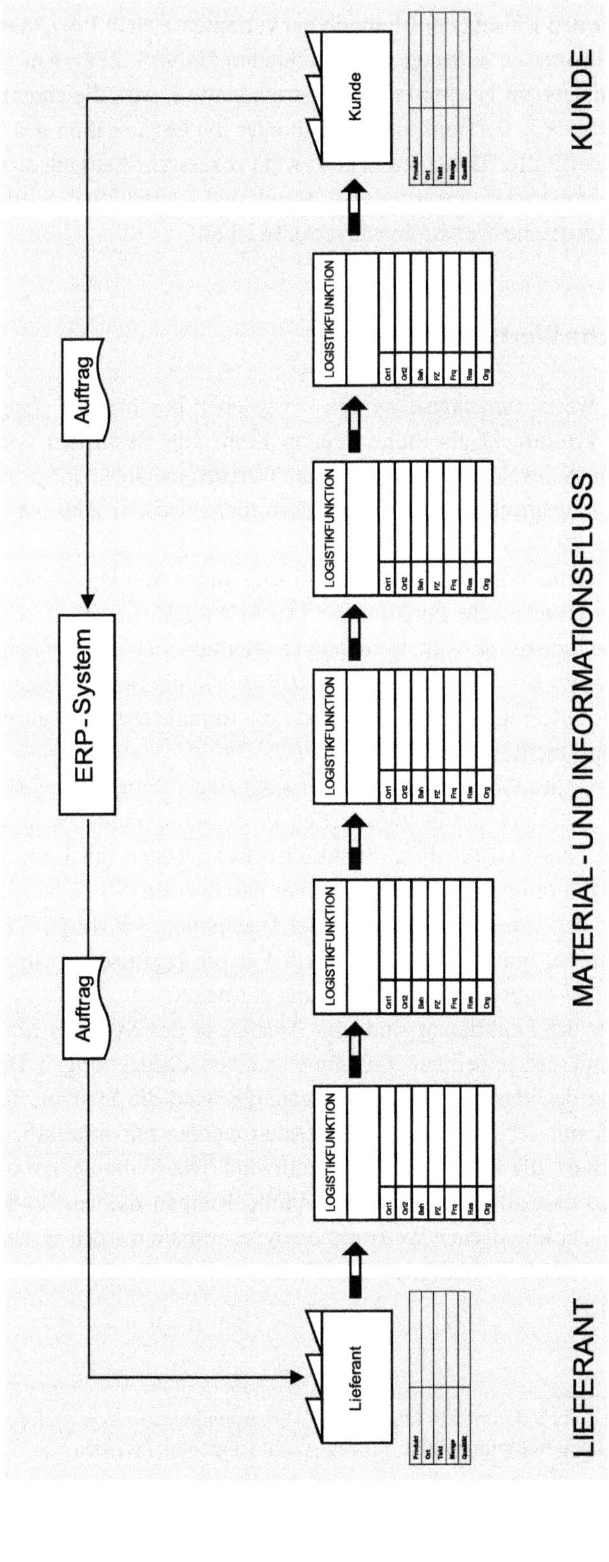

Abb. 2.16 Diagrammaufbau logistische Wertstromanalyse (Quelle: Knössl 2013, S. 141)

Zweck	Logistische Grundfunktion	Synonyme in der Praxis
Räumliche Transformation	Transportieren/ Fördern	Bewegen
Zeitliche Transformation	Puffern (kurze Zeit)	
	Lagern (lange Zeit)	
Mengenmäßige Transformation	Sammeln	Vereinigen, Konsolidieren, Zusammenfassen
	Verteilen	Trennen, Vereinzeln, Auflösen, Portionieren
Sortenmäßige Transformation	Sortimentieren	Kommissionieren, Konsolidieren, Sequenzieren
	Sortieren	Vereinzeln, Auflösen, Sequenzieren
Qualitative Transformation	Ver-/Entpacken	Auspacken, Einpacken, Umreifen, Stretchen
	Prüfen (Menge, Qualität, Information)	Kontrollieren, Identifizieren
Informatorische Transformation	Buchen	Vereinnahmen
	Etikettieren	Bezetteln, Belabeln
	Auftrag erzeugen	Kommissionierauftrag/Versandauftrag erstellen
	Dokumentieren	Papiere unterschreiben, Papiere archivieren
	Information übermitteln	

Abb. 2.17 Logistische Grundfunktionen (Quelle: Knössl 2013, S. 137 ff.)

Die Erstellung einer logistischen Wertstromanalyse erfolgt in fünf Schritten (vgl. Knössl 2013, S. 141 f.; Klenk et al. 2013, S. 138 ff.):

1. Analog der klassischen Wertstromanalyse wird zunächst der **Betrachtungsgegenstand definiert**, indem die Systemgrenzen der zu modellierenden Prozesskette festgelegt werden. Beispielsweise sollte hier definiert werden, ob die Modellierung z. B. mit dem Abladen eines Lkws beginnt oder schon mit der Anmeldung an der Pforte. Ebenso sollte bei sehr unterschiedlichen Arten von Logistikaufträgen auch noch eine speziell zu betrachtende Auftragsfamilie definiert werden. Eine Auftragsfamilie zeichnet sich dabei durch möglichst gleiche Kundenanforderungen und ähnliche Rahmenbedingungen auf der Lieferantenseite oder äußere Rahmenbedingungen aus (vgl. Günthner et al. 2013a, S. 29). Beispielsweise können alle Teile eines Lieferanten, die in JIT-Verkehren von einem Lieferanten bereits in KLT angeliefert werden und an einen Bereich wie z. B. die Endmontage geliefert werden, als eine Auftragsfamilie betrachtet werden.
2. Im zweiten Schritt werden die **Kundenanforderungen** nach der 5R-Systematik (richtige(r/s) Produkt, Ort, Zeitpunkt, Menge und Qualität) **erfasst**. Dabei müssen die Produkte, die geliefert werden sollen, der Ort, wohin die Teile geliefert werden sollen, der Zeitpunkt, zu dem die Teile angeliefert werden müssen, die Menge sowie die Qualität im Sinne des vom Kunden gewünschten Zustandes berücksichtig werden. Hierbei sollten auch Fragen nach Flexibilitätsmöglichkeiten zu allen 5 R-Komponenten gestellt werden.
3. Der dritte Schritt besteht in der **Erfassung der Prozessschritte** im Material- und Informationsfluss. Die Erfassung des Materialflusses ist dabei die eigentliche Aufnahme des Prozesses. Analog der klassischen Wertstromanalyse sollten dabei nach einem kurzen

Tab. 2.1 Prozessbeschreibende Attribute logistischer Grundfunktionen (Quelle: Eigene Darstellung in Anlehnung an Knössl 2013, S. 140)

Logistische Grundfunktionen	Prozessbeschreibende Attribute	Mögliche Ausprägungen und Formate
Transportieren, Fördern	Strecke	Entfernung zw. Quelle und Senke
	Zykluszeit	Verteilungsfunktion mit Minimum, Maximum und Durchschnitt
	Frequenz	ggf. Verteilungsfunktion
	Ladung	Sortenrein/gemischt
	Ladungsträger	Behältertyp/Behälterkapazität
	Kapazität	Anzahl Ladungsträger, Auslastung Transportmittel
	Ressourcen	Transportmittel, Mitarbeiter, Informationen
	Organisationsform	Z. B. 1:1-Direktverkehr, 1:n-Routenverkehr; n:1-Milkrun
Puffern, Lagern	Bestand	Gesamtmenge oder Anzahl Teile pro Sachnummer
	Flächen/Raumbedarf	[m^2/m^3]
	Liegezeit	ggf. Verteilungsfunktion
	Ressourcen	Lagermittel, Informationen
	Organisationsform	Z. B. Supermarkt mit fixer Stellplatzzuordnung, FIFO-Bahn, unsortierter Puffer
Sammeln, Verteilen	Strecke	Entfernung zw. Quelle und Senke
	Zykluszeit	Verteilungsfunktion
	Frequenz	ggf. Verteilungsfunktion
	Fehlerquote	[%]
	Ressourcen	Technische Hilfsmittel, Mitarbeiter, Informationen
	Organisationsform	Z. B. 2-stufiger Verteilprozess
Sortimentieren, Sortieren	Strecke	Entfernung zw. Quelle und Senke
	Zykluszeit	Verteilungsfunktion
	Kommissioniereinheit	Auftragsgröße(n)
	Frequenz	ggf. Verteilungsfunktion
	Fehlerquote	[%]
	Anteil Greifzeit an Kommissionierzeit	[%]
	Ressourcen	Technische Hilfsmittel, Mitarbeiter, Informationen
	Organisationsform	Z. B. 1-stufige Mann-zu-Ware-Kommissionierung mit Gassenwechsel
Verpacken, Entpacken, Prüfen	Zykluszeit	Verteilungsfunktion
	Frequenz	Z. B. in Form einer Prüfquote [%]
	Fehlerquote	[%]
	Ressourcen	Technische Hilfsmittel, Mitarbeiter, Informationen
	Organisationsform	Z. B. 2-stufiger Prüfprozess (1. Stufe: Menge, 2. Stufe: Qualität)

Tab. 2.1 (Fortsetzung)

Logistische Grundfunktionen	Prozessbeschreibende Attribute	Mögliche Ausprägungen und Formate
Buchen	Zykluszeit	Verteilungsfunktion
	Frequenz	ggf. Verteilungsfunktion
	Information	Z. B. Teilenummer, Teilemenge, Lagerort
	Informationsträger	Z. B. Warenbegleitschein, Barcode, RFID-Chip
	Fehlerquote	[%]
	Ressourcen	Technische Hilfsmittel, Mitarbeiter
	Organisationsform	Z. B. Einzelbuchung, Sammelbuchung
Auftrag erzeugen	Zykluszeit	Verteilungsfunktion
	Frequenz	ggf. Verteilungsfunktion
	Information	Z. B. Auftragsnummer, Teilenummern, Teilemengen, Lagerorte
	Informationsträger	Z. B. Kommissionierliste, Bestellformular
	Fehlerquote	[%]
	Ressourcen	Technische Hilfsmittel, Mitarbeiter
	Organisationsform	Z. B. Einzelauftrag, Sammelauftrag
Etikettieren, Dokumentieren	Zykluszeit	Verteilungsfunktion
	Frequenz	ggf. Verteilungsfunktion
	Information	Z. B. Wareninformation, Bestätigung einer Lieferung, Prüfergebnisse
	Informationsträger	Z. B. Warenbegleitschein, Lieferschein, Prüfprotokoll
	Fehlerquote	[%]
	Ressourcen	Technische Hilfsmittel, Mitarbeiter
	Organisationsform	Z. B. Ladeeinheit-Etikettierung, Fördergut-Etikettierung
Informationen übermitteln	Information	Z. B. Abladestellplatz für LKW, Änderung an Kommissionierauftrag
	Strecke	Entfernung zw. Quelle und Senke
	Informationsübertragung	Z. B. manuell, elektronisch
	Zykluszeit	Verteilungsfunktion
	Frequenz	ggf. Verteilungsfunktion
	Ressourcen	Technische Hilfsmittel, Mitarbeiter
	Organisationsform	Z. B. dezentraler Informationsaustausch, zentrale Informationsplattform

Erstdurchlauf die standardisierten Logistikfunktionen vom Kunden aus (also line-back) aufgenommen werden, damit die Erfüllung der Kundenanforderung besser nachvollzogen und erste Überlegungen zur Notwendigkeit des jeweiligen Schrittes gemacht werden können. Zur Prozessaufnahme sind die standardisierten Logistikfunktionen heranzuziehen und es dürfen die jeweiligen konkretisierenden Daten für den Schritt nicht vergessen werden. Als zweite Komponente der Prozessschritte sind der Informationsfluss und die Steuerung aufzunehmen. Es müssen also für jeden Schritt die Fragen beantwortet werden, welche Informationen zur Durchführung benötigt werden bzw. wo diese herkommen und nach welcher Logik die Prozessausführung gestartet wird. Wenn keine Steuerung definiert ist, kann auch hier das „Go-See"-Symbol eingesetzt werden.

4. Der vierte Schritt umfasst – analog der Erfassung der Kundenanforderungen – die **Aufnahme der lieferantenseitigen Rahmenbedingungen** nach der 5R-Systematik.
5. Schließlich erfolgt fünftens eine **Analyse des aufgenommenen logistischen Wertstroms** anhand verschiedener Kriterien. Neben der Analyse verschiedener Verschwendungsarten (Überlieferung, Wartezeit, überflüssige Transporte, undefinierte Prozesse, überdimensionierte Bestände, unnötige Tätigkeiten oder Fehler) können die Schritte auf ihre Notwendigkeit überprüft werden und eine Analyse des gesamten Zeitbedarfs für den Prozess sowie der enthaltenen Liegezeit nach der Formel Liegezeit = Bestand [Anzahl Kundenaufträge] × Kundentakt [s/Kundenauftrag] vorgenommen werden.

Ein Beispiel für einen logistischen Prozess, der mit der logistischen Wertstromanalyse modelliert wurde, ist in Abb. 2.18 dargestellt.

Die logistische Wertstromanalyse eignet sich – wie es dem Namen schon zu entnehmen ist – insbesondere zur Modellierung und Analyse logistischer Prozesse. Da hier analog der klassischen Wertstromanalyse ein starker Fokus auf der Verknüpfung physischer und informatorischer Prozesse liegt, können mit dieser Systematik gut die Ursachen für auftretende Probleme im Prozess herausgefunden werden. Ein weiteres Argument für die hervorragende Eignung zur Modellierung logistischer Prozesse ist, dass diese Systematik eigens dafür entwickelt wurde und passgenau auf die Besonderheiten logistischer Funktionen eingeht.

Als Nachteil kann gesehen werden, dass durch den hohen Detaillierungsgrad kein Überblick über die Vielfalt der vorhandenen logistischen Prozesse gegeben werden kann. Die Fokussierung auf einen speziellen Prozess erfolgt bei der Auswahl der Auftragsfamilie.

Da die Symbole im Wesentlichen die gleichen wie bei der klassischen Wertstromanalyse sind, kann auch hier zur Modellierung das Tool „Lean-Pilot" eingesetzt werden.

Zusammenfassung Kap. 2

Die Prozessmodellierung macht Prozesse für das Prozessmanagement handelbar. Deshalb ist eine geeignete Systematik auszuwählen. Die Auswahl der geeigneten Modellierungssystematik kann von dem Zweck der Modellierung, der Art der Prozesse, der Hierarchiestufe und dem Reifegrad der Prozesse abhängen.

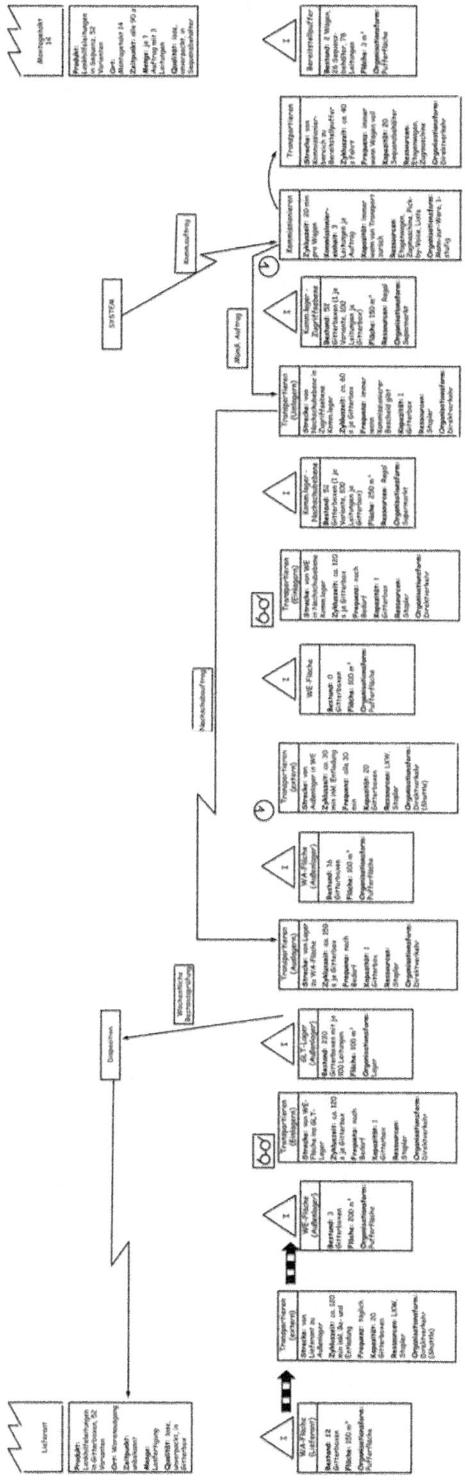

Abb. 2.18 Beispiel logistische Wertstromanalyse (Quelle: Jennifer Stiegler)

Prozesse im Supply Supply-Umfeld bzw. in Einkauf und Logistik weisen häufig eine Verknüpfung von informatorischen und physischen Prozessen auf. In diesem Umfeld sind folgende Prozessmodellierungssystematiken von besonderer Relevanz:

- SIPOC (für einen schnellen Überblick),
- Flussdiagramme (zur intuitiven Modellierung von Prozessen mit vielen Verzweigungen und Entscheidungen),
- Schwimmbahn-Diagramme (zur Verdeutlichung von Verantwortlichkeiten),
- BPMN 2.0 (zur Modellierung von Prozessen, die später automatisiert werden sollen, oder einer detaillierten Aufnahme),
- Sankey-Diagramme in Verbindung mit einer Materialflussmatrix (zur Verdeutlichung der Stärke von Stoffströmen),
- Wertstromanalysen und logistische Wertstromanalysen (zur Modellierung von Produktions- oder Logistikprozessen aus der Sichtweise des Lean Managements).

Literatur

Arnold, D., Isermann, H., Kuhn, A., Tempelmeier, H., & Furmans, K. (2008). *Handbuch Logistik.* Berlin: Springer Berlin Heidelberg.

Bicheno, J., & Holweg, M. (2009). *The lean toolbox. The essential guide to lean transformation* (4. Aufl.). Buckingham: PICSIE Books.

Dehdari, P., Müller, A., & Wlcek, H. (2012). Wertstromanalyse und -design. In K. Furmans (Hrsg.), *Lean Management in Lägern. Arbeitskreisbericht* (S. 28–33). Hamburg: DVV Media Group Dt. Verkehrs-Verl. (Schriftenreihe Wirtschaft & Logistik).

Dickmann, P. (2009). *Schlanker Materialfluss.* Berlin: Springer.

Dombrowski, U., & Brinkop, M. (2010). V-Modell zur Gestaltung abgesicherter Prozesse. *Zeitschrift für wirtschaftlichen Fabrikbetrieb (ZWF), 105*(4), 350–355.

Ehrmann, H. (2008). *Logistik* (6., überarb. und aktualisierte Aufl.). Ludwigshafen(Rhein): Kiehl (Kompendium der praktischen Betriebswirtschaft).

Feige, D., & Klaus, P. (2008). Modellbasierte Entscheidungsunterstützung in der Logistik. [mit EUS-Lehrsoftware auf CD-ROM]. Stand: 15. Dezember 2007. Hamburg: DVV Media Group Dt. Verkehrs-Verl. (Edition Logistik, 10).

Fleischmann, A., Schmidt, W., Stary, C., Obermeier, S., & Börger, E. (2011). *Subjektorientiertes Prozessmanagement.* München: Carl Hanser Verlag GmbH & Co. KG.

Geiser, U. (2009). Modellierung von Prozessen. Selektion der geeigneten Toolunterstützung. In M. Hirzel (Hrsg.), *Prozessmanagement in der Praxis* (S. 141–152). Wiesbaden: Springer Fachmedien.

Gesellschaft für Organisation. (2014). Business process management. BPM common body of knowledge – BPM CBOK; Leitfaden für das Prozessmanagement; Version 3.0. 2., überarb., deutschsprachige Ausg. Gießen: Schmidt (Schriftenreihe der EABPM, Bd. 1).

Günthner, W. A., Durchholz, J., Klenk, E., & Boppert, J. (2013). PLANUNG Methoden zur Planung schlanker Logistikprozesse. In W. A. Günthner, J. Durchholz, E. Klenk, J. Boppert, T. Knössl, & M. Klevers (Hrsg.), *Schlanke Logistikprozesse. Handbuch für den Planer* (S. 17–131). Dordrecht: Springer.

Klenk, E., & Knössl, T. (2010). Logistikorientierte Wertstromanalyse. Identifikation von Wertschöpfung und Verschwendung in der Logistik. Logistikseminar. Garching, 14.10.2010.

Klenk, E., Klevers, M., & Günthner, W. A. (2013). Logistikorientierte Wertstromanalyse. In W. A. Günthner, J. Durchholz, E. Klenk, J. Boppert, T. Knössl, & M. Klevers (Hrsg.), *Schlanke Logistikprozesse. Handbuch für den Planer* (S. 135–161). Dordrecht: Springer.

Klevers, T. (2009). *Wertstrom-Mapping und Wertstrom-Design. Verschwendung erkennen – Wertschöpfung steigern* (1. Aufl.). München: mi-Wirtschaftsbuch. http://www.wiso-net.de/document/MIWI,AMIW__9783868800609204.

Knössl, T. (2013). Logistikorientierte Wertstromanalyse. In W. A. Günthner & J. Boppert (Hrsg.), *Lean Logistics. Methodisches Vorgehen und praktische Anwendung in der Automobilindustrie* (S. 135–144). Berlin: Springer.

Lehrstuhl fml TU München. (2015). Stichwort Wertstromanalyse (Kompendium Lehrstuhl fml TU München). http://www.fml.mw.tum.de/fml/index.php?Set_ID=945&letter=W&title=Wertstromanalyse. Zugegriffen: 1. Aug. 2015.

Liebetruth, T. (2005). *Die Informationsbasis des Supply Chain Controllings. Forschungsstand, empirische Analyse, Gestaltungsempfehlungen*. Univ., Diss.–Erlangen-Nürnberg, 2004. Köln: Kölner Wissenschaftsverl. http://deposit.ddb.de/cgi-bin/dokserv?id=2603704&prov=M&dok_var=1&dok_ext=htm.

Mertens, P., Bodendorf, F., König, W., Picot, A., Schumann, M., & Hess, T. (2012). *Grundzüge der Wirtschaftsinformatik* (11. Aufl.). Berlin: Springer (Springer-Lehrbuch). http://dx.doi.org/10.1007/978-3-642-30515-3.

Porter, M. E. (1998). *Competitive advantage. Creating and sustaining superior performance; with a new introduction*. New York: Free Press. http://www.loc.gov/catdir/bios/simon051/98009581.html.

Ross, G., & Jeffrey, B. (2010). Practical quality. KaizenTrainer.com.

Rother, M., & Shook, J. (2009). *Learning to see. Value-stream mapping to create value and eliminate muda. Version 1.4*. Cambridge: Lean Enterprise Inst (A lean tool kit method and workbook).

Schmelzer, H. J., & Sesselmann, W. (2010). *Geschäftsprozessmanagement in der Praxis. Kunden zufriedenstellen, Produktivität steigern, Wert erhöhen*; [das Standardwerk] (7., überarb. und erw. Aufl.). München: Hanser. http://www.socialnet.de/rezensionen/isbn.php?isbn=978-3-446-42185-1.

Schneider, O., Hohenstein, F., & Günthner, W. A. (2011). *Bewertung von Methoden hinsichtlich einer ganzheitlichen Prozessdarstellung*. doi:10.2195/lj_NotRev_schneider_de_201110_01.

Schulte, C. (2013). *Logistik. Wege zur Optimierung der Supply Chain*. München: Vahlen. http://lib.myilibrary.com/detail.asp?id=625390.

Schulte-Zurhausen, M. (2010). *Organisation* (5., überarb. und aktualisierte Aufl.). München: Vahlen (Vahlens Handbücher der Wirtschafts- und Sozialwissenschaften).

3 Analyse von Prozessen und Servicequalität

In Kap. 2 wurden mögliche Systematiken der Prozessmodellierung vorgestellt. Auf dieser Basis geht es in diesem Kapitel um die Analyse von Prozessen und darum, wie Schwachstellen und Verbesserungspotenziale in Prozessen identifiziert werden können. Um eine Prozessanalyse zielgerichtet durchführen zu können, sind neben guten Methodenkenntnissen[1] (insbesondere Modellierungs-, aber auch Analyse- bzw. statistische Methoden) auch ein hohes Maß an Empathie bzw. Sozialkompetenz sowie Emotionaler Intelligenz erforderlich, da häufig Menschen die Informationsträger über Prozesse sind (vgl. Stöger 2011, S. 120; Robbins und Judge 2014, S. 80 ff.).

In diesem Kapitel wird nach einleitenden Ausführungen über Anlässe und Rollen in einer Prozessanalyse zunächst ein idealtypischer Ablauf einer Prozessanalyse vorgestellt. Anschließend wird mit einem Abschnitt über Service-Qualität auf einen speziellen Aspekt von Prozessen eingegangen, nämlich wie das Ergebnis von Prozessen gemessen werden kann. Gerade in der Logistik und im Einkauf ist dies besonders wichtig, um z. B. eine tiefergehende Analyse von Prozessen zu initiieren oder auch die Auswahl geeigneter Lieferanten zu unterstützen.

3.1 Anlässe und Rollen

Eine Prozessanalyse hilft, Aktivitäten in einem Prozess zu verstehen und zu untersuchen, inwieweit sie dazu beitragen, die Ziele des Unternehmens zu erreichen. Anlässe für eine Prozessanalyse können sein (vgl. Gesellschaft für Organisation 2014, S. 165 ff.):

[1] Eine Übersicht über verschiedene Analysemethoden ist bei Binner 2005 zu finden.

T. Liebetruth, *Prozessmanagement in Einkauf und Logistik*,
DOI 10.1007/978-3-658-09759-2_3

- Kontinuierliches Monitoring (z. B. im Rahmen eines kontinuierlichen Verbesserungsprozesses im Qualitätsmanagement oder zur Überprüfung des Reifegrades von Prozessen[2])
- Unzureichende Leistung (z. B. bei akut auftretenden Problemen)
- Neue Technologien (z. B. Überprüfung auf Einsatzmöglichkeiten von Digitalisierung oder Einführung Routenzug)
- Fusionen/Übernahmen/Veräußerungen (z. B. bei einer Process Due Diligence)
- Verbindliche (gesetzliche) Vorgaben (z. B. Regulatorische Vorgaben in Zusammenhang mit den Sicherheitsbestimmungen zu Luftfrachtsendungen oder zur Qualifizierung als zertifizierter Zulieferer)
- (Neuausgerichtete) Strategische Planung (z. B. im Zuge einer Überprüfung auf Outsourcing-Fähigkeit einzelner Wertschöpfungskomponenten)

Bei einer Prozessanalyse können mehrere Personen beteiligt sein, die auch verschiedene Rollen einnehmen (können). Eine ähnliche Strukturierung findet sich auch bei Projektorganisationen (vgl. Fortmann und Kallweit 2007, S. 170 ff.). Folgende Rollen können unterschieden werden:

- Auftraggeber, ggf. Lenkungsausschuss: Diese Rolle übernimmt die Vorgabe von Zielen und trifft Entscheidungen.
- Projektleiter: Diese Rolle ist für die Planung des Ablaufs der Prozessanalyse zuständig und ist zudem verantwortlich für das Ergebnis.
- Analyst: Diese Rolle ist für die Erarbeitung von Ergebnissen verantwortlich und kann auch die Moderation von Workshops übernehmen.
- Fachexperte: Diese Rolle betrifft die am zu analysierenden Prozess beteiligten Mitarbeiter; sie sind auch die Träger von relevantem Wissen über den Prozess.
- Stakeholder: In dieser Rolle befinden sich Personen oder Organisationen, die in irgendeiner Form an dem Prozess interessiert sind; das können beispielsweise Kunden, Gesetzgeber oder Lieferanten sein.

Vor einer Prozessanalyse ist es daher wichtig, zu klären, wer welche Rolle einnimmt, und die Aufgaben und Verantwortlichkeiten abzustimmen.

3.2 Analyse von Prozessen

Der Ablauf einer Prozessanalyse kann in die Phasen Vorbereitung, Erhebung von Informationen und Dokumentation von Ergebnissen eingeteilt werden (Abb. 3.1).

Der vorgestellte Ablauf ist ein idealtypischer Ablauf, der je nach analysiertem Prozess und Rahmenbedingung etwas anders konkretisiert werden kann bzw. sogar muss. Die fol-

[2] Vgl. zu Reifegradmodellen im Einkauf Liebetruth et al. 2016 und Heß 2015.

Abb. 3.1 Vorgehen Prozessanalyse (Quelle: Eigene Darstellung in Anlehnung an Gesellschaft für Organisation 2014, S. 171 ff.)

genden Ausführungen sind daher als Checkliste zu verstehen, die entsprechend der Aufgabe angepasst werden muss.

3.2.1 Analyse vorbereiten

Die Vorbereitungsphase findet vor der Durchführung der Prozessanalyse statt. In der Vorbereitungsphase geht es darum, die Voraussetzungen dafür zu schaffen, dass die eigentliche Erhebung von Informationen so effizient und effektiv wie möglich stattfinden kann. Das heißt, es ist sicherzustellen, dass die richtigen und relevanten Informationen erhoben werden können und die Erhebung mit möglichst wenig Aufwand für die Personen, die den Prozess analysieren, und die Prozessbeteiligten zu gestalten. Die Planung hat den Charakter einer Projekt- oder sogar manchmal einer Programmplanung. Es sind vorab einige Entscheidungen zu treffen (vgl. Gesellschaft für Organisation 2014, S. 171 ff.):

Die **Planung des Vorgehens** in der Analyse kann auch als Projektplanung verstanden werden. Darunter können alle Punkte subsumiert werden, die auch für eine Projektplanung wichtig sind (vgl. Schulte-Zurhausen 2010, S. 447 ff.). Insbesondere sind die zu erreichenden Ergebnisse, die eingesetzten Ressourcen und die verfügbare Zeit wichtige Faktoren. Die Planung des Vorgehens richtet sich aber auch nach dem Anlass der Prozessanalyse. So kann es z. B. bei einer Prozessanalyse im Rahmen einer Compliance-Überprüfung durchaus sinnvoll sein, unangekündigte Interviews zu führen und vorher umfangreiche Datenanalysen durchzuführen, während dies bei der Neugestaltung eines Prozesses mit Auswirkungen auf verschiedene Stakeholder nur bedingt sinnvoll ist.

Die **Auswahl des Prozesses** erfolgt in Abhängigkeit der Anlässe einer Prozessanalyse. Wenn in einem Prozess ein akutes Problem festgestellt wird, dann wird dieser Prozess im Fokus der Analyse stehen. Eine andere Möglichkeit ist im Rahmen eines kontinuierlichen Monitorings die Definition eines lang- bzw. mittelfristigen Analyseplans. So kann beispielsweise definiert werden, dass die Kernprozesse jedes Jahr analysiert werden und jeder Unterstützungsprozess einmal alle drei Jahre. Bei der Analyse aufgrund von gesetzlichen oder regulatorischen Vorgaben (wie z. B. die (Re-)Akkreditierung von Studiengängen) geben die jeweiligen Vorgaben den Turnus vor und bestimmen damit die Auswahl des Prozesses.

Hinsichtlich des **Umfangs der Analyse** kann zwischen einer Grob- und einer Detailanalyse unterschieden werden. Wie detailliert ein Prozess analysiert werden soll, ergibt sich aus dem Anlass, der Zielsetzung, aber teilweise auch aus den verfügbaren Ressourcen im Prozess und zur Analyse.

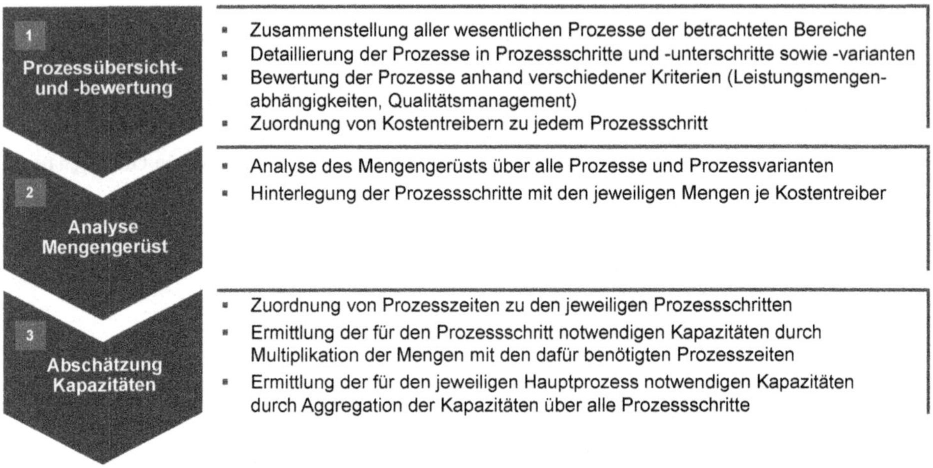

Abb. 3.2 Vorgehensweise Funktions- und Leistungsanalyse (Quelle: Liebetruth und Baustian 2008)

Die **Auswahl der eingesetzten Analysemethoden und Modellierungstechniken** ergibt sich hauptsächlich aus dem zu analysierenden Prozess und den Zielen, die mit der Analyse verfolgt werden sollen. So bietet sich beispielsweise zur Analyse von Produktions- und Montageprozessen die Wertstromanalyse an, zur Analyse von logistischen Prozessen die logistische Wertstromanalyse und zur Analyse von administrativen Prozessen, die später durch eine Automatisierungslösung unterstützt werden sollen, wie z. B. Freigabeworkflow-Prozesse, die Analyse mit Hilfe der BPMN-2.0-Notation. Eine Übersicht über verschiedene Modellierungsmöglichkeiten enthält das vorherige Kapitel. Daneben können weitere Analysetools wie z. B. die Funktions- und Leistungsanalyse zur Analyse der benötigten Kapazitäten, die ABC/XYZ-Analyse oder die Pareto-Analyse zur Priorisierung eingesetzt werden. (vgl. zu verschiedenen Analysemethoden Fortmann und Kallweit 2007, S. 57 ff.; Brumme et al. 2010, S. 178 ff.)

Instrument

Die Funktions- und Leistungsanalyse (Liebetruth und Baustian 2008, S. 31 ff.) baut auf einer Prozessanalyse auf und reichert diese mit weiteren Informationen an. Sie legt damit die Datengrundlagen für die Gestaltungsphase. Darüber hinaus können so bereits in der Analysephase Kennzahlen zur Messung der Leistung der untersuchten Bereiche bzw. Prozesse erarbeitet werden. Zielsetzung dabei ist es, Transparenz über den Einsatz der Mitarbeiter und über Abhängigkeiten von Aufwandstreibern zu schaffen. Die Erstellung der Funktions- und Leistungsanalyse gliedert sich, wie in der folgenden Abbildung dargestellt, in drei logisch aufeinander folgende Schritte (Abb. 3.2).

In einem **ersten Schritt** werden die einzelnen Prozesse des zu untersuchenden Bereichs aufgenommen und nach den Ablaufschritten gegliedert. Dabei ist es möglich und erfahrungsgemäß nötig, dass in Ergänzung zu häufig bereits bestehenden Prozessdokumentation weitere Tätigkeiten, wie z. B. Abstimmungen oder Klärung von Fragen, aufgenommen werden. Diese binden nämlich auch Kapazitäten der beteiligten Mitarbeiter, sind jedoch häufig nicht dokumentiert. Diese nicht dokumentierten Aufwände können bei einem späteren Outsourcing dazu führen, dass – sofern der Dienstleister diese Tätigkeiten in sein Angebot aufnimmt – das Angebot des Dienstleisters als zu hoch eingeschätzt wird oder dass – sofern der Dienstleister dies nicht in sein initiales Angebot aufnimmt – später Diskussionen über die Verrechnung von Mehraufwänden geführt werden müssen oder diese wichtigen Tätigkeiten aus Kostengründen nicht durchgeführt werden und anschließend die Fehlerquoten steigen. Diese explizite Aufnahme dieser Tätigkeiten ist also notwendig, um später ein vollständiges Bild über die in den Prozessen gebundenen Mitarbeiterkapazitäten zu erlangen. Um das Kostenverhalten der Prozesse analysieren zu können und evtl. auch bereits vor Auslagerung Ansatzpunkte zur Optimierung identifizieren zu können, werden die Prozessschritte zusätzlich anhand verschiedener Kriterien bewertet. In der Abbildung sind hier beispielhaft folgende Kriterien dargestellt:

- Kostentreiber (um zu identifizieren, von welchen Ereignissen, Produkten etc. der Prozessschritt abhängt),
- Leistungsmengenbezug (um zu identifizieren, ob der Prozessschritt mit steigender Ausbringungsmenge häufiger anfällt oder nicht, d. h. leistungsmengeninduziert oder -neutral ist) sowie
- Qualitätsmanagement (um zu identifizieren, ob es sich bei dem Prozessschritt um einen Beitrag zur Qualitätssicherung oder zur Fehlerbehebung handelt).

In einem **zweiten Schritt** wird für den jeweiligen Prozessschritt das Mengengerüst erhoben. Damit ist die Häufigkeit der Durchführung des jeweiligen Schrittes gemeint. Im Rahmen der Erhebung der Häufigkeiten ist auch eine Differenzierung nach eventuellen Prozessvarianten vorzunehmen, um in einer späteren Analyse die Aufwände und Kosten möglichst direkt einzelnen Produkten zuordnen zu können bzw. einzelne Logistikleistungen zu Abrechnungseinheiten zusammenzufassen zu können. Die Daten hierfür können in den meisten Fällen aus einem IT-System gezogen werden. In einigen Fällen müssen jedoch manuelle Auswertungen oder qualifizierte Schätzungen herangezogen werden.

Schließlich werden in einem **dritten Schritt** für die einzelnen Prozessschritte die jeweiligen Prozesszeiten (d. h., wie lange der Durchlauf des jeweiligen Prozessschrittes in Anspruch nimmt) erhoben. Durch Multiplikation der Prozessmengen und der Prozesszeiten ist eine Abschätzung der jeweils hierfür benötigten Kapazitäten möglich.

Je nach Anwendungssituation können die Informationen hierfür anhand verschiedener Methoden gewonnen werden:

1. „Stoppen“ der Zeiten für den jeweiligen Prozessschritt. Das entspricht im weitesten Sinne einer Vorgehensweise, die vom REFA-Institut angewendet wird. Vorteil ist sicherlich ein relativ genaues Bild der jeweiligen Prozesszeiten. Ein wesentlicher Nachteil der Vorgehensweise ist oft, dass Verzerrungen durch das Verhalten der betroffenen Mitarbeiter entstehen können (z. B. kann es sein, dass Mitarbeiter, die über das Outsourcing-Vorhaben informiert sind, entweder besonders schnell oder besonders langsam arbeiten werden) und die Vorgehensweise bei mitbestimmungspflichtigen Unternehmen umstritten ist.

2. Ermittlung der Prozesszeiten durch modularen Zusammenbau der Prozesse auf Basis einer MTM-Datenbank (Methods of Time Measurement). Die Zeiten für einen Prozess (z. B. manuelle Verbringung einer Palette aus dem Wareneingang mit einem Hubwagen zu einem Arbeitsplatz X) werden bei dieser Vorgehensweise aus einer Datenbank mit statistisch ermittelten und überprüften Standard-Zeiten modular addiert (z. B. Aufnahme der Palette mit dem Hubwagen = 2 s + manuelles Ziehen des Hubwagens über eine Distanz von 20 m = 31 s + Ausrichtung und Absetzen der Palette = 4 s + leeres Zurückfahren zum Wareneingang = 24 s ergibt insgesamt einen Zeitbedarf von 61 s). Viele Logistik-Dienstleister kalkulieren auf diese Weise ihre Angebote. Voraussetzung ist der Besitz einer solchen Datenbank, die für eine einmalige Anwendung als eher kostenintensiv einzustufen ist. Außerdem können mit dieser Vorgehensweise häufig Besonderheiten eines Unternehmens nicht abgebildet werden.
3. Für eine erste interne Schätzung der Zeiten hat sich eine Vorgehensweise bewährt, bei der die beteiligten Organisationseinheiten die Prozesszeiten im Rahmen von moderierten Workshops selbst abschätzen. Durch einen Vergleich der Ergebnisse mit den vorhandenen Mitarbeiterkapazitäten können die Zeiten plausibilisiert und wenn nötig in einigen Anpassungsrunden an die realen Zeiten angepasst werden. Diese Vorgehensweise hat den Vorteil, dass das Commitment zu den Daten höher ist und Besonderheiten des Unternehmens besser berücksichtigt werden können. Bei dieser Vorgehensweise kommen häufig auch Prozessunterschiede und Optimierungsmöglichkeiten bereits vor Auslagerung der Prozesse zutage und das Unternehmen erlangt ein besseres Verständnis der eigenen logistischen Prozesse.

Das Ergebnis der Funktions- und Leistungsanalyse ist Transparenz über die in den jeweiligen Prozessschritten gebundenen Mitarbeiterkapazitäten. Abbildung 3.3 zeigt ein Beispiel für einen Wareneingangsbereich. Die Ergebnisse können anhand der oben im ersten Schritt dargestellten Kriterien gruppiert werden.

Nummer	Prozessschritt/Aktivität	Aufwands-treiber	Treiber [Anzahl p.a.]	Prozesszeit [Min]	Zeitbedarf p.a. [MMin]	MAK p.a.
1	Anlieferung entgegennehmen (Lieferschein entnehmen, abstempeln, auspacken)	Lieferschein	45.000	3	135.000	1,45
1.1	Reparaturware: kontrollieren, dokumentieren und an Besteller/Kunden weiterleiten	Positionen	1.000	14	14.000	0,15
1.2	Q und nicht Q relevante Ware: Sichtkontrolle (ID, Best.-Nr., Art.-Nr. etc.), Verbuchung, WE-Etikett aufkleben	Positionen	52.000	3	156.000	1,68
1.2.1	Q-relevante Ware: Aufnahme Q-relevante Ware und QS-Prüfung (Werkstoffprüfung, Masseprüfung, Vollständigkeitsprüfung, Oberflächenprüfung, Gravurprüfung, Verpackungsprüfung, Bohrungsprüfung)	Positionen	20.000	18	360.000	3,87
1.2.1.1	Ware nicht i.O: Reklamation/Information an Lieferant, Lieferschein erstellen, Versand Retoure	Positionen	1.000	10	10.000	0,11
1.2.1.2	Ware i. O.: Umbuchung (SAP MIGO), QS-Etikett aufkleben, Verbringung an Übergabefläche zur Einlagerung	Positionen	19.000	1	19.000	0,20
1.2.2	Nicht Q-relevante Ware: Aufnahme und Verbringung an Übergabefläche zur Einlagerung	Positionen	32.000	2	64.000	0,69
					Summe	8,16

1 MAK = 220 Tage * 8h * 60 Min - 12% Verteilzeit = 92.928 Min

Abb. 3.3 Ergebnistabelle Funktions- und Leistungsanalyse (Quelle: Eigene Darstellung)

Das **Verständnis von Kunden des Prozesses, der Unternehmenskultur und des Prozessumfelds** ist wichtig, um später die Ergebnisse der Prozessanalyse einordnen zu können und Klippen bei der Erhebung der Informationen zu umschiffen. So ist das Wissen um den Kunden des Prozesses und dessen Bedürfnisse wichtig, um gezielt entsprechende Analysemethoden einsetzen zu können und Akzente auf spezielle Aspekte in der Analyse zu legen. Wenn beispielsweise Flexibilität für den Kunden eines Produktionsprozesses wichtig ist, sollte der Fokus auf der Durchlaufzeit liegen, denn eine kurze Durchlaufzeit ermöglicht eine schnelle Reaktion auf Veränderungen. Ein Analysetool, das diese Zielsetzung unterstützt, ist die Wertstromanalyse (vgl. Abschn. 2.2.6).

Da Unternehmen sozio-technische-Systeme sind, in denen Menschen neben ihrer eigentlichen Rolle zur Erreichung der Unternehmensziele auch persönliche Eigenschaften, Bedürfnisse und Werte in eine Organisation einbringen (vgl. Rosenstiel 1992, S. 353 ff.), ist es zur Einordnung der Analyseaufgabe und zur Bestimmung der Tragweite und möglicher Konflikte wichtig, zu verstehen, wie die Menschen in ihrer Eigenschaft als Individuen auf die Tätigkeit und die Ergebnisse der Prozessanalyse reagieren werden. Die Unternehmens- oder Organisationskultur ist dabei ein „System von gemeinsamen Werten und Normen, die Beziehungen der Organisationsmitglieder untereinander sowie die Interaktionen mit Externen definiert" (Jones und Bouncken 2008, S. 408; ähnlich auch Robbins und Judge 2014, S. 275).

Eine Strukturierung der Analyseebenen zur Unternehmenskultur bietet Schein 1984, S. 3 ff., indem er drei Ebenen unterscheidet:

- die Ebene der Grundannahmen, die als selbstverständlich angenommen werden und deshalb in der Regel auch nicht bewusst reflektiert werden,
- die Werte einer Organisation, die z. B. in einigen Organisationen in deren Leitbildern niedergeschrieben und damit bewusst gemacht werden,
- und schließlich die sichtbaren, aber manchmal schwer zu deutenden Artefakte wie z. B., dass der Chefparkplatz direkt am Eingang gelegen ist oder auch gar nicht ausgewiesen ist.

Für die Prozessanalyse bedeutet das, zunächst zu erfragen, aus welchem Grund die Prozessanalyse durchgeführt wird und mit welchem Ziel das erfolgt, um Hinweise auf die herrschenden Grundannahmen zu erhalten. Hilfreich kann auch sein, in Erfahrung zu bringen, welches Vorgehen und welches Format als „Artefakt" besonders gut oder auch gar nicht funktioniert haben. Wenn beispielsweise ein bestimmtes Projekt oder Wording im Unternehmen oder in der zu analysierenden Einheit „verbrannt" ist, dann sollte man dieses vor der eigentlichen Analyse in die Überlegungen zur Methodik einbeziehen, um es dort vermeiden zu können. Auch ein Blick in ein eventuelles Leitbild der Organisation kann helfen, um mit den Werten der Organisation bestmöglich übereinzustimmen.

Die **Erhebung von relevanten Leistungskennzahlen**, wie z. B. Durchlaufzeiten, Fehlerraten, Kosten in Logistikprozessen oder Anzahl Bestellungen je Mitarbeiter, Automatisierungsquote in Beschaffungsprozessen etc. (vgl. zu verschiedenen Logistik- und Einkaufskennzahlen Schulte 2013, S. 644 ff.), vor der Analyse des Prozesses kann zum einen erste Hinweise auf mögliche Schwachstellen und damit besonders zu beachtende Aspekte bei der Analyse geben. Zum anderen ermöglicht die Zusammenstellung eines groben Zahlengerüsts schnellere Plausibilitätsprüfungen während der Analyse. So erlaubt beispielsweise die Kenntnis über den Anteil der automatisch ausgeführten Bestellungen eine schnelle Plausibilisierung der benötigten Mitarbeiterkapazitäten in einem Beschaffungsprozess.

Die **Zusammenstellung des Teams** ist ein wesentlicher Erfolgsfaktor für eine erfolgreiche Prozessanalyse. Dazu zählt zum einen die Auswahl der Analysten, die möglichst Erfahrung mit den eingesetzten Analysemethoden und mit dem Fachbereich des Prozesses haben sollten und zudem über eine gewisse Sozialkompetenz verfügen sollten, um eine vertrauensvolle Durchführung der Analyse zu gewährleisten. Zum anderen zählt dazu auch die Auswahl der bei der Analyse mitarbeitenden Prozessspezialisten. Diese sollten über möglichst viel Fachwissen verfügen, aber gleichzeitig eine übergreifende Sichtweise haben und auch möglichen Veränderungen offen gegenüber stehen.

3.2.2 Informationen erheben

Die Hauptphase der Prozessanalyse ist die Phase, in der die Informationen tatsächlich erhoben werden (vgl. Gesellschaft für Organisation 2014, S. 181 ff.). Wenn repräsentative Informationen aus großen Organisationen zu erheben sind – wie z. B. welche Probleme in den vielen Beschaffungseinheiten eines Großkonzerns bestehen – dann können bei der Konzeption der Erhebung einige Regeln aus der Statistik bzw. empirischen Sozialforschung (vgl. zur empirischen Sozialforschung z. B. Schnell et al. 1999; Bortz et al. 2005; Atteslander und Bender 1993; oder mit speziellem Bezug zur Betriebswirtschaft Chmielewicz 1994) oder der Marktforschung (vgl. zur Marktforschung z. B. Homburg 2012, S. 241 ff.; Koch 2012; Nieschlag et al. 1994, S. 670 ff.) helfen, ein wirklich repräsentatives und verlässliches Ergebnis zu erzielen. Ohne im Detail in die empirische Sozialforschung abzutauchen, sollte das Augenmerk bei der Konzeption der Erhebung gelegt werden auf

- die Informationen, die erhoben werden sollen und wie diese spezifiziert, operationalisiert und gemessen werden sollen (Konzeptspezifikation, Operationalisierung und Messung),
- die Art, wie die Informationen erhoben werden sollen (Daten-/Informationserhebung), sowie
- die Auswahl der Merkmalsträger, von denen die Informationen erhoben werden sollen (Auswahlverfahren).

Im Folgenden werden die genannten Punkte für die Durchführung einer Prozessanalyse kurz erläutert. Das Kapitel zur Service-Qualität (vgl. Abschn. 3.3) bietet darüber hinaus ein ausführliches Beispiel für die Konkretisierung der oben beschriebenen Aspekte.

Konzeptspezifikation, Operationalisierung und Messung

Ausgangspunkt für die Informationserhebung ist der Analyseauftrag und die Planung, die im Rahmen der Vorbereitungsphase (häufig erst grob) definiert wurden. Der erste Schritt für die Konzeption der Informationserhebung ist die Konkretisierung, welche Aspekte bzw. Dimensionen des zu analysierenden Gegenstandsbereichs überhaupt genau abgefragt werden sollen. Diese Tätigkeit heißt in der empirischen Sozialforschung Konzeptspezifikation. Häufig ist damit eine Begriffsdefinition verbunden. Anschließend ist im Rahmen der Operationalisierung zu konkretisieren, wie dem zu untersuchenden Aspekt beobachtbare Sachverhalte zuzuordnen sind. Zuletzt ist noch festzulegen, wie diese Sachverhalte gemessen werden sollen. Damit ist häufig die Wahl einer geeigneten Skalierung verbunden.

Während die Konzeptspezifikation und die Operationalisierung sich in der Sozialwissenschaft häufig schwierig gestaltet (Wie können Konzepte der Macht, Identität oder Integration operationalisiert und gemessen werden?), ist dies bei Prozessanalysen im Supply Chain-Umfeld oft etwas einfacher. Beispielhafte Fragestellungen könnten sein, wo im Prozess Verschwendung existiert, wie ein bestimmter Prozess effizienter gemacht werden kann oder wie die Durchlaufzeit für die Freigabe von Beschaffungsanträgen reduziert werden kann.

Trotzdem sollte vor Beginn der Erhebung immer definiert werden, was überhaupt die zu analysierende oder zu verbessernde Zielgröße ist (Spezifikation des „Konzepts") und wie, d. h. anhand welcher Kriterien der dabei voraussichtlich zu erzielende Nutzen quantifiziert werden kann (Operationalisierung und Messung). Gut quantifizierbare Nutzenansätze können errechnet werden bei Umsatzsteigerungen, Produktivitätssteigerungen, Einkaufspreis-Reduzierungen, Kapitalbindung bei Vor-, Umlauf und Fertigmaterial sowie Einsparungen in Planung und Verwaltung (vgl. Fortmann und Kallweit 2007, S. 180 f.). Für die oben genannte Fragestellung einer zu reduzierenden Verschwendung können beispielsweise einzelne Verschwendungskategorien (z. B. im Sinne des Lean Management: Wegezeiten, Prozessübererfüllung etc., vgl. dazu Abschn. 4.2.1) festgelegt und Maßeinheiten bestimmt werden.

Daten-/Informationserhebung und Auswahlverfahren

Gängige Formen der **Informationserhebung** sind Interviews, Beobachtungen, Fragebögen, Workshops oder die Analyse von Transaktionsdaten. Jede Form weist spezifische Vor- und Nachteile auf und hat einen besonderen Einsatzfokus. Manchmal ist zur Analyse logistischer Prozesse – im Gegensatz zur empirischen Sozialforschung – keine Befragung notwendig.

Beobachtungen ermöglichen eine Erfassung von ungefilterten Informationen über eine Vielzahl von Sachverhalten. Insbesondere eignen sie sich für die Erhebung von Informationen über jegliche Art von physischen Prozessen wie Produktions- bzw. Montageprozessen oder logistischen Prozessen. Im Rahmen des KAIZEN-Gedankens wird auch explizit ein Gang an den Gemba (eigentlicher Ort) gefordert, um Genbutsu (tatsächliche Aktivitäten) zu beobachten (vgl. Imai 2012). Aber auch für administrative Prozesse kann ein Walkthrough sinnvoll sein, denn hier können auch inhaltliche Informationen wie Bildschirmmasken oder Schwierigkeiten in der Bearbeitung beobachtet werden oder auch Persönlichkeitsmerkmale beteiligter Personen oder Hinweise auf die Unternehmenskultur gesammelt werden.

Mit **Interviews** ist die persönliche Erhebung von Informationen bei einzelnen Personen gemeint. Diese Form der Erhebung kann anhand eines standardisierten Fragebogens, halbstrukturiert anhand eines Leitfadens oder als offenes Interview durchgeführt werden. Um aus Interviews gute Ergebnisse ziehen zu können, ist eine gute Vorbereitung nötig. Wenn Interviews unvorbereitet durchgeführt werden, kann es passieren, dass die interviewten Personen bewusst oder unbewusst falsche Informationen geben, die nicht plausibilisiert werden können. Interviews eignen sich gut, um subjektive Meinungen oder Einstellungen zu Themen, Ideen oder Vorhaben zu erheben, allerdings als alleiniges Instrument nur bedingt, um sachlich-konsistente Informationen zu erheben.

Wenn geplant ist, Interviews durchzuführen, ist in einem nächsten Schritt festzulegen, wer mögliche **Informationsträger** sind, wer also genau befragt werden sollte. Damit ist die Bestimmung der Grundgesamtheit verbunden. Sofern keine Vollerhebung durchgeführt werden kann bzw. soll, ist anschließend eine Auswahlstrategie zu definieren. Hierzu können Zufallsauswahlen oder bewusste Auswahlen unterschieden werden. Bei einer Zufallsauswahl bestimmt sich die Größe der zu befragenden Stichprobe aus dem anzustrebenden Signifikanzniveau, der Streuung der zu messenden Merkmale und nur zu einem kleinen Teil aus der Größe der Grundgesamtheit. Bei der bewussten Auswahl können typische oder extreme Fälle herangezogen werden oder auch eine Auswahl nach dem Quota-Verfahren, wonach die in der Stichprobe ausgewählten Merkmalsträger hinsichtlich spezieller Merkmale wie Alter oder Hierarchiestufe eine ähnliche Verteilung aufweisen wie in der Grundgesamtheit (vgl. zu verschiedenen Auswahlverfahren Schnell et al. 1999, S. 247 ff.).

3.2.3 Analyseergebnisse dokumentieren

Schließlich sind die Analyseergebnisse zu dokumentieren. Die Dokumentation kann auch als „formale Vereinbarung aller Beteiligten über die Richtigkeit der Analyse" (Gesellschaft für Organisation 2014, S. 190) gesehen werden. Diese Sichtweise zeigt die hohe Bedeutung der Dokumentation. Damit zusammenhängend ist auf die Erstellung der Abstimmung der Dokumentation ein großes Augenmerk zu legen. Erfahrungsgemäß sollte neben einer sorgfältigen Erhebung der Informationen deshalb auch genügend Zeit für die Abstimmung der Dokumentation eingeplant werden, um Feedback-Schleifen zu ermöglichen.

Weiterhin ist die Dokumentation der Analyseergebnisse auch die Basis für die Zusammenstellung der Präsentation an das Management. Deshalb sollte die Dokumentation auch gut strukturiert sein, um die Inhalte schnell zu finden und auf Änderungswünsche flexibel reagieren zu können.

Inhalte der Dokumentation können bzw. sollten je nach Umfang und Zielsetzung der Prozessanalyse sein:

- Überblick über Umfeld (sowie ggf. Ausgangssituation, Problemstellung und Auftrag)
- Zweck des Prozesses
- Prozessmodell (sowie In-/Output)
- Mängel und Ursachen
- Überflüssige Aktivitäten und Potenzial
- Empfehlungen

3.3 Analyse der Servicequalität

Die Servicequalität ist das Ergebnis von Prozessen im Sinne eines Outcomes. Gerade nach dem Lean-Gedanken werden nur gute Prozesse auch zu einem guten Ergebnis, also einer guten Servicequalität führen. Deshalb kann die Servicequalität im Umkehrschluss auch als Analyseindikator herangezogen werden.

Besonders in der Logistik kommt es auf einen hervorragenden Service an. Die Logistik steht – ob in Form von Lieferung von Waren an Endkunden oder der Versorgung von Fertigungsbetrieben; ob als externer Dienstleister oder interne Organisationseinheit – immer im Dienste eines Kunden und muss deshalb stark vom Servicegedanken geprägt sein. Dieser materialisiert sich im Verständnis des Kundenproblems bei der Konzeption von Lösungen, der Kundenbetreuung oder der kontinuierlichen Verbesserung der Prozesse im Tagesgeschäft bis hin zu einem exzellenten Ergebnis für den Kunden im Fulfillment. Insofern gibt es gerade in der Logistik ein breites Spektrum von Serviceaspekten. Selbst bei unternehmensinterner Zusammenarbeit sind Service-Level-Agreements (SLAs) eher die Regel als die Ausnahme (vgl. zu Service-Level-Agreements in der Logistik Pulverich 2007).

Aber auch im Einkauf kann die Servicequalität eine wichtige Rolle spielen. Denn für die Auswahl oder das kontinuierliche Management von Lieferanten ist es wichtig, neben der Produktqualität auch die Servicequalität als Bewertungskriterium im Lieferantenmanagement heranzuziehen.

Im Folgenden wird deshalb zunächst allgemein vorgestellt, wie Servicequalität gemessen und erhoben werden kann, bevor dann eine konkrete Anwendung der Messung von Servicequalität in der Logistik aufgezeigt wird und der Einsatz der Servicequalität im Rahmen des Lieferantenmanagements (z. B. beim Einkauf von Dienstleistungen) beschrieben wird.

3.3.1 Messung und Erhebung der Servicequalität

Die Messung der Dienstleistungs- bzw. Servicequalität und damit auch die Definition von Servicequalität als Konzept sind bzw. waren Gegenstand einer intensiven Diskussion in Wissenschaft und Praxis. Die Herausforderungen bei Definition und Messung der Servicequalität liegen dabei in besonderen Eigenschaften von Dienstleistungen im Vergleich zu physischen Produkten (vgl. Homburg 2012, S. 953):

- Viele Eigenschaften von Dienstleistungen können erst nach Inanspruchnahme „erfahren" werden, wie die optische Wirkung eines Haarschnittes oder die Beurteilung der Schadensfreiheit einer Versandleistung. Oder sie würde wie bei einem Arztbesuch hohes Fachwissen voraussetzen. Dagegen können Form, Farbe oder technische Eigenschaften von physischen Produkten bereits vor dem Kauf einfach festgestellt oder getestet werden.
- Dienstleistungen erfordern häufig, dass der Kunde selbst oder ein Objekt aus seinem Besitz bei der Erbringung der Dienstleistung unmittelbar betroffen ist.
- Dienstleistungen sind in der Regel nicht speicherbar, was für die Anbieter die Herausforderung der Kapazitätsauslastung birgt und sich für den Verbraucher häufig in einer schwer nachvollziehbaren Preisgestaltung bemerkbar macht.

Es hat sich – ebenso wie die Vielfalt und Heterogenität der Dienstleistungsarten (vgl. Bruhn 2010, S. 34 ff.) – eine Vielzahl von Abgrenzungen und Definitionsansätzen herausgebildet (vgl. Bruhn 2008, S. 19 ff.). In der Literatur sind deshalb viele verschiedene Ansätze zur Operationalisierung des Konzepts bzw. Konstrukts Servicequalität zu finden (vgl. Seth et al. 2005, S. 913 ff.). Diese Ansätze stellen jedoch im Wesentlichen auf drei verschiedene Dimensionen von Dienstleistungen ab, die in den Ansätzen unterschiedlich stark berücksichtigt werden (vgl. Homburg 2012, S. 955):

- Potenzialqualität: Leistungsvoraussetzungen, die für die Erbringung von Dienstleistungen notwendig sind (z. B. Anzahl und Qualifikation der zur Verfügung stehenden Mitarbeiter)
- Prozessqualität: Aktivitäten, die während des Prozesses der Erstellung der Dienstleistung stattfinden (Freundlichkeit der Mitarbeiter, Fehlerfreiheit)
- Ergebnisqualität: Ergebnis des Dienstleistungsprozesses im Sinne der Kundenanforderung (Funktionsfähigkeit eines reparierten Fahrzeugs)

Im Rahmen des bekanntesten Ansatzes, des SERVQUAL-Ansatzes (vgl. Parasuraman et al. 1988, 1993; ein Kunstwort aus Service und Qualität), wurde eine standardisierte Skala zur Messung der Qualität von Service und der daraus folgenden Kundenzufriedenheit entwickelt. Es wird einerseits die Kundenerwartung und andererseits das Kundenerlebnis abgefragt. Über die Differenzbildung kann eine Aussage über Leistungsdefizite getroffen werden. Der Ansatz gehört zu den in der Wissenschaft meistzitierten und in der

Praxis meistbenutzten Verfahren zur Messung der Servicequalität. Der Ansatz definiert fünf Dimensionen, die sich aus einer Vielzahl von einzelnen Kriterien (insgesamt 22 Einzelkriterien) zusammensetzen (vgl. Parasuraman et al. 1988, S. 23):

- Materielles Umfeld (Räumlichkeiten, Ausstattung, Personal)
- Zuverlässigkeit (Fähigkeit, die avisierte Leistung akkurat und verlässlich zu erfüllen)
- Reaktionsfähigkeit (Fähigkeit und Bereitschaft, schnell und flexibel auf Kundenanfragen und -wünsche zu reagieren)
- Leistungskompetenz (Wissen, Höflichkeit, Sicherheit, Vertrauen)
- Einfühlungsvermögen (emotionale Kompetenz, individuelle Kundenbetreuung)

Der SERVPERF-Ansatz ist eine Weiterentwicklung des SERVQUAL-Ansatzes (vgl. Cronin und Taylor 1994). Der einstellungsorientierte Ansatz geht davon aus, dass Probanden, die die Servicequalität eines Anbieters bewerten, automatisch einen Vergleich zwischen wahrgenommener und erwarteter Servicequalität vornehmen bzw. die Servicequalität über eine relativ dauerhafte, gelernte innere Haltung gegenüber einem Objekt beurteilen. Der klassische SERVQUAL-Ansatz stellt dagegen explizit auf den Unterschied zwischen der erwarteten Dienstleistung und der wahrgenommenen Dienstleistung ab.[3]

Zusammenfassend können als Vorteile von SERVQUAL bzw. SERVPERF insbesondere die Ganzheitlichkeit und Einfachheit der Rangfolgenbildung genannt werden. Diese Merkmale stellen einen hohen Praxisbezug sicher und zeigen die nach wie vor hohe empirische Relevanz des Konstrukts. Der hohe Praxisbezug und damit gleichzeitig eine branchenübergreifende, universelle Einsetzbarkeit des SERVQUAL/SERVPERF-Ansatzes werden durch eine Vielzahl durchgeführter wissenschaftlicher Studien in verschiedenen Branchen dokumentiert (Auswahl):

- Banken, Versicherungen (Zhou 2004)
- Handel (Meng et al. 2009)
- Hotels (Getty und Getty 2003; Ingram et al. 1999; Luk und Layton 2004)
- Dienstleistungsqualität im Internet und von IT-Systemen (Ding et al. 2011; van Dyke et al. 1997)
- Gesundheitswesen (Dagger et al. 2007; McAlexander et al. 1994)
- Bildungswesen (Arambewela und Hall 2006)

Zur Erhebung der Servicequalität existieren je nach Zielsetzung unterschiedliche Verfahren. Gemäß der Perspektive wird hierbei zwischen kunden- und unternehmensorientierten

[3] Die separate Erhebung von Kundenerwartungen wird aufgrund der Überlegungen des SERVPERF-Ansatzes als überflüssig erachtet; es kann somit allein auf Basis der Wahrnehmungskomponente von SERVQUAL eine Qualitätsmessung vorgenommen werden. Der dadurch deutlich reduzierte Erhebungsaufwand trägt zu einer Erhöhung der Reliabilität der Messung bei (vgl. Brown et al. 1993, S. 127 ff.; Bruhn 2008, S. 137 ff.; Schmidt 2007, S. 109 f.).

Ansätzen unterschieden. Unternehmensorientierte Verfahren eignen sich für die betriebswirtschaftliche Ergebniskontrolle bzw. sind auf den Prozess der Dienstleistungserstellung gerichtet. Einige Ansätze schlagen auch die Brücke zwischen einer externen Beurteilung der Servicequalität und der internen Beeinflussung, indem sie gleichzeitig eine Grundlage für das Management der Servicequalität bilden.

Liegt das Ziel in der optimalen Erfüllung der kundenseitigen Erwartungshaltung, sind die Qualitätsanforderungen sowie deren Erfüllung auf kundenorientierter Basis zu evaluieren (vgl. Bruhn 2008, S. 129 ff.).

Innerhalb der kundenorientierten Verfahren lassen sich objektive und subjektive Ansätze unterscheiden. Zu den subjektiven Ansätzen zählen zum Beispiel Kundenbefragungen oder Fokusgruppengespräche. Hierbei wird die individuelle Kundenmeinung abgefragt. Zu den objektiven Verfahren gehören Expertenbeobachtungen, Dienstleistungs- und Warentests sowie Mystery-Aktivitäten. Objektive Verfahren dienen einer nachprüfbaren, globalen Messung der Dienstleistungsqualität (vgl. Bruhn 2008, S. 131 ff.) (Abb. 3.4).

Innerhalb der subjektiven Ansätze sind die bekanntesten bereits erläuterten wissenschaftlich fundierten, vielfach praxiserprobten und gleichzeitig branchenunabhängigen merkmalsorientierten Ansätze der SERVQUAL- bzw. der SERVPERF-Ansatz (vgl. Homburg 2012, S. 953). Sie eignen sich besonders, wenn ein Einnehmen einer Kundenperspektive gefordert wird und verschiedene Merkmale der Dienstleistung durch eine Befragung der Kunden erhoben werden sollen.

Eine weitere Gattung der subjektiven Ansätze sind die Event- oder Problem-orientierten Ansätze. Hierbei werden die Kunden anhand einer möglichst standardisierten Abfolge von Kontakten (Sequenzielle Ereignismethode/Blueprinting) oder anhand von für den Kunden besonders prägenden Erlebnissen mit der Dienstleistung befragt.

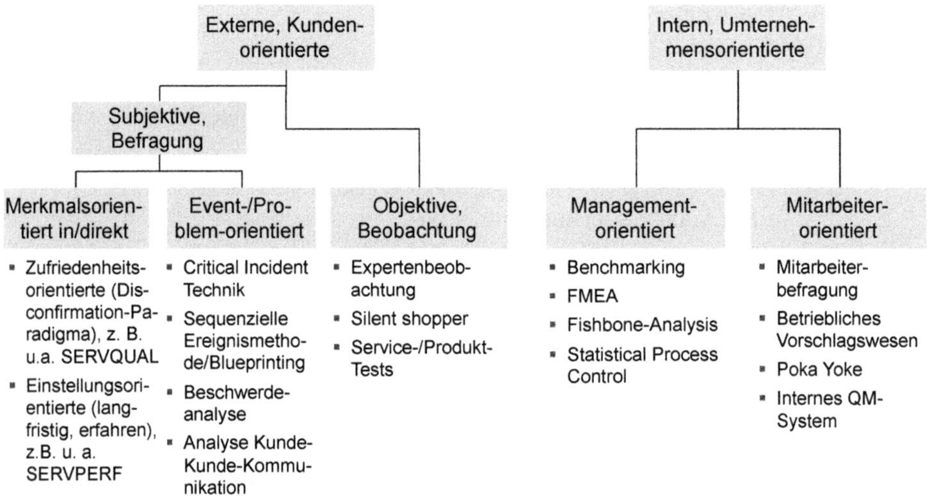

Abb. 3.4 Ansätze zur Messung und Erhebung der Servicequalität

Die **objektiven Verfahren** lassen sich im Wesentlichen der Beobachtung zuordnen. Bei der wissenschaftlichen Durchführung von Beobachtungen im Rahmen der Marktforschung sind einige Gestaltungsaspekte relevant, anhand deren auch eine Beurteilung der Eignung der objektiven Verfahren vorgenommen werden kann (vgl. Homburg 2012, S. 267 ff.):

- Transparenz der Untersuchungssituation – Grad, in dem dem Beobachteten die Beobachtung sowie der Zweck bewusst ist: Es können offene, nicht-durchschaubare und verdeckte Untersuchungen unterschieden werden.
- Partizipationsgrad des Beobachters – Grad, in dem der Beobachter an der Situation teilnimmt: Es können teilnehmende und nicht-teilnehmende Beobachtungen unterschieden werden.
- Standardisierungsgrad – Grad der Strukturierung der Beobachtung: Hier können standardisierte und nicht-standardisierte Erhebungen unterschieden werden.
- Beobachtungsort – Natürlichkeit des Umfelds, in dem die Beobachtung stattfindet: Hier können Laborexperimente und Feldbeobachtungen unterschieden werden.

Als besonders geeignete Erhebungsformen gelten teilnehmende verdeckte Beobachtungen in einer natürlichen Situation, da sogenannte Reaktivitätseffekte der beobachteten Personen vermieden werden können und die untersuchte Situation damit so realistisch wie möglich abgebildet werden kann. Eine strukturierte Erhebung hilft darüber hinaus, die Vergleichbarkeit und somit die Zuverlässigkeit der Beobachtungsergebnisse zu erhöhen (vgl. Schmidt 2007, S. 86).

Ein etabliertes Verfahren der teilnehmenden, verdeckten und strukturierten Beobachtung im Rahmen der Marktforschung ist Mystery Shopping bzw. Silent-Shopping. Darunter werden Verfahren zur Erhebung von Servicequalität verstanden, bei denen geschulte Tester als normale Kunden auftreten und reale Kundensituationen wahrnehmen. Neben Testkäufen gibt es weitere Arten von Servicetests, welche analog zum Mystery Shopping durchgeführt werden. Als Mystery Call bezeichnet man das Durchführen von Testanrufen. Ein Mystery Guest testet die Dienstleistungen in Hotels oder Restaurants. Auch das Versenden von Test-E-Mails ist eine Form von Servicetest. Ebenso können Internetauftritte aus Nutzersicht untersucht und analysiert werden (vgl. Finn und Kayandé 1999, S. 196 f.).

Das Serviceerlebnis wird dabei nach einem zuvor festgelegten und standardisierten Kriterienkatalog bewertet. Branchenspezifika können durch explorative Experteninterviews oder Gruppendiskussionen in den Kriterienkatalog eingebracht werden. Eine weitere Möglichkeit ist die Identifikation von kritischen Punkten, indem der Dienstleistungserstellungsprozess intensiv durchleuchtet wird (vgl. Bruhn 2008, S. 134).

Einflussfaktoren des Ergebnisses von Mystery-Shopping-Studien sind neben externen Elementen wie der zu untersuchenden Dienstleistung oder der Kettenzugehörigkeit auch beeinflussbare Erfolgsfaktoren wie eine intensive Schulung und Evaluierung der Tester, eine für die normale Kundenpopulation repräsentative Zusammensetzung des Tester-Panels, eine standardisierte, repräsentative Prüfung der Dienstleistung und eine möglichst mehrfache Begutachtung des zu untersuchenden Ortes der Dienstleistungserstellung zu unterschiedlichen Zeitpunkten.

Je nach Vorliegen der oben genannten Erfolgsfaktoren werden in der Literatur als eine ausreichende Anzahl Werte von 4 bis hin zu 40 bis 60 Testkontakten je Unternehmen genannt. (vgl. Dawson und Hillier 1995, S. 417 ff.; Finn und Kayandé 1999, S. 212 ff.; Finn 2001, S. 316 ff.; Schmidt 2007, S. 127 ff.; o. V. 2010, Die Blamage geht weiter – Banken im Test).

Vorteile von Mystery-Erhebungen sind (vgl. Finn 2001, S. 318; Finn und Kayandé 1999, S. 195 ff.; Haas 2003, S. 24 ff.; Schmidt 2007, S. 174; van der Wiele et al. 2005):

- Mystery Shopping ist insbesondere bei der Messung von Dienstleistungen auch schon bei relativ kleinen Kontaktzahlen ein sehr reliables Messinstrument, da sich die ausgebildeten bzw. geschulten Mystery Shopper durch eine standardisierte Vorgehensweise auf die einzelnen Kriterien konzentrieren können und so objektive Fakten gut erfassen können.
- Mystery Shopping eignet sich sowohl zur Erhebung qualitativer (z. B. Freundlichkeit) als auch quantitativer (z. B. Wartezeiten) Merkmale und führt aufgrund des hohen Sachverstands der geschulten Tester zu sehr differenzierten Ergebnissen mit einer vergleichsweise hohen Anzahl an zu testenden Merkmalen.
- Mystery Shopping ist gut mit anderen Marktforschungsinstrumenten (z. B. SERVQUAL/SERVPERF) kombinierbar; insofern ist gerade die Kombination einer wissenschaftlich fundierten und anerkannten Operationalisierung des Konstrukts der Servicequalität einerseits und der objektiven Erhebungsmethode andererseits die Grundlage für eine hohe Validität und Reliabilität der Studien.

3.3.2 Dienstleistungsqualität in der Logistik

Wie oben bereits diskutiert, ist gerade in hart umkämpften Märkten die Servicequalität ein wichtiger Erfolgsfaktor, um sich von Wettbewerbern abzuheben, und gleichzeitig ein Analysekriterium, mit dem Rückschluss auf die Prozesse gezogen werden kann. Ein Beispiel für stark umkämpfte Märkte sind die sehr differenzierten Teilmärkte der Logistik. Dort treffen verschiedenste nachgefragte Leistungen, wie Transport, Umschlag oder Lagerung für eine Vielzahl von Gütern, auf ein sehr differenziertes Angebot dieser Leistungen: Von der selbst erbrachten Leistung über spezialisierte Nischenanbieter bis hin zum Allround-Konzern reicht die Bandbreite. Deshalb sollten sowohl Dienstleister als auch Verlader die Servicequalität von Logistik-Dienstleistungen im Blick haben.

Hier soll daher an zwei konkreten Beispielen veranschaulicht werden, wie die Servicequalität von Logistikdienstleistungen bzw. Dienstleistern ermittelt werden kann. Gleichzeitig ist das die Grundlage für die Beeinflussung der Servicequalität durch das Prozessmanagement. Dieser Beitrag fokussiert auf die differenzierte Analyse der Servicequalität

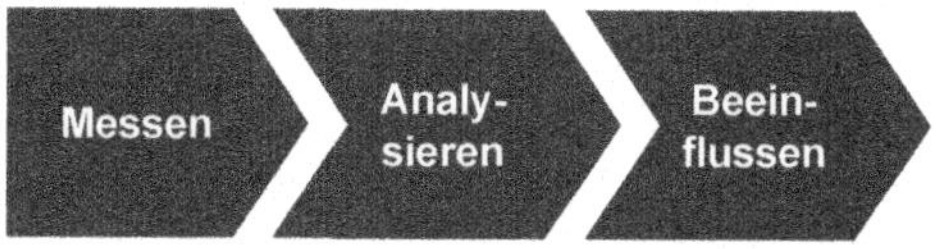

Abb. 3.5 Allgemeines Vorgehen zum Management von Service-Qualität (Quelle: Eigene Darstellung)

von Logistikdienstleistungen aus Sicht von (potenziellen) Kunden. Er folgt implizit einer grundsätzlichen, in Abb. 3.5 dargestellten Logik:

Da der Fokus auf der Definition und der Messung von Servicequalität bei Logistikdienstleistungen liegt, werden nach einer Segmentierung des Logistikmarktes die oben dargestellten Instrumente zur Messung der Servicequalität angewendet. Hierzu werden die Ergebnisse zweier Studien vorgestellt, die in Zusammenarbeit mit dem Deutschen Institut für Service-Qualität entstanden sind und die Servicequalität von Logistik-Dienstleistern im Segment Stückgutlogistik bzw. KEP-Dienste untersucht haben.

Segmente des Logistik-Marktes

Ein erster Schritt zu einer geeigneten Messung der Servicequalität in der Logistik ist die Betrachtung und Differenzierung der Arten von Logistik-Dienstleistungen, da sich die Anforderungen an die Dienstleistung je nach Teilmarkt stark unterscheiden können. Die Studie „Die Top 100 der Logistik" identifiziert in Deutschland 13 verschiedene Teilmärkte in der Logistik (vgl. Kille und Schwemmer 2012, S. 49 ff.) (Abb. 3.6).

Die Grafik zeigt, dass der deutsche Markt für Logistikdienstleistungen, der im Jahr 2011 insgesamt ein Volumen von 223 Mrd. Euro umfasste, in dreizehn Teilmärkte unterteilt werden kann. Die größten Teilmärkte sind dabei industrielle Kontraktlogistik, d. h. die Versorgung von Industriebetrieben mit Nachschub, landgebundene Ganzladungsverkehre sowie die Konsumgüterdistribution, die bereits über die Hälfte des Gesamtmarktes ausmachen. Kleinere aber wichtige Teilmärkte sind beispielsweise Stückgutverkehre (Lie-

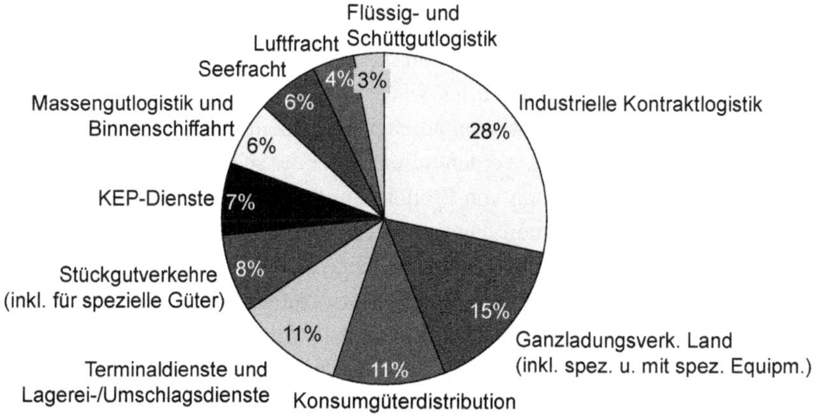

Abb. 3.6 Teilmärkte der Logistik-Dienstleistung (Quelle: Eigene Darstellung in Anlehnung an Kille und Schwemmer 2012)

Tab. 3.1 Auswertung Logistik-Markt (Quelle: Kille und Schwemmer 2012)

Teilmarkt	Gesamtvolumen 2011 [Mrd. Euro]	Outsourcing-Anteil (%)
Industrielle Kontraktlogistik	63,4	25
„Ganzladungsverkehre Land (inkl. spezielle u. mit speziellem Equipment)“	34,4	49
Konsumgüterdistribution	24,8	35
Terminaldienste und Lagerei-/Umschlagsdienste	23,6	30
Stückgutverkehre (inkl. für spezielle Güter)	17,3	80
KEP-Dienste	15,4	95
Massengutlogistik und Binnenschiffahrt	14,3	55
Seefracht	13,9	90
Luftfracht	9,0	94
Flüssig- und Schüttgutlogistik	6,8	60
Summe	222,9	–

ferung von Gütern, die weniger als eine Lkw-Ladung umfassen), KEP-Dienste (Kurier-, Express- und Paketdienste), Luft- und Seefracht.

In der Grafik wird zunächst kein Unterschied gemacht, ob die Dienstleistung durch das Unternehmen selbst erbracht wird (Make) oder ob ein Dienstleister eingesetzt wird (Buy). Im Zusammenhang mit der Untersuchung der Servicequalität spielt jedoch gerade der Outsourcing-Grad eine besondere Rolle. Denn bei einem hohen Grad an outgesourcten Leistungen ist es für die Verlader besonders wichtig, die Qualität der erbrachten Leistungen des Dienstleisters adäquat messen zu können, um so eine Grundlage für die Steuerung der Dienstleister zu haben. In Tab. 3.1 ist deshalb der Outsourcing-Anteil im jeweiligen Teilmarkt dargestellt.

Tabelle 3.1 zeigt, dass der Outsourcing-Anteil (d. h. die Erbringung der Leistung durch einen externen, auf die Erbringung der Leistung spezialisierten Dienstleister) bei KEP-Diensten, Luft- und Seefracht am höchsten ist. Das ist auch plausibel, da hier eine Systemleistung zur Verfügung gestellt wird, die von mehreren Kunden gleichzeitig genutzt wird und hierdurch Synergieeffekte geschaffen werden. Dies bedeutet auch, dass der Standardisierungsgrad bei diesen Dienstleistungen eher höher sein muss, da viele verschiedene Kunden unter einen Hut gebracht werden müssen. Bei der sehr individuellen industriellen Kontraktlogistik (z. B. Versorgung von Produktionsstandorten mit Teilen) und Terminaldiensten ist der Outsourcing-Anteil dagegen eher gering, was in der hohen Verknüpfung mit den sehr individuellen Prozessen begründet liegt. Hier bietet sich allerdings die Chance für kleine, mittelständische Logistik-Dienstleister, den Verladern eine Leistung zur Verfügung zu stellen, die sich durch hohe Qualität und Transparenz auszeichnet.

Im Folgenden wird anhand von zwei Beispielen vorgestellt, wie die Messung der Servicequalität einer Logistikdienstleistung erfolgen kann. Die Studien sind in Zusammenarbeit mit dem Deutschen Institut für Service-Qualität entstanden. Das erste Beispiel untersucht die Servicequalität von Logistik-Dienstleistern im Segment Stückgutverkehr, während das zweite Beispiel das Segment Paket-Dienstleister betrachtet.

Stückgutverkehr

Das Segment Stückgutverkehr ist – obwohl es mit „nur" 8 % des Gesamtmarktes ein relativ kleines Segment darstellt – eines der traditionellen Kernsegmente im Logistikmarkt und zudem für ein Industrieland wie Deutschland ein wichtiger Teil einer modernen Infrastruktur. Es weist daneben mit insgesamt über 80 % einen hohen Outsourcing-Anteil auf und die Servicequalität der Anbieter ist aufgrund der hoch standardisierten Prozesse in diesem reifen Marktsegment (z. B. im Vergleich zu hoch spezialisierter Kontraktlogistik) gut vergleichbar.

Somit ist zu vermuten, dass die Servicequalität zu einem entscheidenden Erfolgsfaktor für die Anbieter wird, um sich von den Wettbewerbern abheben zu können. Außerdem ist eine hervorragende Leistung im standardisierten Stückgutverkehr oft die Visitenkarte des Unternehmens, um sich für Mehrwertdienstleistungen mit höheren Margen wie industrielle Kontraktdienstleistung zu empfehlen.

Bei Stückgutverkehren (auch Sammelgut) handelt es sich um individuell etikettierte Trocken- und Stapelgüter mit einem Sendungsgewicht von ca. 30 bis 2500 kg. Diese werden in der Regel über ein engmaschiges Netz an Knoten, in denen Sendungen gebündelt werden können, zu ihrem Bestimmungsort transportiert. Aufgrund dieser Spezifika besteht das Angebot aus großen Unternehmen, die in Deutschland ca. 30–50 Niederlassungen betreiben, und aus mehr oder weniger eng integrierten Kooperationen, die eine ähnliche Netzdichte anbieten können. Durch die sehr standardisierten Prozesse kann eine Segmentierung der Produkte lediglich hinsichtlich der angebotenen Laufzeiten (Standard- vs. Express-Zustellung mit einer garantierten Laufzeit von unter 24 h) beobachtet werden.

Um relevante Kriterien der Bewertung der Servicequalität zu ermitteln, wird zunächst der Prozess der Interaktion mit dem Kunden bei Beauftragung und Erbringung der Dienstleistung beschrieben. Als Beschreibungsmodell eignet sich die oben kurz beschriebene sequenzielle Ereignismethode bzw. das Blueprinting. Dabei werden sowohl der interne Prozess der Dienstleistungserstellung als auch die für den Kunden sichtbaren Aspekte der Dienstleistung abgebildet. Ein standardisierter Prozess für die Stückgutdienstleistung ist in Abb. 3.7 dargestellt (vgl. Müller 2005).

Auf Basis dieser Darstellung, die durch Expertengespräche validiert und ergänzt wurde, konnten folgende Kriterien zur Beurteilung der Dienstleistungsqualität zusammengestellt werden:

- Angebot/Leistung: Leistungsumfang (verschiedene Servicelevels wie z. B. Normal oder Express), Netzabdeckung in Deutschland und Europa, Zeitgerechte Lieferung (Abweichung von Serviceleveln und/oder Zeitfenstern), Zuverlässigkeit/Flexibilität (Einhaltung des angebotenen Laderaums bzw. Bereithaltung von zusätzlichem Laderaum, Vollständigkeit der Papiere wie Rollkarten für Leergut), Beschädigungsfreie

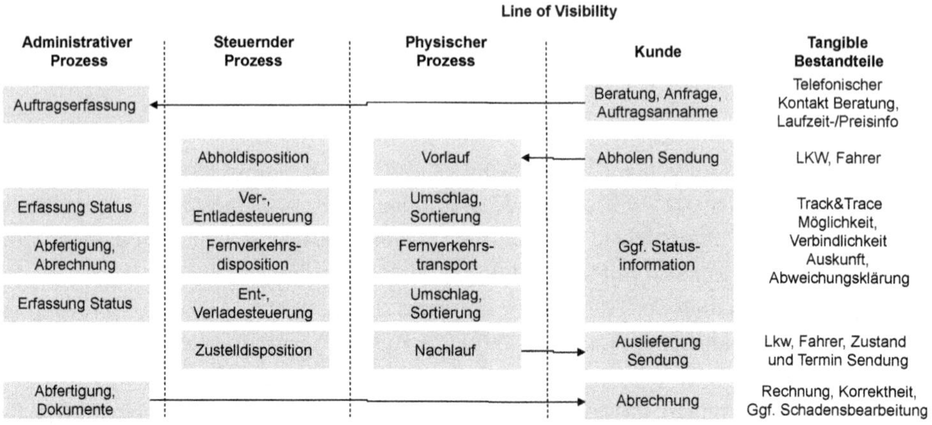

Abb. 3.7 Blueprinting Stückgutverkehr (Quelle: Eigene Darstellung in Anlehnung an Müller 2005)

Lieferung (und geeignete Ladungssicherung bzw. Prozesse „Bekannter Versender/Reglementierter Beauftragter"), Track&Trace-Möglichkeit und Einbindung Track&Trace-Möglichkeit in vorhandene IT, Zuverlässigkeit und Handhabung des Leerguttauschs

- Kundenorientierung: Erreichbarkeit (Telefon, E-Mail, Internetportal), Termintreue, Bearbeitungsdauer, Flexibilität, Zuverlässigkeit (Reaktion auf Anfragen, auch insbesondere bei Beschwerde-/Reklamationsbearbeitung, z. B. auch Abstimmung von Differenzen bei Leergutkonten am Jahresende), Auftreten (äußeres Erscheinungsbild und Sauberkeit der Lkw und Fahrer sowie der Informationsbroschüren und Dokumente)
- Beratung: Bedarfsanalyse, Individuelle Beratung, Lösungskompetenz
- Konditionen: Preis-Leistungs-Verhältnis, Korrekte Abrechnung, Übersichtliche Abrechnung, Flexibilität Preisgefüge im Sinne eines nachvollziehbaren Preiskatalogs und in der Kooperation einheitlicher Standards
- Kompetenz: Fachwissen und Zertifizierungen (Ladungssicherung, Bekannter Versender/Reglementierter Beauftragter), Branchenkenntnisse (Einsatz/Kenntnis von Branchenstandards bei Belabelung/IT-Systemen wie z. B. VDA-Standards etc., Gefahrgut, Kühllogistik, Pharma/Lebensmittel, Staubschutz wie z. B. LABS Lackbenetzungs- und Hochspannungsstörende Substanzen), Fähigkeit und Flexibilität, auf IT-Systemen des Verladers zu arbeiten und ggf. diese weiterzuentwickeln, um Prozessverbesserungen zu initiieren (Anbindung und Mitarbeiter Know-how)
- Weiterempfehlungsbereitschaft (Net Promoter Score)
- Wiederwahlabsicht

Da die Versender, also die Kunden der Dienstleistung, jedoch größtenteils Industrieunternehmen sind, ist eine Mystery-Shopping-Studie nicht sinnvoll. Deshalb wurde auf Basis der definierten Kriterien ein standardisierter Fragebogen für die Erhebung bei den Kunden mit den wichtigsten Kriterien zusammengestellt. Im Blickpunkt der Befragung standen die bundesweit sieben größten Netzwerkorganisationen und Kooperationsverbünde für den Teilmarkt Stückgutlogistik:

- 24Plus Systemverkehre GmbH & Co KG (24 Plus Systemverkehre)
- CargoLine GmbH (Cargo-Line)
- Dachser GmbH & Co KG (Dachser)
- DB Mobility Logistics AG (DB Mobility Logistics)
- Deutsche Post DHL
- IDS Logistik GmbH (IDS Logistik)
- System Alliance GmbH (System Alliance)

Die Befragung basierte auf 175 Interviews mit jeweils 25 Interviews je Netzwerkorganisation oder Kooperationsverbund. Die Erhebung wurde anschließend durch eine CATI-Befragung (Computer Assisted Telephone Interview) von einem spezialisierten Marktforschungsunternehmen im Zeitraum September und Oktober 2013 durchgeführt. Als Zielgruppe wurden Logistik- bzw. Versandleiter oder Führungskräfte anderer leitender Funktionen in der Logistik von Unternehmen mit einem Jahresumsatz ab 50 Mio. Euro befragt, die gleichzeitig einen Mindestumsatz beim Logistik-Dienstleister ab 50.000 Euro haben.

Die Ergebnisse der Befragung zeigten ein homogenes Bild der untersuchten Logistik-Anbieter: Sechs der untersuchten Dienstleister erreichten das Qualitätsurteil „gut" – nur ein Unternehmen erhielt ein befriedigendes Urteil. Eine Top-Platzierung in der Gesamtwertung konnten nur Anbieter erhalten, die in allen Kategorien überzeugen konnten. Dieser Konkurrenzdruck zeigte sich auch in den geringen Punktunterschieden, die für die Verteilung der vier bestplatzierten Unternehmen entscheidend waren (vgl. Deutsches Institut für Service-Qualität 2013b) (Abb. 3.8).

Die höchste Gesamtpunktzahl erreichte System Alliance und wurde somit Sieger in der Befragung „Stückgutlogistik 2013". System Alliance erreichte als einziger Dienstleister in der wichtigen Kategorie Leistung eine sehr gute Beurteilung. Dabei honorierten die befragten Logistik-Entscheider besonders die hohe Termintreue, die schadensfreien Lieferungen und die zuverlässigen Track&Trace-Möglichkeiten. Auch die kurze Bearbei-

	Punkte*	Rang	Qualitätsurteil
Cargo International	81.1	1	sehr gut
UPS	79.9	2	
DHL	75.7	3	gut
Paket.ag	74.7	4	
GLS	71.4	5	
DPD	67.3	6	
Hermes	65.0	7	befriedigend
Der Courier	64.2	8	

100,0 - 80,0 Punkte = sehr gut
79,9 - 70,0 Punkte = gut
69,9 - 60,0 Punkte = befriedigend
59,9 - 40,0 Punkte = ausreichend
39,9 - 0,0 Punkte = mangelhaft

Abb. 3.8 Ergebnis Service-Analyse Stückgutverkehre (Quelle: Deutsches Institut für Service-Qualität 2013b) tungsdauer und die hohe Glaubwürdigkeit der Mitarbeiter erhielten überdurchschnittliche Bewertungen.

Zweiter wurde Cargo-Line mit einer Gesamtpunktzahl, die nur sehr knapp unter dem des Erstplatzierten System Alliance lag. Dieser Anbieter erzielte die höchsten Ergebnisse in den Kategorien Kundenorientierung und Konditionen. Dabei waren die befragten Kunden besonders von der hohen Erreichbarkeit, der Flexibilität der Mitarbeiter und dem guten Preis-Leistungs-Verhältnis beeindruckt. Dies honorierten die Teilnehmer auch mit der höchsten Weiterempfehlungs- und Wiederwahlwahrscheinlichkeit

Den dritten Platz sicherte sich Dachser. Dieser Dienstleister konnte die beste Platzierung in der Kategorie Kompetenz erzielen. Darüber hinaus waren die befragten Logistik-Entscheider von dem Auftreten der Mitarbeiter, der kurzen Bearbeitungsdauer und dem umfassenden Angebot angetan. Für den Punkt „beschädigungsfreie Lieferung“ vergaben die Teilnehmer die zweithöchste Punktzahl. Zusammen mit den Kunden des zweitplatzierten Cargo-Line zeigten die Kunden von Dachser die höchste Wiederwahlwahrscheinlichkeit.

Auf einem guten vierten Rang landete IDS Logistik. In den Kategorien Beratung glänzte der Logistik-Anbieter durch die beste Platzierung. Dabei überzeugten die Berater besonders durch ihr gutes Verständnis für die Probleme ihrer Kunden und den individuellen Zuschnitt der Beratung. Darüber hinaus honorierten die Teilnehmer die Zuverlässigkeit der Mitarbeiter von IDS Logistik.

Fünfter wurde Deutsche Post DHL. Die befragten Entscheider waren besonders von der lösungsorientierten Beratung und der guten Erreichbarkeit überzeugt. In der Teilkategorie Kompetenz reichte die Punktzahl nur für den letzten Rang. Dennoch wiesen die befragten Kunden eine ebenso hohe Wiederwahlwahrscheinlichkeit wie die Kunden von Cargo-Line und Dachser auf.

Den sechsten Rang erzielte DB Mobility Logistics. In den Kategorien Leistung, Kundenorientierung, Beratung und Kompetenz erhielt dieser Anbieter eine gute Bewertung. Da aber in diesen Kategorien die Wettbewerber stets etwas mehr Punkte erreichen konnten und das Abschneiden bei den Konditionen nur befriedigend ausfiel, kam keine bessere Platzierung zu Stande.

24 Plus Systemverkehre erhielt als einziger Anbieter das Urteil „befriedigend“ und kam über den letzten Platz nicht hinaus. Auch in sechs der sieben Teilkategorien reichte die erzielte Punktzahl nicht für einen besseren Rang. Dabei schnitt 24 Plus Systemverkehre in der Leistung, Kundenorientierung, Beratung und Kompetenz gut ab. Dabei war häufig jedoch der Abstand zu den Wettbewerbern – wie z. B. bei der Erreichbarkeit – zu groß.

KEP Dienste

Das zweite Beispiel betrachtet die Servicequalität von Paket-Dienstleistern. Das dafür relevante Marktsegment KEP-Dienste umfasst mit ca. 7 % des gesamten Logistikmarktes ebenfalls einen eher kleinen Anteil, spielt aber ebenso wie das Segment Stückgutverkehr eine wichtige Rolle für die Infrastruktur Deutschlands.

2013 Jahr wurden erstmals rund eine Milliarde Pakete von Geschäftsadressen an Privatkunden verschickt (B2C). Dieser Versandweg machte etwa 50 % des Gesamtmarktes in der Paketzustellung aus. Mitverantwortlich dafür dürfte auch die Tatsache sein, dass Onlinehändler vergleichsweise wenig für den Versand eines einzelnen Paketes bezahlen. Großkunden wie Amazon oder Zalando schaffen es demnach, einen vergleichsweise geringen Zustellpreis zu erzielen. Es kann sogar dazu kommen, dass dieser Preis zwar nicht die Zustellkosten deckt, aber bei sehr großen Mengen in Kauf genommen wird, um Anlagen und Verteilnetze auszulasten. Das C2C-Segment macht zwar nur einen kleinen Anteil am Paketvolumen in Deutschland aus, ist infrastrukturell aber wichtig. Zudem ist der Annahmeprozess der gleiche wie im B2C-Geschäft und auch einige weitere Services wie beispielsweise die Sendungsverfolgung können dort getestet werden.

Bei der Konzeption der Studie wurde für die Erhebung das Verfahren der Mystery-Tests eingesetzt – also die systematische und kontrollierte verdeckte Beobachtung. Dabei untersuchen Testpersonen unter Angabe eines fiktiven Namens die Servicequalität für verschiedene Kanäle auf Basis von standardisierten Kriterien, die sich an den Dimensionen des SERVQUAL-Ansatzes orientieren und speziell für die verschiedenen Kanäle angepasst wurden. Die Operationalisierung der Fragen kann so durchgängig anhand von Anfragen potenzieller Kunden bzw. Interessenten erfolgen, die sich in einer Auswahlsituation befinden.

Die Serviceanalyse basierte auf den wesentlichen Kontaktwegen der Verbraucher mit dem Unternehmen, nämlich in den Annahmestellen und Paketshops vor Ort (Versandtests), per Telefon, im Internet und per E-Mail. Bei den Mystery-Tests verwendeten die speziell geschulten Test-Kunden spezifische Rollenspiele in Form von Fragestellungen aus dem Gegenstandskontext. Diese Rollenspiele waren insoweit standardisiert, als dass sie bei allen Unternehmen in der gleichen Verteilung zum Einsatz kamen.

Zur Analyse der Versandqualität wurden je fünf Pakete pro Anbieter von fünf Testern an fünf weitere Tester in unterschiedlichen Städten (bundesweit verteilt) versandt. Es wurden mittelgroße Pakete, etwa mit einem Gewicht von zwei Kilogramm, verschickt. Zur Erhebung der telefonischen Kontaktqualität wurden in je fünf Mystery-Calls je Anbieter drei allgemeine Anfragen und zwei Beschwerden vorgebracht. Bei den E-Mail-Tests wurde analog vorgegangen, hier wurden ebenfalls pro Unternehmen drei Anfragen und zwei Beschwerden geäußert. Zudem wurden die Internetauftritte der Anbieter umfassend beurteilt. Dazu wurden pro Unternehmen je eine Inhaltsanalyse und zehn Nutzerbetrachtungen anhand eines standardisierten Anforderungskataloges durchgeführt.

Die Kriterien für den Versandtest orientierten sich am Versandprozess und umfassten folgende Kriterienblöcke:

- Paketaufgabe: Abholung Kurier/Aufgabe Filiale: Umgang mit dem Paket, Erscheinungsbild des Mitarbeiters, Kommunikationsqualität des Mitarbeiters
- Paketannahme: Umgang mit dem Paket bei Anlieferung, Erscheinungsbild des Mitarbeiters, Kommunikationsqualität des Mitarbeiters

- Versandqualität: Erfolgreiche Paketabholung/ Paketabgabe, Versanddauer in Tagen, Zustand eines Stoßindikators (Beschädigungen), Zustand der Verpackung (Beschädigungen und Verschmutzung)
- Versandoptionen: Anzahl maximaler Zustellversuche, Anzahl Annahmestellen (mit Personal), Paketabholung möglich, Angebot Annahmestellen ohne Personal (Paketboxen o. Ä.), Eingrenzung des Zustelltermins möglich, Angebot Expressversand, Versand von Sendungen über 31,5 kg, Höhe der Basisversicherung, maximaler Versicherungsschutz

Bei der Analyse der Telefon- und E-Mail-Servicequalität wurde im Wesentlichen auf die Merkmale Aktivitätsgrad (z. B. Wartezeit, Erreichbarkeit oder Zugang Eingangsbestätigung bei Mail), Kompetenz (z. B. Richtigkeit, Vollständigkeit der Antwort und individuelle Beantwortung der Fragen bzw. Mails) und Kommunikationsqualität (z. B. Freundlichkeit, Meldeformel oder inhaltliche Verständlichkeit) abgestellt.

Die Analyse des Internetauftritts erfolgte anhand einer Inhaltsanalyse, bei der der Umfang und die Verfügbarkeit von speziellen Informationen wie z. B. Online Kosten-/Tarifrechner/Angabe Kosten, Laufzeitenrechner/Angabe Laufzeiten oder Versand-/Verpackungshinweise sowie Kontaktinformationen untersucht wurden. Daneben wurde eine Nutzerbetrachtung zur Bewertung der Bedienungsfreundlichkeit (einfache, intuitive Navigation, optisch ansprechender Auftritt etc.) sowie die Strukturierung und Verständlichkeit der dort vorhandenen Inhalte bewertet.

Neben Anbietern, die über ein flächendeckendes Netz an Annahmestellen in Deutschland verfügen, wurden auch Logistikunternehmen und Kurierdienste untersucht, die über kein Netz eigener Annahmestellen verfügen und Sendungen lediglich abholen. Paketdienstleister, die keinen innerdeutschen Versand anbieten (zum Beispiel FedEx) oder deren Kerngeschäft ausschließlich auf Geschäftskunden und zeitkritische Express-Dienste ausgerichtet ist (zum Beispiel TNT oder trans-o-flex), wurden nicht mit einbezogen. Folgende Unternehmen waren in der Untersuchungsauswahl berücksichtigt:

- DHL
- DPD
- GLS
- Hermes
- UPS
- Cargo International
- Der Courier
- Paket.ag

Die Untersuchung basierte auf insgesamt 408 Servicekontakten. Dies entspricht 51 Kontakten je Unternehmen: je 10 Versandtests (davon 3 Kontakte: Aufgabe, Versand und Annahme des Pakets), je 5 Telefon- und E-Mail-Tests sowie 10 Nutzerbetrachtungen der Website und eine Inhaltsanalyse).

	Punkte*	Rang	Qualitätsurteil
System Alliance	77.6	1	gut
Cargo-Line	77.6	2	
Dachser	76.5	3	
IDS Logistik	76.3	4	
Deutsche Post DHL	75.8	5	
DB Mobility Logistics	72.7	6	
24 Plus Systemverkehre	69.5	7	befriedigend

100,0 - 80,0 Punkte = sehr gut
79,9 - 70,0 Punkte = gut
69,9 - 60,0 Punkte = befriedigend
59,9 - 40,0 Punkte = ausreichend
39,9 - 0,0 Punkte = mangelhaft

Abb. 3.9 Ergebnis Serviceanalyse KEP-Dienste (Quelle: DISQ 2013a)

Das Ergebnis der Serviceanalyse fiel insgesamt gut aus. Ein Unternehmen erreichte ein sehr gutes Resultat. Vier Paketdienste schnitten gut ab und drei weitere befriedigend (vgl. Deutsches Institut für Service-Qualität 2013a) (Abb. 3.9).

Cargo International erzielte das beste Ergebnis in der Serviceanalyse. Vor allem die Versandqualität überzeugte. Der Anbieter hatte die kürzeste Versanddauer im Test von durchschnittlich nur einem Tag. Neun von zehn Paketen kamen ohne Beschädigung oder Verschmutzung am Zielort an. Die Versandoptionen fielen hier zudem am besten aus. Bei keinem Mitbewerber gab es beispielsweise einen so hohen Versicherungsschutz von maximal 500.000 Euro. Die E-Mail-Antworten des Unternehmens zeigten insgesamt die höchste Kompetenz, waren vollständig und ohne Rechtschreibfehler. Umfangreiche und gut strukturierte Inhalte auf der Internetseite gaben zudem den Ausschlag für den ersten Rang bei der Nutzerbetrachtung des Internetauftritts.

Den zweiten Rang erreichte UPS. Besonders positiv fiel hier das beste Abschneiden beim Versandtest ins Gewicht. Sämtliche Bestellungen wurden abgeholt und zugestellt. Die durchschnittliche Versanddauer von gut einem Tag gehörte mit zu den kürzesten im Test. Die Paketannahme stellte ebenfalls eine Stärke von UPS dar. Die Mitarbeiter gingen mit den Paketen sehr sorgfältig um und bewiesen im Kundenkontakt ein kommunikationsstarkes Auftreten. Die soliden dritten Ränge im Bereich Telefon und E-Mail rundeten den positiven Eindruck ab. Vor allem kurze Wartezeiten am Telefon sowie kompetente, strukturierte E-Mail-Antworten stachen hier hervor.

Rang drei nahm DHL ein. Das Unternehmen zeigte beim Versandtest eine gute Leistung. In Bezug auf die Paketannahme erreichte der Anbieter mit professionell auftretenden Mitarbeitern sogar ein sehr gutes Resultat. Bei den Versandoptionen fiel vor allem die große Anzahl an Packstationen positiv ins Gewicht. In den übrigen Testbereichen (Telefon, Internet und E-Mail) profilierte sich DHL durch einen kundenorientierten Service, insbesondere bei der freundlichen, kompetenten und individuellen Beantwortung von E-Mail-Anfragen. Alle Antworten des Unternehmens erreichten den Absender vollständig, strukturiert und innerhalb von 24 h. Die informative Internetseite bot zudem die meisten Kontaktkanäle, etwa mit Feedback- und Beschwerdemöglichkeiten.

Bei Der Courier reichte es nur für den letzten Rang. Beim Versandtest enttäuschten die überdurchschnittlich lange Versanddauer (durchschnittlich 2,1 Tage) sowie der Zustand der Pakete. Bei zwei Paketen wurde Stoßindikator durch eine Erschütterung ausgelöst. Die Paketabholung offenbarte ebenfalls Defizite. Dabei erzielte das Unternehmen die schlechtesten Bewertungen für den Umgang mit dem Paket und das Erscheinungsbild der Mitarbeiter. Die Internetseite des Anbieters stellte ein weiteres Manko dar. Hier fehlte es vor allem an Informationen rund um den Paketversand, wie einer Online-Sendungsverfolgung. Die Optik der Seite wurde zudem als am wenigsten ansprechend beurteilt. Auch die beste Leistung am Telefon dank kompetenter Mitarbeiter war kein Ausgleich für das insgesamt schwache Abschneiden des Unternehmens.

Die beiden Beispiele haben gezeigt, dass Servicequalität ein wichtiger Wettbewerbsfaktor in verschiedenen Teilmärkten der Logistik-Dienstleistung ist. Der Erfolgsfaktor liegt in einer geeigneten Konzeption der Operationalisierung des Konstrukts Servicequalität und der Wahl einer zielführenden Erhebungsmethode. Der Beitrag zeigte in diesem Zusammenhang verschiedene Möglichkeiten zur Operationalisierung der Servicequalität von Logistik-Dienstleistungen sowie verschiedene Erhebungsmethoden. Anschließend wurden zwei Beispiele einer Studienkonzeption und die Ergebnisse der Studien in den wettbewerbsintensiven Segmenten mit einem hohen Outsourcing-Anteil Stückgutlogistik und Paket-Dienste erläutert.

Auch wenn diese beiden Studien durch eine unabhängige externe Institution durchgeführt wurden und sich auf eher standardisierte Leistungen fokussiert haben, können die Inhalte dazu verwendet werden, diese auf individuellere Leistungen im Kontraktlogistik-Bereich zu übertragen. Die Herausforderung liegt dann in einer möglichst unternehmensspezifischen Ausgestaltung der Leistungsabbildung und einer möglichst validen und reliablen Erhebung. Das kann neben einer externen Institution oft auch vom Unternehmen selbst geleistet werden.

3.3.3 Dienstleistungsqualität im Einkauf

Ähnlich wie in Abschn. 3.3.2 für Logistik-Dienstleistungen vorgestellt, spielt Servicequalität auch im Einkauf eine Rolle: So ist die Servicequalität ein wichtiges Auswahlkriterium beim Einkauf von speziellen Dienstleistungen wie z. B. Beratungsleistungen, Marketing-Dienstleistungen oder auch juristischen Dienstleistungen. Aber auch beim laufenden Management der jeweiligen Lieferanten ist die Servicequalität ein wichtiger Indikator für eine eventuelle Lieferantenentwicklung oder für eine Vertiefung der Zusammenarbeit. Deshalb werden im Folgenden zunächst die verschiedenen Aktivitäten des Lieferantenmanagements und deren Zusammenspiel vorgestellt, bevor anhand eines allgemeinen Entwicklungsmodells die Wirkungszusammenhänge einer (verbesserten) Servicequalität aufgezeigt werden.

Lieferantenmanagement umfasst verschiedene Aktivitäten. Folgende Definitionen illustrieren dies.

▶ Lieferantenmanagement ist/sind:

- „... die Gestaltung aller Lieferantenbeziehungen des Unternehmens mit dem Ziel, durch eine verbesserte Zusammenarbeit mit Lieferanten Produkte schneller, besser und zu niedrigeren Kosten zu entwickeln, herzustellen und zu beschaffen [...] und umfasst die Gestaltung, Lenkung und Entwicklung der Lieferantenbasis und der Lieferbeziehungen eines Unternehmens" (Wagner 2003, S. 691 ff.).
- „... alle Maßnahmen zur Beeinflussung der Lieferanten im Sinne der Unternehmensziele. Im Einzelnen zählen dazu die Auswahl, die Entwicklung und die Beurteilung der Lieferanten im Rahmen der Lieferantenpolitik" (Kummer et al. 2013, S. 148).
- „... [ein Konzept zum] ganzheitlichen Management der Lieferanten, das sich an den Gesamtkosten orientiert. Die vier Elemente des systematischen Lieferantenmanagements umfassen die Lieferantenauswahl, Lieferantenbewertung, Lieferantenentwicklung und Kostensenkung mit Lieferanteneinbindung" (Schulte 2013, S. 289 f.).
- „... die Aufgabe, Lieferantenportfolios zu entwickeln, Abnehmer-Lieferanten-Beziehungen systematisch zu steuern und die Lieferanten zu entwickeln sowie zu integrieren, um darauf aufbauend gezielte Sourcing-Strategien ableiten zu können" (o. V. o. J.).

Zusammengefasst werden können die genannten Aktivitäten in Form von einem offenen Zyklus, wie in Abb. 3.10 dargestellt (vgl. Hubmann 2001, S. 274).

Die folgenden Abschnitte erläutern die Inhalte der jeweiligen Aktivitäten sowie die Bedeutung der Servicequalität für die jeweiligen Aktivitäten.

Lieferantenauswahl

Zur Auswahl von neuen Lieferanten und zur Bewertung bestehender Lieferanten können verschiedene Kriterien herangezogen werden. Abbildung 3.11) fasst die Kriterien zusammen (vgl. Heß 2010, S. 289 ff.).

Die Bewertung der **Leistung aus der Vergangenheit** sollte am besten strukturiert erfolgen. So können die Kriterien z. B. nach Einkauf, Qualität, Logistik und Technologie

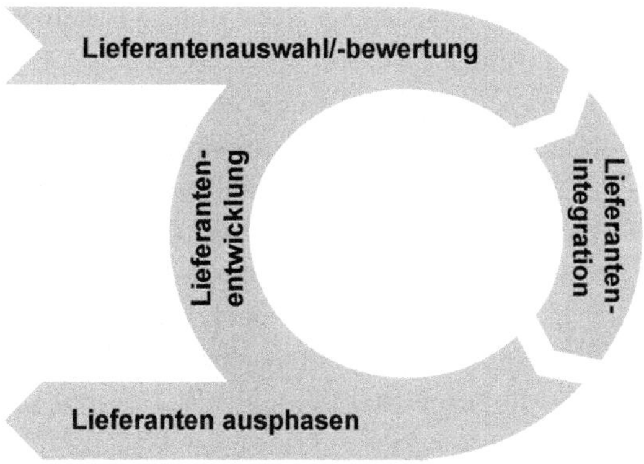

Abb. 3.10 Zyklus Lieferantenmanagement (Quelle: Eigene Darstellung in Anlehnung an Hubmann 2001, S. 274)

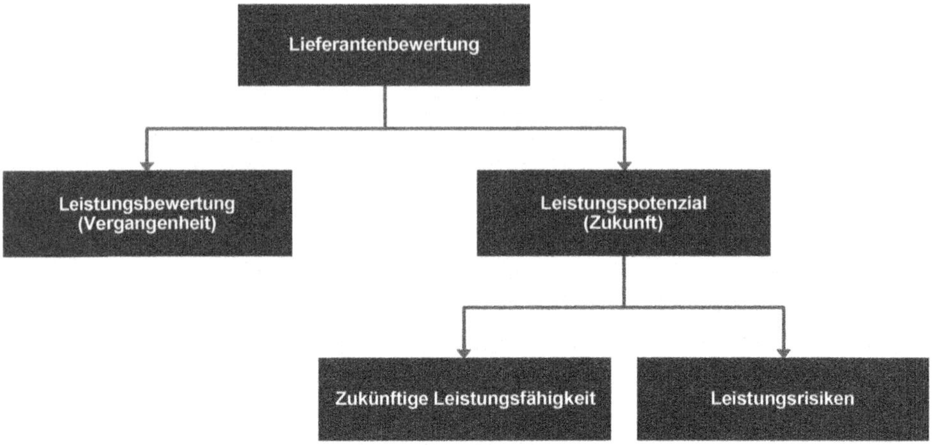

Abb. 3.11 Felder Lieferantenbewertung (Quelle: Eigene Darstellung in Anlehnung an Heß 2010)

gegliedert werden. Eine weitere Möglichkeit wäre eine Gliederung nach den Dimensionen einer Supply Balanced Scorecard:

- Einkauf: Preisniveau, Preisentwicklung, Initiative zur Kostensenkung, Preistransparenz, Finanzierungsbeitrag, Target Costing, Effizienz im Bestellprozess, Erreichbarkeit und Reaktionszeit
- Qualität: Produktqualität, First Pass Yield, Servicequalität, Dokumentation, QS, Umweltmanagementsystem, Einhaltung Sozialstandards
- Logistik: Lieferfähigkeit, Termintreue, Lieferzeit, Mengentreue, Flexibilität, Mindestbestellmenge, Logistikkonzepte (EDI, JIT/S)
- Technologie: Position in Produkttechnologie, Leistungsfähigkeit der Produkte, Position Prozesstechnologie

Die Kriterien zur **zukünftigen Leistungsfähigkeit** können häufig aus den Kriterien der vergangenen Leistungsfähigkeit abgeleitet werden. Dennoch spielen bei der zukünftigen Leistungsfähigkeit aber auch Managementkompetenzen und die Beherrschung von Technologien als Enabler eine große Rolle. Deshalb können Kriterien aus folgenden Bereichen ergänzt werden:

- Management: Managementkompetenz, Vertretungs-/Nachfolgeregelung, Qualität der Mitarbeiter-Basis, Bereitschaft zur Zusammenarbeit
- Einkauf: Umsatz im Supply-Markt (passend zum fokalen Unternehmen), Faktorkosten und Produktivität, Global Sourcing, Kostensenkungskompetenz, Breite des Leistungsspektrums
- Qualität: Alter Maschinenpark, Projektmanagementkompetenz, zukünftige Aktivitäten im Bereich QS, Umweltmanagement-Systeme oder soziale Standards
- Logistik: Kompetenz in Logistik, Projektmanagement im Anlauf, räumliche Nähe
- Technologie: Zugang zu neuen Produkt-/Prozesstechnologien, Branchenkompetenz, Innovationskraft und Differenzierungspotenzial

Schließlich sollten noch **Leistungsrisiken** betrachtet werden. Gegebenenfalls ist die Beurteilung nicht ganz trennscharf zur zukünftigen Leistungsfähigkeit. Da aber Risiken im Rahmen des Risiko-Managements eine zunehmend wichtigere Rolle spielen, kann es sinnvoll sein, dieses Kriterienfeld separat zu bewerten. Als Bewertungsfelder können gesehen werden:

- Exogene Risiken, die vom Lieferant nicht (völlig) kontrollierbar sind, wie Standortrisiken, Risiken in der Supply Chain, Know-how-Schutz
- Risiken aus dem Management-System des Lieferanten, die ebenfalls nicht (völlig) vom Supply Management kontrollierbar sind, wie finanzielle Risiken (Insolvenz!), vertragliche Absicherung, ethische Risiken (Sozial-Standards, Korruption) oder Risiken aus dem Konzernverbund des Lieferanten
- Risiken aus mangelnder Lieferbereitschaft: Lieferantenmacht, Unternehmenspolitische Entscheidungen

Die Service-Qualität kann an verschiedenen Stellen im Bewertungsschema aufgeführt werden. So kann diese z. B. unter den Kriterien im Bereich Einkauf bei der Bewertung der vergangenen Leistung als ein besonderes Kriterium aufgeführt werden. Bei der Bewertung zukünftiger Leistungsfähigkeit kann insbesondere geprüft werden, ob ein Management-System zur kontinuierlichen Überwachung und Verbesserung der Service-Qualität existiert. Und bei den Leistungsrisiken sollte nach Risiken gefahndet werden, wo eine schlechte Service-Qualität eines Lieferanten Auswirkungen auf den eigenen Marktauftritt des Abnehmers hat, wie dies beispielsweise der Fall sein kann, wenn ein KEP-Dienstleister die Sendungen nicht in der vereinbarten Qualität oder im vereinbarten Lieferfenster zustellt.

Lieferantenintegration

Die Lieferantenintegration umfasst die Ein- bzw. Anbindung von Lieferanten in die physischen und administrativen Prozesse des Kunden. So müssen physische Produkte in irgendeiner Form in die Fertigung des Kunden gelangen. Ebenso muss der Lieferant die Informationen über den Bedarf bzw. die Bestellungen des Kunden erhalten. Möglichkeiten zur Integration von Lieferanten werden im nächsten Kapitel diskutiert. Formen der logistischen Lieferantenintegration unter Lean-Gesichtspunkten sind beispielsweise Just-in-Time bzw. Just-in-Sequence, Vendor-Managed-Inventory (VMI) oder die Anbindung von Lieferanten unter Nutzung eines Logistik-Service-Centers.

Lieferantenentwicklung

Im Rahmen der Lieferantenentwicklung kann das in Abb. 3.12 dargestellte Modell zur Beschreibung der Aktivitäten, Einflussfaktoren und Auswirkungen der Lieferantenentwicklung herangezogen werden (vgl. zu den folgenden Ausführungen Durst und Sucky 2010).

Perspektiven Lieferantenentwicklung

- Art des Lieferanten
- Motivation des Abnehmers
- Rolle des Abnehmers

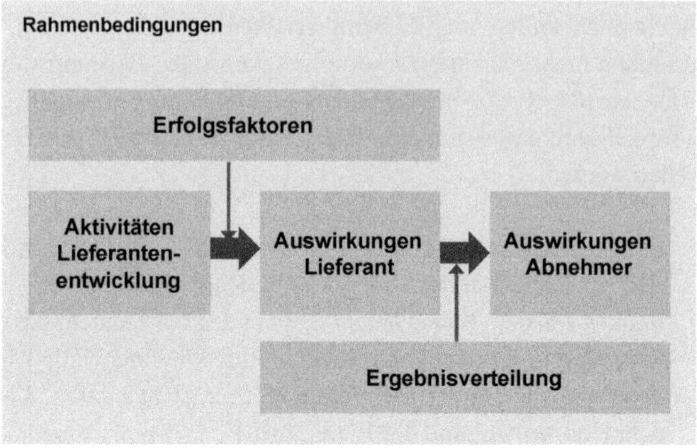

Abb. 3.12 Bezugsrahmen Lieferantenentwicklung (Quelle: Eigene Darstellung in Anlehnung an Durst und Sucky 2010, S. 45)

Es können direkte und indirekte Aktivitäten des Lieferantenmanagements unterschieden werden. **Indirekte** Aktivitäten umfassen beispielsweise:

- Lieferantenbewertung incl. Feedback
- Auszeichnung von Lieferanten
- Zertifizierung von Lieferanten
- Schaffung/Erhöhung Wettbewerbsdruck
- Vorgabe/Verschärfung von Zielen
- Setzen von Anreizen (z. B. Zusatzgeschäft)
- Auditierung von Lieferanten
- Erstellung präziser Spezifikationen
- Qualität als Auswahlkriterium
- Kommunikation der strategischen Ziele des Abnehmers
- Abhalten von Lieferantentagen

Direkte Aktivitäten, die einen starken Bezug zu **personellen Maßnahmen** haben, können beispielsweise beinhalten:

- Schulung von Lieferantenmitarbeitern
- Vor-Ort-Lieferantenbesuche
- Transfer von Mitarbeitern zum Lieferanten
- Technische Unterstützung des Lieferanten
- Einladung des Lieferanten zu Vor-Ort-Besuchen
- Einbindung des Lieferanten in den Produktentwicklungsprozess des Abnehmers
- Gemeinsame Prozessoptimierung
- Beratung des Lieferanten

- Engagement des Abnehmers in der Produktentwicklung des Lieferanten
- Unterstützung des Lieferanten beim Markteintritt
- Dediziertes Lieferantenentwicklungs-Team

Daneben können Lieferanten **direkt** auch mit folgenden Maßnahmen **kapitalmäßig entwickelt bzw. unterstützt** werden:

- Finanzielle Unterstützung des Lieferanten (z. B. bei Investitionen, Lieferantenkredite durch Zahlungsziele, Preisgestaltung)
- Finanzierung von Werkzeugen o. Ä.
- Finanzielle Beteiligung an Lieferantenunternehmen

Die **Auswirkungen** der Lieferantenentwicklungsmaßnahmen **auf den Lieferanten** sollten je nach Zielsetzung die folgenden Bereiche betreffen:

- Lieferantenleistung (Verbesserung Qualität, Kosten, Lieferzeit, -service und -zuverlässigkeit
- Lieferantenfähigkeiten (Methodenwissen Six Sigma, Lean, Kaizen etc.)
- Beziehung Abnehmer-Lieferant (Verbesserte Atmosphäre)

Damit die Maßnahmen auch die gewünschten Auswirkungen entfalten können, sollten einige **Erfolgsfaktoren** berücksichtigt werden:

- Effektive Kommunikation (zeitnah, häufig, informell, Austausch vertraulicher Information, mehrere Bezugspunkte im Unternehmen)
- Partnerschaftlicher Ansatz (Win-win-Philosophie, gemeinsame Werte, gegenseitiges Vertrauen)
- Gegenseitiges Commitment (ggf. Ergebnis anderer Erfolgsfaktoren)
- Top-Management-Commitment
- Weitere Erfolgsfaktoren können sein: Einbindung relevanter Funktionen seitens des Abnehmers, Proaktivität, Benennung und Kommunikation strategischer Ziele, kontinuierliche Verbesserung oder klare Spezifikationen der Erwartungshaltung

Schließlich sollten die getroffenen Maßnahmen zu einer **Verbesserung der Abnehmerleistung** führen:

- Abnehmerleistung (Verbesserung Qualität, Zeit, Kosten)
- Gesamtunternehmensperformance Abnehmer (z. B. Steigerung Umsatz, Reaktionsvermögen bei Marktänderungen)
- Beziehung Abnehmer-Lieferant (Verbesserte Atmosphäre)

Häufig entsteht noch eine Diskussion über die **Verteilung der Ergebnisse und der für die Maßnahmen anfallenden Kosten** zwischen Abnehmer und Lieferant. So ist die Argumentation des Abnehmers häufig, dass die erzielten Ergebnisse auch anderen Kunden des Lieferanten zu Gute kommen und der Lieferant – im Falle von Maßnahmen zur aktiven Lieferantenentwicklung wie gemeinsamen Verbesserungsprojekten – auch einen Anteil der dafür anfallenden Kosten übernehmen sollte oder/und den Preis der bezogenen Waren oder Dienstleistungen überproportional senken sollte. Andererseits sollten bei kluger Auswahl der geeigneten Maßnahmen und deren effektiver Umsetzung die Vorteile auf Seiten die Abnehmers entsprechend hoch sein, sodass dies häufig schon alleine die Durchführung rechtfertigt. In jedem Fall muss aktiv eine Regelung angestrebt werden, die einen Interessenausgleich der beteiligten Partner ermöglicht.

Damit ein geeignetes Konzept zur Lieferantenentwicklung erarbeitet werden kann, sollten auch verschiedene **Perspektiven der Lieferantenentwicklung** und unterschiedliche Rahmenbedingungen berücksichtigt werden. Als Perspektiven der Lieferantenentwicklung können unterschieden werden:

- Nach der Art des Lieferanten kann zwischen existierenden und neuen Lieferanten unterschieden werden. Hinsichtlich der Ziele stehen bei Ersteren kurzfristig die Verbesserung von Zeit, Kosten oder Qualität im Vordergrund oder langfristig die Entwicklung von Lieferantenfähigkeiten, während bei Letzteren das Supplier Marketing im Sinne einer Schaffung neuer Bezugsquellen eine große Rolle spielt.
- Bezüglich der Motivation des Abnehmers kann zwischen einem reaktiven Lieferantenmanagement, bei dem ein aktuelles Problem behoben werden soll und ggf. Maßnahmen im Sinne eines „Firefightings" eingeleitet werden müssen, und einem proaktiven Lieferantenmanagement, bei dem planvoll ein langfristiger und strategisch ausgerichteter Entwicklungspfad definiert wird, unterschieden werden.
- Die Rolle des Abnehmers kann passiv oder aktiv sein. Wenn der Abnehmer eine passive Rolle einnimmt werden eher indirekte Maßnahmen der Lieferantenentwicklung wie z. B. Vorgabe von Zielen, Schaffung von Wettbewerb, Kommunikation Bewertungsergebnisse eingesetzt. Wenn dagegen der Abnehmer eine aktive Rolle einnimmt, werden eher Maßnahmen wie Schulung von Mitarbeitern des Lieferanten, gemeinsame Projekte, Personalüberlassung oder finanzielle Unterstützung zur Lieferantenentwicklung eingesetzt.

Je nach Ausprägungen der **Rahmenbedingungen** kann bzw. sollte das Lieferantenmanagement unterschiedlich ausgestaltet werden, um eine bestmögliche Wirkung zu entfalten.

- Umfeldbezogene Rahmenbedingungen umfassen beispielsweise technologische Unsicherheit, Veränderungs-/Innovationsrate, Wettbewerbsintensität auf Abnehmermarkt, oder auch die Branche. So könnten beispielsweise indirekte Maßnahmen der Liefe-

rantenentwicklung wie die jährliche Mitteilung von Ergebnissen einer Lieferantenbeurteilung in Industrien mit kurzen Innovationszyklen für strategische Lieferanten die Wirkung zu langsam entfalten, um die Lieferantenbasis wettbewerbsfähig zu halten. Geeigneter erscheinen in diesem Fall gemeinsame Entwicklungsprojekte.
- Beziehungsbezogene Rahmenbedingungen beinhalten beispielsweise die Länge der Beziehung, die Machtverteilung bzw. Abhängigkeit von Lieferant und Abnehmer. Bereits für einen langen Zeitraum bestehende Beziehungen können durch einen hohen Grad an Vertrauen geprägt sein. Dies kann eine gute Basis für einen intensiven gegenseitigen Informationsaustausch sein, um übergreifende Potenziale in der Supply Chain zu heben.
- Unternehmensbezogene Rahmenbedingungen sind beispielsweise die Unternehmensgröße des Abnehmers bzw. des Lieferanten oder die Lieferantenfähigkeiten. So werden kleine Abnehmer in der Regel nicht in der Lage sein, ein strukturiertes Lieferantenmanagement-System mit einem breiten Instrumentarium an Maßnahmen und Tools zur Lieferantenentwicklung zur Verfügung zu stellen, wie es große Konzerne können.

Zusammenfassung Kap. 3

Eine Prozessanalyse kann vorgenommen werden, wenn akute Probleme herrschen, bei turnusmäßigen Überprüfungen oder bei besonderen Ereignissen wie Mergern oder Unternehmensverkäufen.

Für eine erfolgreiche Prozessanalyse müssen neben dem Projektleiter auch Analysten, die die Hauptarbeit verrichten, Fachexperten, die die Informationen liefern, ggf. Stakeholder, die als Externe die Auswirkungen der Prozesse sehen, sowie die Auftraggeber, die Ergebnisse abnehmen und Entscheidungen über Umpriorisierungen vornehmen, eingebunden werden.

Eine Prozessanalyse sollte in drei aufeinander abgestimmten Phasen ablaufen:
- Vorbereitung: Hier muss der Prozess ausgewählt werden, das Vorgehen geplant werden, die Analysetiefe definiert werden, erste Informationen aus dem Umfeld wie Kennzahlen oder Informationen über die Unternehmenskultur eingeholt werden.
- Informationserhebung: Wichtig für die eigentliche Erhebung der Informationen ist, festzulegen, wie die Informationen, die erhoben werden sollen, spezifiziert, operationalisiert und gemessen werden, mit welcher Methode die Informationen erhoben werden sollen und wie ggf. Merkmalsträger ausgewählt werden. Hierzu kann man auf ausgewählte Erkenntnisse der empirischen Sozialforschung zurückgreifen, um repräsentative und valide Ergebnisse zu erzielen.
- Dokumentation: Eine umfassende aber zielorientierte Dokumentation, die den Analyseprozess abbildet, aber gleichzeitig auch eine verbindliche Vereinbarung über die erzielten Ergebnisse zwischen allen Beteiligten ist, schließt die Prozessanalyse ab.

Die Servicequalität ist als besonderer Aspekt für die Analyse des Ergebnisses von Prozessen in Einkauf und Logistik besonders wichtig.

Literatur

Arambewela, R., & Hall, J. (2006). A comparative analysis of international education satisfaction using SERVQUAL. *Journal of Service Research, 6*, 141–163.

Atteslander, P., & Bender, C. (1993). *Methoden der empirischen Sozialforschung* (7., bearb. Aufl.). Berlin: de Gruyter (Sammlung Göschen, 2100).

Binner, H. F. (2015). *Methoden-Baukasten für ganzheitliches Prozessmanagement. Systematische Problemlösungen zur Organisationsentwicklung und -gestaltung* (1. Aufl., 2016). Wiesbaden: Springer Fachmedien Wiesbaden GmbH. http://www.springer.com/.

Bortz, J., & Döring, N. (2005). *Forschungsmethoden und Evaluation. Für Human- und Sozialwissenschaftler; mit 70 Tabellen* (3., überarb. Aufl.). Nachdr. Heidelberg: Springer (Springer-Lehrbuch).

Brown, T. J., Churchill, G. A., Jr., & Peter, J. P. (1993). Research note: Improving the measurement of service quality. *Journal of Retailing, 69*(1), 127–140.

Bruhn, M. (2008). *Qualitätsmanagement für Dienstleistungen. Grundlagen, Konzepte, Methoden* (7. Aufl.). s.l.: Springer. http://gbv.eblib.com/patron/FullRecord.aspx?p=417689.

Bruhn, M. (2010). *Marketing. Grundlagen für Studium und Praxis* (10., überarbeitete Aufl.). Wiesbaden: Gabler Verlag/Springer Fachmedien Wiesbaden GmbH Wiesbaden. http://dx.doi.org/10.1007/978-3-8349-8869-0.

Brumme, H., Schröter, N., & Schröter, I. (2010). *Supply Chain Management und Logistik.* Stuttgart: Kohlhammer (W).

Chmielewicz, K. (1994). *Forschungskonzeptionen der Wirtschaftswissenschaft* (3., unveränd. Aufl.). Stuttgart: Schäffer-Pöschel (Sammlung Poeschel, 92).

Cronin, J. J., & Taylor, S. A. (1994). SERVPERF versus SERVQUAL: Reconciling performance-based and perceptions-minus-expectations measurement of service quality. *Journal of Marketing, 58*(1), 125–132. doi:10.2307/1252256.

Dagger, T. S., Sweeney, J. C., & Johnson, L. W. (2007). A hierarchical model of health service quality: Scale development and investigation of an integrated model. *Journal of Service Research, 10*(2), 123–142. doi:10.1177/1094670507309594.

Dawson, J., & Hillier, J. (1995). Competitor mystery shopping: Methodological considerations for MRS code of conduct. *Journal of the Market Research Society, 37*(4), 417–427.

Deutsches Institut für Service-Qualität. (2013a). *Dokumentation Studie Paketdienste 2013.* Hamburg.

Deutsches Institut für Service-Qualität. (2013b). *Dokumentation inkl. Detailergebnisse Kundenbefragung Stückgut-Dienstleister.* Hamburg.

Ding, D. X., Hu, P. J.-H., & Sheng, O. R. L. (2011). e-SELFQUAL: A scale for measuring online self-service quality. *Journal of Business Research, 64*(5), 508–515. doi:10.1016/j.jbusres.2010.04.007.

Durst, S. M., & Sucky, E. (2010). Lieferantenentwicklung: Stand der empirischen Forschung. In R. Bogaschewsky, M. Eßig, R. Lasch, & W. Stölzle (Hrsg.), *Supply Management Research. Aktuelle Forschungsergebnisse 2009* (S. 37–72). Wiesbaden: Gabler Verlag/GWV Fachverlage GmbH Wiesbaden (Advanced studies in supply management, 2) http://dx.doi.org/10.1007/978-3-8349-8833-1.

van Dyke, T. P., Kappelman, L. A., & Prybutok, V. R. (1997). Measuring information systems service quality: Concerns on the use of the SERVQUAL Questionnaire. *MIS Quarterly, 21*(2), 195–209. doi:10.2307/249419.

Finn, A. (2001). Mystery shopper benchmarking of durable-goods chains and stores. *Journal of Service Research, 3*(4), 310–320. doi:10.1177/109467050134004.

Finn, A., Kayandé, U. (1999). Unmasking a phantom: a psychometric assessment of mystery shopping22Some work on this paper was carried out while the first author was Visiting Professor, Institute of Marketing, Norwegian School of Economics and Business Administration and the second author was a doctoral candidate at University of Alberta. Order of authorship is alphabetical. *Journal of Retailing, 75*(2), 195–217. doi:10.1016/S0022-4359(99)00004-4.

Fortmann, K.-M., & Kallweit, A. (2007). *Logistik* (2., aktualisierte Aufl.). Stuttgart: Kohlhammer.

Gesellschaft für Organisation. (2014). Business process management. BPM common body of knowledge – BPM CBOK; Leitfaden für das Prozessmanagement; Version 3.0 (2., überarb., deutschsprachige Ausg.). Gießen: Schmidt (Schriftenreihe der EABPM, Bd. 1).

Getty, J. M., & Getty, R. L. (2003). Lodging quality index (LQI): Assessing customers' perception of quality delivery. *International Journal of Contemporary Hospitality Management, 15*(2), 94–104.

Haas, A. (2003). Wie valide sind Urteile von Mystery Shoppern? *Planung & Analyse – Zeitschrift für Marketing, 30,* 24–29.

Heß, G. (2010). *Supply-Strategien in Einkauf und Beschaffung. Systematischer Ansatz und Praxisfälle* (2., aktualisierte und überarb. Aufl.). Wiesbaden: Gabler (Gabler-Lehrbuch).

Heß, G. (2015). *Reifegradmanagement im Einkauf. Mit dem 15M-Reifegradmodell zur Exzellenz im Supply Management.* Wiesbaden: Springer Gabler (Essentials). http://search.ebscohost.com/login.aspx?direct=true&scope=site&db=nlebk&AN=994096.

Homburg, C. (2012). *Marketingmanagement.* Wiesbaden: Gabler Verlag.

Hubmann, H. E. (2001). Lieferantenbewertung – Ein Schlüssel zur effizienten Partnerschaft. In BME. (Hrsg.), *36. Symposium Einkauf und Logistik* (S. 269–286). Berlin.

Imai, M. (2012). *Gemba kaizen. A commonsense approach to a continuous improvement strategy* (2. Aufl.). New York: McGraw Hill. http://www.loc.gov/catdir/enhancements/fy1310/2012021160-b.html.

Ingram, H., & Daslakis, G. (1999). Measuring quality gaps in hotels: The case of Crete. *International Journal of Contemporary Hospitality Management 11*(1), 24–31.

Jones, G. R., & Bouncken, R. B. (2008). *Organisation. Theorie, Design und Wandel* (5., aktualisierte Aufl. [der amerikan. Aufl.]). München: Pearson Studium (wi – Wirtschaft). http://www.pearson-studium.de/media_remote/katalog/bsp/9783827373014bsp.pdf.

Kille, C., & Schwemmer, M. (2012). *Die Top 100 der Logistik. Marktgrößen, Marktsegmente und Marktführer in der Logistikdienstleistungswirtschaft. Ausg. 2012/2013.* Hamburg: DVV Media Group.

Koch, J. (2012). *Marktforschung. Grundlagen und praktische Anwendungen* (6., überarb. und aktualisierte Aufl.). München: Oldenbourg (Managementwissen für Studium und Praxis).

Kummer, S., Grün, O., & Jammernegg, W. (Hrsg.). (2013). *Grundzüge der Beschaffung, Produktion und Logistik* (2., aktualisierte Aufl.). [Nachdr.]. München: Pearson Studium (wi – Wirtschaft).

Liebetruth, T., & Baustian, S. (2008). Service Level Agreements in der Fondsbuchhaltung. Effiziente Fondsbuchhaltung Businessmodellierung In-/Outsourcing – Interaktiver Workshoptag. Emporias Management Consulting. IQPC – International Quality & Productivity Center. Frankfurt am Main, 24.04.2008.

Liebetruth, T., Melneck, W., & Pilsl, A. (2016). Process maturity-assessments in strategic procurement. Guideline for developing an advanced methodology. In R. Bogaschewsky, M. Eßig, R. Lasch, & W. Stölzle (Hrsg.), *Supply Management Research. Aktuelle Forschungsergebnisse 2015*(S. 273 -291). Wiesbaden: Springer Gabler (Advanced studies in supply management).

Luk, S. T.-K., & Layton, R. (2004). Managing both outcome and process quality is critical to quality of hotel service. *Total Quality Management & Business Excellence, 15*(3), 259–278. doi:10.1080/1478336042000183415.

McAlexander, J. H., Kaldenburg, D. O., & Koenig (1994). Service quality measurement. *Journal of Health Care Management, 14,* 34–39.

Meng, J., Summey, J. H., Herndon, N. C., & Kwong, K. K. (2009). On the retail service quality expectations of Chinese shoppers. *International Journal of Market Research, 51*(6), 773–796. doi:10.2501/S1470785309200967.

Müller, S. (2005). Kundenservice und seine Zentralisierung. Eine Untersuchung der Erfolgspotenziale für die Anbieter industrialisierter Logistikdienstleistungen. Univ., Diss./2004-Erlangen-Nürnberg, 2003. Hamburg: Dt. Verkehrs-Verl. (Edition Logistik, 8).

Nieschlag, R., Dichtl, E., & Hörschgen, H. (1994). *Marketing* (17., neu bearb. Aufl.). Berlin: Duncker & Humblot.

o. V. (2010). Die Blamage geht weiter – Banken im Test. *Finanztest,* (8), 24–29.

o. V. (o. J.). *Lieferantenmanagement.* München: Hg. v. TCW Transfer Centrum GmbH&Co KG.http://www.tcw.de/management-consulting/einkaufsmanagement/lieferantenmanagement-104. Zugegriffen: 6. Sept. 2015.

Parasuraman, A., Zeithaml, V. A., & Berry, L. L. (1988). SERVQUAL: A multiple-item scale for measuring consumer perceptions of service quality. *Journal of Retailing, 64*(1), 12–40.

Parasuraman, A., Berry, L. L., & Zeithaml, V. A. (1993). More on improving service quality measurement. *Journal of Retailing, 69*(1), 140–147. doi:10.1016/S0022-4359(05)80007-7.

Pulverich, M. (Hrsg.). (2007). *Service Levels in der Logistik. Mit KPIs und SLAs erfolgreich steuern* (1. Aufl., Stand Juli 2007). München: Vogel (Praxisbuch Logistik inside).

Robbins, S. P., & Judge, T. A. (2014). *Essentials of organizational behavior* (12. Aufl., global ed.). Boston: Pearson.

von Rosenstiel, L. (1992). *Grundlagen der Organisationspsychologie. Basiswissen und Anwendungshinweise* (3., überarb. und erg. Aufl.). Stuttgart: Schäffer-Poeschel (Sammlung Poeschel, 95).

Schein, E. H. (1984). Coming to a new awareness of organizational culture. *Sloan Management Review, 25,* 3–16.

Schmidt, K. (2007). *Mystery Shopping: Leistungsfähigkeit eines Instruments zur Messung der Dienstleistungsqualität.* Marburg: Deutscher Universitäts-Verlag.

Schnell, R., Hill, P. B., & Esser, E. (1999). *Methoden der empirischen Sozialforschung* (6., völlig überarb. und erw. Aufl.). München: Oldenbourg.

Schulte, C. (2013). *Logistik. Wege zur Optimierung der Supply Chain.* s.l.: Vahlen. http://lib.myilibrary.com/detail.asp?id=625390.

Schulte-Zurhausen, M. (2010). *Organisation* (5., überarb. und aktualisierte Aufl.). München: Vahlen (Vahlens Handbücher der Wirtschafts- und Sozialwissenschaften).

Seth, N., Deshmukh, S. G., & Vrat, P. (2005). Service quality models: A review. *International. Journal of Quality & Reliability Management, 22*(9), 913–949. doi:10.1108/02656710510625211.

Stöger, R. (2011). *Prozessmanagement. Qualität, Produktivität, Konkurrenzfähigkeit* (3., überarb. und erw. Aufl.). Stuttgart: Schäffer-Poeschel. http://site.ebrary.com/lib/alltitles/docDetail.action?docID=10555927.

Wagner, S. M. (2003). Management der Lieferantenbasis. In R. Boutellier, S. M. Wagner, & H. P. Wehrli (Hrsg.), *Handbuch Beschaffung. Strategien, Methoden, Umsetzung* (S. 691–732) München: Hanser.

van der Wiele, T., Hesselink, M., & van Iwaarden, J. (2005). Mystery shopping: A tool to develop insight into customer service provision. *Total Quality Management & Business Excellence, 16*(4), 529–541. doi:10.1080/14783360500078433.

Zhou, L. (2004). A dimension-specific analysis of performance-only measurement of service quality and satisfaction in China's retail banking. *Journal of Services Marketing, 18*(7), 534–546. doi:10.1108/08876040410561866.

Prozessdesign

4

4.1 Prinzipien Prozessverbesserungen

Es existieren verschiedenste Ansätze zur Verbesserung von Prozessen[1], die auf unterschiedliche Aspekte abstellen. So werden den Gedanken des KAIZEN/KVP-Ansatzes folgend eher inkrementelle Verbesserungen im Tagesgeschäft angestrebt, während BPR radikale Veränderungen in Prozessen, wie z. B. den Wegfall ganzer Prozesse im Sinne eines Outsourcings oder eine grundlegende Vereinfachung von Prozessen durch den Wegfall von Varianten favorisiert. Klaus 1994, S. 342 ff., 2003, S. 49 ff., unterscheidet bei der Optimierung von Fließsystemen Ansätze auf der strategischen Ebene (z. B. gerade, einfache Verkettungsmuster zur Gestaltung von Fließsystemen, Optimierung der Lage von Bruchstellen/Pufferlägern in der Kette), der taktischen Ebene (z. B. Impulsreduktion/Leveling, Poka Yoke) oder der operativen Ebene (z. B. Holsysteme, Selbstregelung oder Andon bzw. Visualisierung). Daneben werden in Lehrbüchern allgemeine Leitlinien zum Reengineering von Prozessen wie Eliminieren, Auslagern, Zusammenfassen, Parallelisieren, Verändern der Reihenfolge oder Beschleunigen (vgl. Schulte-Zurhausen 2010, S. 127) oder an anderer Stelle (vgl. Stöger 2011, S. 144 ff.) den gesamten Prozess oder Teilschritte streichen, Prozessschritte parallelisieren oder zusammenlegen, Prozesse durch

[1] An dieser Stelle eine Bemerkung zum Unterschied zwischen Optimierung und Verbesserung: Während in der Praxis bei Verbesserungsprojekten häufig von „Optimierung" gesprochen wird, kann das irreführend sein. Denn in der Mathematik wird von Optimierung nur dann gesprochen, wenn es für ein Problem tatsächlich eine „beste" Lösung gibt und die auch mit einem bestimmten Optimierungsverfahren gefunden werden kann. Bei Projekten zur Verbesserung von Prozessen ist das in der Praxis jedoch eher unwahrscheinlich und unterliegt zudem auch einer gewissen Dynamik (Prozesse und deren Rahmenbedingungen und Anforderungen können sich im Zeitverlauf verändern). Außerdem zielen manche Ansätze wie KVP gar nicht auf ein vollumfängliches Erreichen des Optimums, sondern eher auf eine kontinuierliche Annäherung in kleinen Schritten. Insofern wird hier von Prozessverbesserungen und nicht von Prozessoptimierung gesprochen.

T. Liebetruth, *Prozessmanagement in Einkauf und Logistik*,
DOI 10.1007/978-3-658-09759-2_4

Triage unterschiedlich behandeln oder Prozesse hinzufügen, vorgeschlagen und zusätzlich (vgl. Thonemann 2011, S. 149 ff.) Verantwortung, Teambildung und Leistungsmessung genannt. Schmelzer et al. 2010, S. 12 nennen als Methoden bzw. Tools der Prozessoptimierung neben den bereits genannten KAIZEN/KVP und BPR unter anderem Lean Six Sigma, Prozesssimulation, Workflow Management System und Business Process Management System.

Dieser kurze Überblick zeigt, dass einerseits einige verschiedene Vorstellungen und Ansatzpunkte zum Thema Prozessverbesserungen existieren, die sich in vielen verschiedenen Konzepten und Instrumenten niederschlagen. Darüber hinaus hat sich – insbesondere im betrachteten Feld Prozessmanagement in Einkauf/Beschaffung und Logistik – noch kein wirklicher Standard gebildet (obwohl sehr häufig auf den Lean-Ansatz abgestellt wird; dieser lässt aber auf der konzeptionellen Seite an einigen Stellen sehr große Freiheiten zur Ausgestaltung), auf den zurückgegriffen werden kann. Andererseits aber fußen diese Ansätze bzw. Konzepte und Instrumente auf ähnlichen Prinzipien und kombinieren diese teilweise auch in unterschiedlichen Formen:

- Ein Beispiel aus der Logistik ist das Konzept des Postponement (vgl. Feitzinger und Lee 1997, S. 116 f.): Durch die Verlagerung der kundenspezifischen Konfiguration eines Produktes bzw. der kundenspezifischen Auslieferung möglichst an das Ende der Wertschöpfungskette (Prinzip: Rekonfiguration der Prozesskette) können Bündelungseffekte (Prinzip: Bündelung) erzielt werden, da möglichst lange standardisiert (Prinzip: Standardisierung) und mit geringeren Schwankungen (Prinzip: Stabilisierung/Leveling) produziert werden kann. Effekte sind eine bessere (im Sinne von kostengünstigere, da konstantere) Auslastung der Ressourcen bei gleichzeitig schnellerer Reaktion auf Kundenwünsche.
- Ein Beispiel aus dem Einkauf ist die Nutzung von Work-Flow-Management-Systemen zur Steuerung von Freigabeprozessen: Durch die Hinterlegung von standardisierten Freigaberegeln und einem definierten Arbeitsfluss (Prinzip: Standardisierung), der durch ein IT-System unterstützt wird (Prinzip Automatisierung), werden nachvollziehbare und Compliance-gerechte Entscheidungen getroffen (Prinzip: Fehler vermeiden), bei denen auch die Dokumentation automatisch gespeichert wird und vielleicht sogar Abwesenheiten von Entscheidungsträgern berücksichtigt werden (Prinzip Digitalisierung). Effekte sind die Beschleunigung von Entscheidungen bei gleichzeitiger Einhaltung von Compliance-Standards.

Dieser kurze Überblick soll zeigen, dass es bestimmte Prinzipien gibt, die in Konzepten bzw. Tools gebündelt werden und dazu führen, dass Prozesse im Vergleich zum bisherigen Status besser werden. Abbildung 4.1 fasst die Idee und die Strukturierung dieses Kapitels zusammen. Die Idee ist, dass es eine Reihe generischer Prinzipien gibt, die in Konzepten oder Tools zur Anwendung kommen, um vorgegebene Ziele (je nach erkanntem Schwachpunkt oder normativer Zielvorgabe) beim Prozessdesign zu erreichen. In der Mitte sind mögliche Ziele von Projekten zur Prozessverbesserung dargestellt, wie z. B.

Abb. 4.1 Übersicht Prinzipen und Konzepte Prozessverbesserungen (Quelle: Eigene Darstellung)

Kosten reduzieren, Qualität erhöhen etc. (vgl. Wildemann 1997, S. 20 ff.). In dem mittleren Kreis um die Ziele sind die generischen Prinzipien zur Prozessverbesserung (oder Process Improvement Principles) genannt. Im äußeren Kreis sind verschiedene Konzepte aus Einkauf und Logistik genannt, die die Prinzipien der Prozessverbesserung nutzen. Es wurde versucht, durch die relative Nähe der Prinzipien und Konzepte eine Verortung der Prinzipien zu den Konzepten herzustellen. Dies kann aber aufgrund der Vielfalt der Konzepte, die die Prinzipien in unterschiedlicher Zusammensetzung nutzen, nur als grobe und weder eindeutige noch vollständige Indikation gesehen werden.

Der Nutzen der „Destillation" von generischen Prinzipien der Prozessverbesserung liegt zum einen in der Nutzung als Checkliste. Es können neben der Übertragung existierender Konzepte als Analogie für das Design eines neuen Prozesses auch eigene generisch-kreative Verbesserungsansätze erdacht werden, die auf den dargestellten abstrakten Grundprinzipien basieren. Die Auflistung soll helfen, in möglichst viele Richtungen zu denken. Weiterhin kann die Auflistung auch dazu genutzt werden, um Hinweise auf die Wirkungsweise von Prozessverbesserungen zu gewinnen. Wenn z. B. einzelne Prozessschritte eliminiert werden sollen, kann durch Abschätzung ermittelt werden, welche Kapazitäten dadurch frei werden können, also welches Potenzial gehoben werden kann.

Im Folgenden sollen zunächst die grundlegenden Prinzipien erläutert werden[2], bevor in Abschn. 4.2 selektiv auf einzelne aktuelle Konzepte und Instrumente mit hoher Bedeutung für das Prozessdesign eingegangen wird. Zur Verdeutlichung der Prinzipien werden zunächst das Prinzip erläutert, Verbindungen zu verwandten Prinzipen aufgezeigt und an-

[2] Vgl. dazu auch Liebetruth 2015a.

schließend Konzepte vorgestellt, in denen dieses Prinzip zum Einsatz kommt, sowie teilweise mögliche Maßnahmen zur Implementierung des Prinzips angerissen.

Ein wichtiges grundlegendes Prinzip ist das **Schaffen von Transparenz** in Prozessen. Erfahrungsgemäß lassen sich bereits durch die Schaffung von Transparenz Effizienzpotenziale heben, ohne dass auch nur eine inhaltliche Maßnahme durchgeführt wurde. Konzepte, die auf diesem Prinzip aufbauen, sind Kennzahlen(-systeme) (vgl. Weber 2002, S. 117 ff.), Andon (vgl. Ohno 1993, S. 147) oder visuelles Management (vgl. Bicheno und Holweg 2009, S. 82 ff.). Letzteres kann durch Kurzfilme der richtigen Prozessausführung, Bodenmarkierungen, Shadow-Boards oder Tafeln zur Visualisierung von Kennzahlen auf dem Shop-Floor umgesetzt werden. (vgl. dazu auch Förster 2012)

Mitarbeiter motivieren ist ein weiteres grundlegendes Prinzip, um Prozesse zu verbessern. Wenn schlecht bzw. nicht motivierte Mitarbeiter Prozesse ausführen, ist die Gefahr von Fehlern, Schäden oder ungleichmäßigen Prozessen hoch. Möglichkeiten, Mitarbeiter zu motivieren, sind dabei vielfältig und reichen über finanzielle Anreize (vgl. Jacobi et al. 2005, S. 59 f.) bis hin zu guter Führung (vgl. Busch et al. 2012) oder funktionierenden Arbeitsmitteln (vgl. Robbins und Judge 2014, S. 122 ff.). Auch die Veränderung des Interpretationsspielraums kann dazu beitragen, dass die Mitarbeitermotivation steigt oder fällt. So kann z. B. die klare Vorgabe von Standards bei der Kundenbedienung helfen, Konflikte mit Kunden zu vermeiden, und so zu einer höheren Motivation beitragen, aber auch das Gegenteil kann der Fall sein: Wenn qualifizierte und empathische Mitarbeiter in der Reklamationsbearbeitung einen gewissen Spielraum für Kulanz haben, kann das auch motivierend wirken. Obwohl dieses Prinzip Prozesse inhaltlich eigentlich nicht wirklich „materiell" verbessert, trägt es doch dazu bei, an vielen Stellen potenzielle Fehler zu vermeiden oder die Qualität der Bearbeitung zu erhöhen. Das Lean Management-Konzept baut sehr stark auf diesem Prinzip auf (vgl. Durchholz und Boppert 2013, S. 60). Denn zum einen muss zunächst ein Bewusstsein der Mitarbeiter über Verschwendung und verbesserte Ergebnisse geschaffen werden (z. B. durch Lehrvideos oder Schulungen) und zum anderen wird über die Zuordnung von Verantwortlichkeiten eine Identifikation mit dem Prozess und dem Unternehmen hergestellt sowie eine transparente Leistungsmessung ermöglicht.

Unter **Bündeln** wird eine Zusammenfassung gleichartiger Ströme oder Prozesse verstanden. Eine Bündelung kommt beispielsweise im Milk-Run oder Cross-Dock-Konzept vor. Im Milk-Run-Konzept wird statt einer logistischen Anbindung von Lieferanten mit wenig Volumen in einer 1:1-Relation die Zusammenlegung der Abholung von mehreren Lieferanten auf einer Route ähnlich einem Bus im Rahmen des ÖPNV verstanden. Im Falle eines Cross-Docks wird ebenfalls statt einer 1:1-Relation das Material in einem zentralen Hub (X-Dock) umgeschlagen und die Transportmittel verkehren nur auf der Strecke ihres jeweiligen Ursprungs und dem Hub (vgl. Rupprecht und Zadek 2008, S. 308 f.). Das Material legt dadurch ggf. aber in Einzelfällen eine größere Distanz zurück als auf einer Direktrelation. Durch beide Konzepte steigt aber die durchschnittliche Auslastung des Transportmittels und die Frequenz der Anlieferung kann erhöht bzw. verstetigt werden (vgl. Focke 2009, S. 40 ff. sowie die Ausführungen zum Prinzip Mobilisierung). Bei einer

Zusammenfassung von gleichartigen administrativen Prozessen können Spezialisierungs- oder Skalenvorteile genutzt werden, die ohne eine Bündelung nicht möglich oder wirtschaftlich geworden wären, wie beispielsweise die Nutzung eines IT-Tools oder arbeitsteilige Prozesse mit unterschiedlichen Qualifikationen. Ein konkretes Beispiel ist die Bearbeitung der Eingangspost in einem Unternehmen: Wenn jeden Tag nur zehn Briefe eingehen, muss die Bearbeitung manuell erfolgen. Wenn allerdings der Posteingang jeden Tag mehrere Hundert oder Tausend Schreiben umfasst, dann lohnt sich eine hochautomatisierte Poststraße, bei der die Briefe automatisch geöffnet, eingescannt und über eine OCR-Software in Verbindung mit einem DMS möglichst automatisch indexiert und archiviert werden, bevor die nicht automatisch bearbeitbaren Briefe automatisch in den Workflow an die entsprechenden In-Boxen der zuständigen Sachbearbeiter verteilt werden.

Unter **Eliminieren** wird das radikale oder inkrementelle Streichen ganzer Prozesse (vgl. Business Process Reengineering nach Hammer und Champy 1994, wo ganze Prozesse gestrichen werden sollen) oder zumindest einzelner Teilprozesse (wie z. B. in einem KVP, wo in kleinen Schritten Ursachen für Verschwendung eliminiert werden sollen; vgl. dazu: Zollondz 2013, S. 281 ff.) verstanden. Ebenfalls eliminiert werden können im Rahmen physischer Prozesse auch Knoten wie z. B. Lagerstufen (vgl. Just-in-Time) oder Kanten wie Transporte (vgl. Local-for-local) oder Gegenstände wie im „Sort-S" des 5S-Konzepts. Eliminieren ist relativ charmant und einfach verständlich, da mit einer Eliminierung von Input-Faktoren oder Prozessen in der Regel eine Kosten- und Komplexitätsreduzierung verbunden sein wird. Vorausgehen sollte jedoch eine Analyse der Auswirkung auf den Kunden (des Prozesses). Eine weitere Form der Eliminierung bezieht sich auf Schnittstellen im Prozess. Diese können (z. B. durch eine Veränderung der Reihenfolge) eliminiert werden. Schließlich können auch – unter der Voraussetzung einer quantitativen Analyse der Kundenwirkungen – Produkte aus dem Produktspektrum oder Dienstleistungskomponenten, die nicht ausreichend in Anspruch genommen werden, eliminiert werden.

Mit **Standardisieren** ist eine Vereinheitlichung gemeint. Vereinheitlicht werden können Bauteile (z. B. Verwendung von Normteilen wie Schrauben) oder ganze Module oder Produkte (z. B. der modulare Querbaukasten von VW; vgl. Waltl 2012). Ebenfalls vereinheitlicht werden können Prozesse wie die Bearbeitungsreihenfolge von Bestellungen oder Zahlungsfreigaben. Eine Standardisierung ist in der Regel die Voraussetzung für einen Abbau von Komplexität und geht mit einer Eliminierung von (nicht-standardisierten) Prozessen, Materialien etc. einher (vgl. Kaluza und Blecker 2007, S. 106 ff.). Ebenfalls kann eine Standardisierung auch die Voraussetzung für eine (Teil-)Automatisierung und eine Bündelung sein. Weiterhin können auch Begriffswelten standardisiert werden, um ein gemeinsames Verständnis von Sachverhalten zu erzielen. Ein Beispiel hierfür ist – neben diversen Standards, wie z. B. ISO-Standards oder VDI-Normen – das SCOR-Modell, das als Referenzmodell für Supply Chain-Prozesse die Herausbildung eines gemeinsamen Vokabulars und Konzeptverständnisses für Supply Chains zum Ziel hat (vgl. dazu Bolstorff et al. 2007, S. S. 15 ff.). Gefahren von Standardisierung können ein zu langes Festhalten an den Standards und damit ein Hemmnis für Innovationen sein. Auch im Einkauf bei Compliance-Themen spielt eine Standardisierung eine große Rolle.

Mit **Differenzieren/Segmentieren** ist ein Trennen von Abläufen, die vorher gemeinsam behandelt wurden, gemeint. Dieses Prinzip ist beispielsweise bei der Fertigungssegmentierung bzw. Gruppenfertigung oder bei einer Differenzierung von Einkaufsstrategien nach dem Beschaffungsgüter-Portfolio zu finden (vgl. Kraljic 1983). Die Idee dabei ist immer, dass eine „sortenreine" Bearbeitung gleichartiger Prozessen jeweils eine bessere (im Sinne von effektivere und effizientere) Bearbeitung ermöglicht. Gleichzeitig ist damit häufig auch eine größere Prozessautonomie verbunden, da der Bearbeiter mehr Entscheidungen selbst treffen kann. Wenn Prozesse nicht differenziert werden, würde ein Sachbearbeiter im Einkauf beispielsweise sowohl Bestellanforderungen von standardisierten, kleinvolumigen Materialien wie Schrauben als auch von Investitionsgütern wie Maschinen mit dem gleichen Bearbeitungsprozess behandeln und würde wahrscheinlich keiner der unterschiedlichen Anforderungen gerecht werden. Deshalb ist für die kleinvolumigen Materialien eine Katalog-Lösung oder ein Outsourcing an einen C-Teile-Dienstleister sinnvoll, während der Beschaffungsprozess für eine Maschine alle Prozessschritte von der Erstellung eines Lastenhefts über eine Ausschreibung bis hin zur Verhandlung eines individuellen Vertrags umfassen sollte. Instrumente, die in der Beschaffungslogistik die Grundlage für eine differenzierte Gestaltung von Anbindungsprozessen darstellen, können die ABC-XYZ-Analyse oder andere Portfolio-Ansätze sein (vgl. Brumme et al. 2010, S. 178 ff.; Jacobi et al. 2004, S. 15 ff.). Zur Reduzierung von Kosten im Einkauf kann z. B. auch eine „Entspezifizierung" darunter fallen. Das bedeutet, dass statt einem Material, das für alle Bedingungen eingesetzt werden kann und relativ hohe Anforderungen an die Spezifikation stellt, verschiedene Materialien oder Produkte eingekauft werden, die die jeweils unterschiedlichen Anforderungen der Nutzer erfüllen. In diesem Sinne wirkt dieses Prinzip gegensätzlich zu den Prinzipien Bündelung und Standardisierung.

Prozesse **Parallelisieren** bedeutet, dass sie nebeneinander statt sequenziell nacheinander durchgeführt werden. Dabei können Aktivitäten sowohl innerhalb einzelner Prozesse parallelisiert werden als auch ganze Prozesse parallelisiert werden. Der Nutzen besteht darin, die Durchlaufzeit bei zeitkritischen Prozessen zu reduzieren. Ein Beispiel ist die Optimierung der Rüstzeit im Rahmen von SMED (vgl. Zollondz 2013, S. 278). Dabei wird zunächst eine Analyse interner (die nur während dem Rüsten vorgenommen werden können) und externer (die auch vor oder nach dem Rüsten vorgenommen werden können) Zeitanteile durchgeführt. Interne Zeitanteile können dann auf mehrere Bearbeiter verteilt werden, damit der eigentliche Rüstvorgang schneller erfolgen kann. Eine plakative Analogie ist ein Boxenstopp im Motorsport (statt einem Monteur, der 4 Räder wechselt, wird für jedes Rad ein Monteur eingesetzt) oder beim „Ground Handling" von Flugzeugen am Flughafen. Hier wird auch das Flugzeug aufgetankt und gleichzeitig finden die Beladung mit Proviant und die Reinigung statt (vgl. Rupprecht und Zadek 2008, S. 309 ff.).

Beim **Automatisieren** von Prozessen werden körperliche oder geistige Arbeitsvorgänge von Beschäftigten durch automatisierte Systeme wie Roboter oder Computer ersetzt. Die Besonderheiten bzw. Vorteile von automatisierten Lösungen liegen in der Regel in einer höheren Verfügbarkeit und einer konstanteren Qualität. Gleichzeitig ist aber auch die Kostenfunktion eine andere: Während Mitarbeiter relativ flexibel skalierbar sind, fallen bei automatisierten Lösungen in der Regel höhere Fixkosten aufgrund von Investitionen an (allerdings wird im Software-Bereich bereits genau hierauf reagiert, indem in Cloud-Lösungen Software als eine Dienstleistung mit verhältnismäßig geringen Implementierungskosten angeboten wird). Nachdem in Montageprozessen in der Vergangenheit an manchen Stellen die Flexibilität von Menschen hervorgehoben wurde, wird aktuell im Rahmen von Industrie 4.0 (vgl. Abschn. 4.2.2) an einer steigenden Flexibilität automatisierter Lösungen gearbeitet. Der Einsatz von Robotern, die eng mit Menschen zusammenarbeiten, ist aufgrund von verbesserter Sensorik möglich, ohne größere Schutzeinrichtungen anbringen zu müssen, die Platz und Material kosten. Auch die Automatisierung gleichbleibender Aufgaben in administrativen Prozessen ist möglich. Kleine Beispiele sind vorausgefüllte Felder oder eine Tab-Sprung-gestützte Menüführung. Größere Lösungen können um Workflow-Unterstützungen mit BPM-Suiten herum gebaut werden, die eine Workflow-Engine als Bestandteil haben. Eine enge Verwandtschaft besteht auch zur Standardisierung als Voraussetzung für eine Automatisierung. In Verbindung mit diesem Prinzip ist ein weiterer Nutzen die Fehlervermeidung. Die Wahrscheinlichkeit, dass durch standardisierte und automatisierte Prozesse Fehler auftreten, ist geringer. Produkte können schneller zum Kunden gelangen bzw. die Prozessergebnisse liegen schneller vor und Nacharbeiten und Umplanung können reduziert werden. Konzepte bzw. Instrumente, die auf diesem Prinzip aufbauen, sind Poka-Yoke oder die Nutzung von Standard-Nachrichtentypen wie bei EDI oder Referenzprozessen wie das SCOR-Modell. Aber auch die Beschleunigung von Prüfprozessen kann ermöglicht werden: Wenn klare Regelungen definiert werden, können sogar Entscheidungen oder Freigabeprozesse automatisiert werden. Häufig sind in Produkten sogar schon vorgegebene Freigabe-Workflows enthalten.

Um Prozesse zu verbessern, kann auch die **Reihenfolge** von Prozessschritten **verändert** werden, damit der Ablauf von Prozessschritten neu sortiert werden kann. So können dadurch beispielsweise Schnittstellen entfallen. Ein Hinweis darauf, dass dieses Prinzip Anwendung finden sollte, ist das Vorliegen von Feedback-Schleifen und Rückfragen. Weiterhin kann eine solche Neukonfiguration von Prozessen die Voraussetzung für Bündelung oder Automatisierung sein. Ein Konzept, das auf der Kombination dieser Prinzipien aufbaut, ist Postponement. Dabei sollten Bearbeitungsschritte so konfiguriert werden, dass kundenspezifische Schritte, die ein Produkt individualisieren, erst ganz am Ende und nachdem ein tatsächlicher Kundenauftrag eingegangen ist, erfolgen – beispielsweise bei der Konfiguration von Elektrogeräten mit länderspezifischer Stromversorgung im Zentrallager. Hier wird Produkt- und Logistik-Postponement verknüpft. Denn wenn im Zentrallager ein Kundenauftrag für eine andere Region eingeht, kann das Produkt kundenspezifisch montiert und versendet werden. Die Alternative „länderspezifisches Vorhalten" von bereits konfigurierten Geräten wäre zwar mit kürzeren Lieferzeiten, aber auch mit Verschrottungen und höheren Lagerkosten verbunden (vgl. Feitzinger und Lee 1997). Bei diesem Prinzip ist die Verbindung zur Standardisierung erkennbar: Durch eine Veränderung der Reihenfolge kann zu Beginn der Bearbeitung sehr standardisiert gearbeitet werden.

Stabilisieren/Leveling ist ein Prinzip, das an der Verschwendungsart „Mura", also der Unausgeglichenheit, ansetzt. Der Grundgedanke bei diesem Prinzip ist, dass eine gleichmäßige Auslastung von Prozessen eine bessere durchschnittliche Auslastung und damit eine Vermeidung von Verschwendung freier oder ungenutzter Kapazitäten, aber auch eine bessere Planbarkeit des Ressourceneinsatzes ermöglicht. Konzepte, bei denen dieses Prinzip eingesetzt wird, sind z. B. eine Zeitfenstersteuerung, bei der Abwicklung von ankommenden Lkw im Rahmen der Zulaufsteuerung (vgl. Inform GmbH 2012), oder eine prozessorientierte Verkehrssteuerung an Flughäfen (vgl. Rupprecht und Zadek 2008, S. 311 ff.). Ob dieses Prinzip in Prozessen eingesetzt werden sollte, ob also an einer Stelle Engpässe existieren, kann beispielsweise durch Simulation der Prozessabläufe ermittelt werden. Es sind sowohl Software-Produkte verfügbar, die auf Logistik- und Fertigungsprozesse abzielen, als auch auf administrative Workflows.

Unter **Mobilisieren** kann einerseits eine Beschleunigung der Bearbeitung verstanden werden. Da aber nur ein einfaches „Schneller arbeiten" in der Regel nicht besonders hilfreich ist und auch keine wirkliche Prozessverbesserung bedeutet, soll hier unter Mobilisieren eine Erhöhung der Bearbeitungsflexibilität und Flussorientierung verstanden werden. Dies ermöglicht eine schnellere Reaktion auf den Kundenbedarf und geht häufig mit einer Reduzierung der Durchlaufzeit einher. Dies kann in physischen Prozessen durch eine Reduzierung der Losgröße in Kombination mit einer Reduzierung der Rüstzeiten erreicht werden, um eine Fertigung mit „Losgröße 1" oder einen „One-Piece-Flow" zu erreichen. Ein Konzept, das auf diesem Prinzip fußt, ist „Heijunka". Es fordert eine sich am Kundenbedarf orientierende Bearbeitung in kleinen Losen. In diesem Sinne verstanden, setzt auch das Konzept JIS auf diesem Prinzip auf (vgl. zu den verschiedenen Konzepten Zollondz 2013, S. 274 ff.; Dickmann 2009, S. 8 ff.). Eine weitere Möglichkeit, insbesondere projektorientierte oder komplexe administrative Prozesse zu mobilisieren, sind enge Abstimmungen durch die Einrichtung von Gremien oder die Nutzung „agiler" Methoden wie z. B. SCRUM. Dabei werden ähnlich wie in getakteten Produktionsprozessen mit Losgröße 1, Projekte in getakteten „Sprints" abgearbeitet, um zu schnellen Ergebnissen zu kommen.

Wenn Prozesse verbessert werden sollen, indem der **Kundenwert beachtet** wird, ist damit gemeint, dass genau das hergestellt bzw. genau die Leistung erbracht werden soll, die der Kunde wünscht bzw. erwartet. Das Prinzip bedeutet, dass versucht werden sollte, zu verstehen, was der Kunde eigentlich genau möchte. Dabei sind auch Flexibilitätsmöglichkeiten des Kunden zu untersuchen, die die Grundlage für eine Verbesserung von Prozessen sein können. Dieses grundlegende Prinzip ist häufig die Basis für weitere Maßnahmen. So ist beispielsweise die Wertanalyse ein Konzept bzw. Instrument im Einkauf, das aus einer technischeren Sichtweise heraus auf diesem Prinzip aufbaut. Denn das zu beschaffende Produkt wird hinsichtlich der Funktionen und des Nutzens untersucht, um auf dieser Basis entscheiden zu können, ob Funktionen und damit auch die dazu nötigen Bestandteile eliminiert werden können oder vielleicht sogar der Kundenwert durch das Hinzufügen neuer Funktionen erhöht werden kann. In logistischen Prozessen kann z. B. der Servicewert von zu handelnden Materialien durch Prüfung auf Vollständigkeit oder Belabelung erhöht werden. Ebenfalls unter diesem Prinzip kann das Konzept TCO genannt werden, da hier der gesamte Kundenwert und die dafür anfallenden Kosten betrachtet werden (vgl. van Weele 2010, S. 10).

Schließlich ist mit **Digitalisieren bzw. Informatisieren** die sinnvolle Einbindung von Informationen in physische oder administrative Prozesse und die dazu notwendige Umwandlung von physischen in elektronische Informationen gemeint. Dieses Prinzip ist Grundlage für die Umsetzung von Industrie 4.0. Aber auch Konzepte wie JIT wären ohne die Verknüpfung von Informations- mit physischen Prozessen nicht denkbar. Insofern knüpft auch das bereits früh formulierte Konzept Jidoka bzw. Autonomation genau an diesem Prinzip an (vgl. Ohno 1993, S. 32 ff.). Ein Konzept aus dem Einkauf, das auf diesem Prinzip aufbaut, ist E-Procurement (vgl. Reese 2013, S. 56 ff.). Voraussetzungen für die effektive Nutzung dieses Prinzips sind eine schnelle und fehlerfreie Erfassung von Informationen, die sofortige Verarbeitung der Informationen sowie die adäquate Bereitstellung der Informationen für die Nutzer. Die Erfassung kann in logistischen Prozessen, beispielsweise durch das Aufbringen und Auslesen von Labels, oder die Nutzung von Sensoren geschehen. Für die Erfassung von Informationen in administrative Prozesse kann OCR in Verbindung mit DMS genutzt werden. Die gesammelten Informationen können in eine Daten-Cloud geladen werden und stehen dann zur Weiterverarbeitung und für verschiedene Anwendungen zur Verfügung (vgl. Delfmann und Jaekel 2012, S. 9 ff.). Eine Herausforderung bei der Verarbeitung kann dann das Erkennen von Mustern aus der Vielzahl an Daten (vgl. Winkler 2010, S. 137 f.) darstellen. Aktuelle Entwicklungen im Einkauf sind darauf gerichtet, dolose Handlungen oder Ansatzpunkte für Verhandlungspotenziale aus der Analyse von Transaktionsdaten zu ermitteln. Die Bereitstellung der Informationen ist schließlich in einem für die potenziellen Nutzer geeigneten Format zu leisten. Dies kann ein aussagefähiger Bericht für das Management, aber auch die Bereitstellung von Daten über eine standardisierte Schnittstelle sein.

Nach Diskussion der verschiedenen Prinzipien fällt auf, dass es durchaus sein kann, dass sich einzelne Prinzipien widersprechen. So kann eine Differenzierung im Widerspruch zu einer Eliminierung möglicher Prozessvarianten stehen. Was dann tatsächlich zu einer Verbesserung des spezifischen Prozesses führt, kann nur durch eine möglichst umfassende und quantitative Analyse der Auswirkungen ermittelt werden. Je höher Prozesse entwickelt sind, desto genauer muss auch das dazu benötigte Messinstrumentarium sein, da die Verbesserungen kleiner ausfallen können.

4.2 Ausgewählte Konzepte zur Prozessverbesserung

Während in Abschn. 4.1 allgemeine Prinzipien im Sinne einer Checkliste vorgestellt wurden, steht die Erläuterung ausgewählter aktueller Konzepte und Instrumente zur Prozessverbesserung im Fokus dieses Kapitels. Mit Lean Management (vgl. Abschn. 4.2.1) wird eine Management-Strategie vorgestellt, die sehr umfassend viele der obengenannten Prinzipien beinhaltet. Mit Industrie 4.0 (vgl. Abschn. 4.2.2) wird auf die aktuelle technologische Entwicklung im Bereich Digitalisierung Bezug genommen und mit dem Outsourcing von Logistik-Leistungen (vgl. Abschn. 4.2.3) wird ein Ansatz vorgestellt, der im Sinne eines Business Process Reegineerings eine verhältnismäßig radikale Eliminierung von Tätigkeiten bedeutet und ggf. eine Neukonfiguration der Wertschöpfungskette ermöglicht.

4.2.1 Lean Management

Lean Management geht zurück auf das Toyota Produktionssystem, das von Taiichi Ohno dokumentiert wurde (vgl. Ohno 1993). Die Leistung dabei war es, ein unter marktlichen, technischen und gesellschaftlichen Rahmenbedingungen Mitte des 20. Jahrhunderts optimales Produktionssystem zu entwickeln, während die westlichen (im Wesentlichen die amerikanischen) Automobilhersteller noch das tayloristisch-fordistische Fabrik-System verfolgten (vgl. Pfeiffer und Weiß 1994, S. 1 f.).

Der Grundgedanke ist, die Wertschöpfung für den Kunden zu erhöhen. Lean Management ist eine „Management-Strategie zur effizienten Ausgestaltung von betrieblichen Leistungssystemen unter den Prämissen der konsequenten Kundenorientierung und der Vermeidung jeglicher Verschwendung“ (Kummer et al. 2013, S. 65). Zentrale Elemente dieser Definition sind:

- Konsequente Kundenorientierung: Das zentrale Element jeglichen Wirtschaftens sind der Kunde und seine Anforderungen. Deshalb kommt den Anforderungen des Kunden eine hohe Bedeutung zu. Dabei können auch interne Kunden gemeint sein. Außerdem sind auch immer Flexibilitätsanforderungen bzw. -möglichkeiten des Kunden zu berücksichtigen.
- Vermeidung von Verschwendung: Ohno 1993, S. 45 f. nennt mit Überproduktion, Wartezeiten, Transporte, Prozessübererfüllung, Lager/Bestände, überflüssige Bewegungen und in Form von defekten Produkten sieben Arten der Verschwendung, die mit dem Instrumentarium des Lean Managements vermieden werden sollen. In jüngerer Zeit wird ungenützte Kreativität von Mitarbeitern als eine achte Art von Verschwendung hinzugezählt (vgl. Bicheno und Holweg 2009, S. 24).
- Betriebliches Leistungssystem: Obwohl das Lean Management seine Wurzeln in der Optimierung der Produktion hat, sind die Grundgedanken auf jegliche Form der Leistungserstellung gerichtet. Es kann also auch auf Dienstleistungen oder unterstützende Prozesse angewendet werden (vgl. Bicheno und Holweg 2009, S. 12; Taylor und Brunt 2002, S. 7 ff.).
- Management-Strategie: Dieser Aspekt bedeutet, dass es nicht um einzelne Techniken geht, die Unternehmen anwenden sollen, um punktuelle Verbesserungen zu erzielen. Gemeint ist eine langfristige Orientierung und ein auf das Unternehmen und die Produkte abgestimmtes Set an aufeinander aufbauenden allgemeinen Prinzipien oder Leitlinien (vgl. z. B. Durchholz 2013; Siemens AG 2010), nach denen sich Unternehmen verhalten sollten (vgl. Zollondz 2013, S. 166 ff.). Mittlerweile haben viele Unternehmen ihr eigenes „Lean-Management-System“, wie z. B. Siemens mit dem Siemens Produktionssystem oder BMW mit dem Wertschöpfungsorientierten Produktionssystem WPS, entwickelt.

Insbesondere der letztgenannte Aspekt bedeutet, dass die Zusammenhänge der einzelnen Prinzipien und Leitlinien eine wichtige Rolle spielen. Auf Basis der originären Ausfüh-

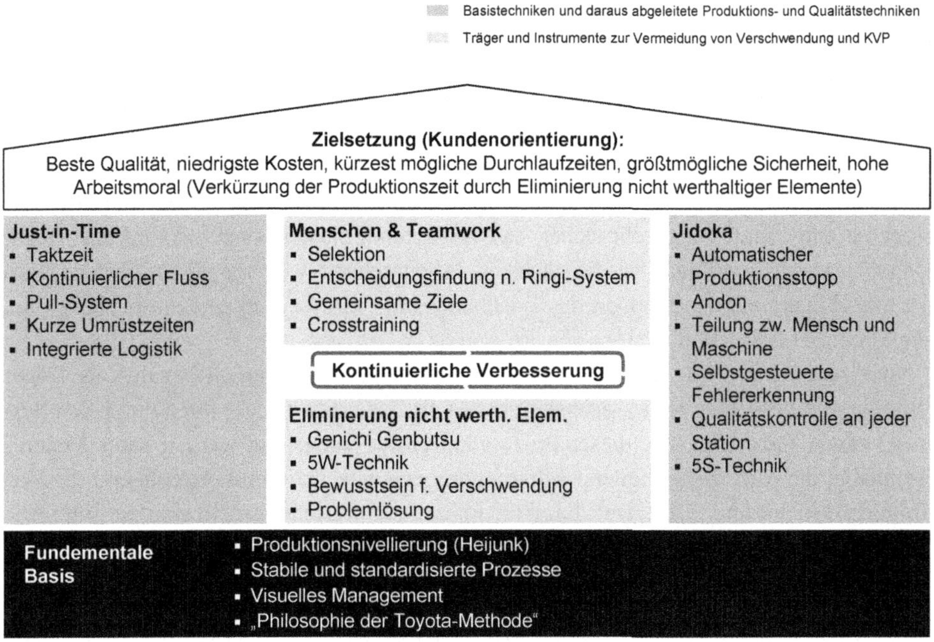

Abb. 4.2 Toyota Produktionssystem nach Fujio (Quelle: Eigene Darstellung nach Zollondz 2013, S. 167)

rungen von Ohno 1993 hat sich dabei die Darstellung anhand eines Hauses oder Tempels etabliert. Beispielhaft werden die Zusammenhänge anhand der in Abb. 4.2 präsentierten Darstellung erläutert, die auf Cho Fujio, einen Trainingsexperten des Toyota-Produktionssystems, zurückgeht (vgl. Zollondz 2013, S. 167 ff.).

Das Fundament der Bemühungen um ein Leistungssystem nach dem Lean Management ist nach Fujio die Verinnerlichung der Philosophie und Vision des Produktionssystems, gutes visuelles Management sowie stabile, standardisierte und nivellierte Prozesse. Denn nur durch standardisierte, stabile und geglättete Prozesse können Tätigkeiten mit gleichbleibender Qualität und planbaren Vorgaben gestaltet und durchgeführt werden. Eine gute visuelle Unterstützung der Mitarbeiter hilft dabei. Gleichzeitig sollten alle beteiligten Mitarbeiter die Philosophie verinnerlicht haben, um auch bei neuen Herausforderungen möglichst häufig eine Lösung im Sinne der Gesamtzielsetzung zu finden. Nur wenn diese Grundlagen geschaffen sind, können die Wände gebaut und Räume eingerichtet werden.

Als tragende Wände sind die Basistechniken und deren abgeleitete Produktions- und Qualitätstechniken genannt. Darunter werden zum einem Just-in-Time und zum anderen Jidoka genannt. Die Idee von Just-in-Time ist es, an den nächsten Prozessschritt nur genau so viel zu liefern, wie es vom Kunden benötigt wird. Die beste Möglichkeit, dies zu erreichen, ist ein kontinuierlicher Fluss (z. B. in Form eines Fließbandes; vgl. Ford's Fließband!). Die zweitbeste Möglichkeit ist ein Pull-System mit Kanban-Regelkreisen. Insbesondere bei variantenreicher Fertigung sind kurze Umrüstzeiten eine wichtige Voraussetzung zur Umsetzung eines Pull-Systems, während bei einer Fließband-Fertigung die Einhaltung einer auf den Kunden ausgerichteten Taktzeit notwendig wird. Dies soll sicherstellen, dass keine Überproduktion und keine sonstige Verschwendung im Prozess entstehen. Zur Umsetzung von Jidoka (mit Intelligenz ausgestattete Maschinen) bzw. einer effektiven Zusammenarbeit zwischen Mensch und Maschinen werden unterstützende Techniken wie Andon (Maschinen geben ein optisches Signal über ihren Status), selbstgesteuerte Fehlererkennung oder eine effektive Suche der Fehlerursache nach der 5W-Technik eingesetzt. Dies stellt sicher, dass auftretende Fehler sofort erkannt bzw. sogar behoben werden und nicht an die nächsten Arbeitsschritte weitergegeben werden. Dazu ist manchmal auch das Stoppen des Fließbandes mit einer „Reißleine" notwendig (vgl. Zollondz 2013, S. 128 ff.).

Die zentralen Räume beinhalten den Fokus auf die Menschen und Teams als Träger eines kontinuierlichen Verbesserungsprozesses (Kaizen: Ersatz des Guten durch das Bessere) sowie Techniken, wie dieser Prozess am besten unterstützt werden kann. Ersteres beinhaltet die Auswahl geeigneter Mitarbeiter, geeignete Trainingskonzepte und die Verfolgung gemeinsamer Ziele, was durch die Führungskraft sichergestellt werden sollte. Die Techniken umfassen shopfloororientierte Problemlösungstechniken wie die Beobachtung der realen Dinge (Genbutsu) am Ort des Geschehens (Gemba) sowie Problemlösungstechniken, die zu schnellen und effektiven Lösungen beitragen wie das Ishikawa-Diagramm, bei dem mögliche Verbesserungsansätze nach Mensch, Material, Methode, Maschine, Messung und Milieu sortiert werden.

Im Folgenden werden selektiv einzelne Instrumente und Konzepte erläutert, die zur Verbesserung von Prozessen eingesetzt werden können und die auf den Gedanken des Lean Managements aufbauen.

4.2.1.1 5S

5S ist eine einfache Basis-Technik, die auf dem Gedanken von Lean Management ansetzt, und eine grundlegende Übung für alle weiteren Aktivitäten im Bereich Lean. Ziel ist es, effiziente und zuverlässige Arbeitsabläufe zu gewährleisten und Unfälle und Fehler zu vermeiden. 5S bezieht sich auf 5 japanische Begriffe, die in dieser Reihenfolge durchgeführt werden sollen und im Folgenden kurz erläutert werden. In Klammern ist die englische und die deutsche (dort heißt das Konzept 5A) Variante genannt (vgl. Thonemann 2011, S. 329 ff.; Zollondz 2013, S. 279 ff.).

- **Seiri (Sort, Aussortieren)**: Der erste Schritt besteht darin, alle nicht unbedingt für diese Tätigkeit an diesem Arbeitsplatz benötigten Dinge auszusortieren und gekennzeichnet in ein Lager zu bringen oder zu entsorgen. Dies schafft zunächst Platz und Fläche wird frei. Gleichzeitig wird der Arbeitsplatz übersichtlich und Suchzeiten werden reduziert. Deshalb ist dieser Schritt auch grundlegend und sollte als erstes durchgeführt werden. Wenn man sich nicht ganz sicher ist, ob ein Gegenstand nötig ist, kann ein farbiger Anhänger daran befestigt werden und wenn dieser Gegenstand nicht innerhalb einer Woche angefasst wird, kann er aussortiert werden.

- **Seiton (Set in Order, Aufräumen)**: In einem zweiten Schritt werden den benötigten Teilen geeignete Plätze zugewiesen. Diese Plätze werden so ausgewählt, dass unnötige Bewegungen möglichst vermieden werden. Die Plätze können durch farbige (Boden-) Markierungen, Halterungen an „Shadow-Boards" gekennzeichnet werden. Es können auch technische Unterstützungen implementiert werden, um eine noch bessere Handelbarkeit der Werkzeuge und Werkstücke zu erreichen.
- **Seiso (Shine, Arbeitsplatz sauber halten)**: Der dritte Schritt ist eine sorgfältige Reinigung des Arbeitsplatzes. Dabei werden kleine Mängel bereits frühzeitig offengelegt. Gleichzeitig soll eine Reinigung auch eine Identifikation mit dem Arbeitsplatz ermöglichen und das Wohlbefinden des Mitarbeiters steigern. Nicht zuletzt hat dieser Schritt – dem Gedanken folgend, dass ein gutes Produkt durch einen guten Prozess entsteht – auch einen Qualitätsaspekt.
- **Seiketsu (Standardize, Anordnung zur Regel machen)**: Die in den ersten drei Schritten geschaffenen Voraussetzungen für eine gute Ausführung sollen in dem vierten Prozess durch eine Standardisierung abgesichert werden. Dies kann durch Checklisten oder Bild-Dokumentationen erfolgen. Diese Standardisierung dient auch dazu, dass der Prozess an diesem Arbeitsplatz auch durch einen anderen bzw. neuen Mitarbeiter gleich ausgeführt wird.
- **Shitsuke (Sustain, Alle Vorgaben einhalten und kontinuierlich verbessern)**: Der letzte Schritt ist auf die Disziplin gerichtet, die nötig ist, um alle definierten Standards einzuhalten und kontinuierlich alle Schritte durchzuführen. Es ist auch eine Aufgabe der jeweiligen Führungskraft, dies durch zielgesetzte Anreize (Kontrolle oder Motivation) sicherzustellen. Die kontinuierliche Verbesserung soll somit zur Gewohnheit werden.

5S ist ein Instrument, das sich nicht nur auf physische (Logistik)Prozesse bezieht, sondern auch in administrativen Prozessen eingesetzt werden kann. Es ist dabei nur an die Gestaltung der Arbeitsoberfläche im PC oder das Mail-Postfach zu denken. Ein anderes Beispiel, das eine Anwendung von 5S sinnvoll erscheinen lässt, sind vermeidbare Klicks bei einer nicht durchdachten Benutzeroberfläche in einem Anwendungsprogramm.

4.2.1.2 Wertstromdesign

Das Wertstromdesign setzt nach Durchführung einer Wertstromanalyse an den gefundenen Schwachstellen (Kaizen-Blitze) an, um einen gesamten Wertschöpfungsprozess nach den Lean-Prinzipien zu gestalten. Rother und Shook 2009, S. 57 ff. schlagen eine Vorgehensweise vor, mit der ein „Future-State" des Wertstroms designt werden kann, der auf den Prinzipien des Lean Managements aufbaut. Grundsätzliches Ziel eines schlanken Wertstroms ist es danach, nur das zu produzieren, was der Kunde bzw. der nächste Prozessschritt benötigt, um Überproduktion zu vermeiden. Folgende Schritte sollen dazu führen, dieses Ziel zu erreichen:

1. Identifikation der Kunden-Taktzeit: In der Lean-Philosophie sollte zunächst, um Überproduktion zu vermeiden, der Produktionsrhythmus des Kunden analysiert werden, damit die Produkte statt ins Lager, direkt in die Produktion geliefert werden können. Die Kundentaktzeit entspricht dabei der verfügbaren Betriebszeit (z. B. pro Schicht) geteilt durch die in dieser Periode vom Kunden benötigten Produktionsmenge (vgl. Klevers 2009, S. 77 ff.). In die Berechnung müssen auch nicht produktive Zeiten wie Rüstzeiten, Wartungszeiten etc. mit einkalkuliert werden. Wenn ein Kunde z. B. pro Schicht 40 Teile benötigt und in dieser Schicht abzüglich nicht produktiver Zeiten 400 min zur Verfügung stehen, dann beträgt die Kunden-Taktzeit 10 min. Das heißt, im Schnitt muss alle 10 min ein Teil fertig werden, damit die Kundenanforderung erfüllt werden kann.
2. Installation eines kontinuierlichen Flusses (One-Piece-Flow), wo möglich: Die beste Möglichkeit, um Verschwendung in Form von Beständen in einem Produktionsprozess zu vermeiden, ist es, eine kontinuierlichen Fluss in Form einer Fließband-Produktion zu implementieren. Ein Beispiel hierfür ist die Endmontage in der Automobil-Großserienproduktion. Die Idee dabei ist es, dass die Werkstücke durch ein kontinuierlich laufendes Transportmittel von Arbeitsplatz zu Arbeitsplatz gebracht werden und dort jeweils spezialisierte Tätigkeiten verrichtet werden. (vgl. Ehrmann 2008, S. 388).
3. Umsetzung des Supermarkt-Prinzips: Wenn kein kontinuierlicher Fluss möglich oder sinnvoll ist, sollte durch Implementierung von Supermärkten und dem Kanban-Prinzip das Holprinzip umgesetzt werden und so Überproduktion vermieden werden. Ein kontinuierlicher Fluss ist z. B. dann nicht möglich, wenn im Vergleich zur Kunden-Taktzeit sehr unterschiedliche Zykluszeiten existieren (z. B. beim Ausstanzen von mehreren Werkstücken aus einer Platine vs. eine aufwendige manuelle Montage) oder Prozesse aufgrund von Rüst- oder Wartungszeiten oder Risiken im Lieferprozess von den Zulieferern nicht stabil sind. In diesem Fall müsste jedes Mal das ganze Fließband angehalten werden. Da ein Supermarkt immer auch Bestand bedeutet, ist immer zuerst zu prüfen, ob ein kontinuierlicher Fluss möglich ist. In manchen Fällen (z. B. bei variantenreicher Produktion, kundenspezifischen Teilen, kurzen Haltbarkeitsdauern) ist ein Supermarkt nicht sinnvoll. Hier sollte eine FIFO-Lane zum Einsatz kommen.
4. Definition eines „Pacemaker-Prozesses": Wenn durchgehend entweder ein kontinuierlicher Fluss oder ein Holprinzip anhand von Supermärkten umgesetzt wurde, muss nur noch an einer Stelle im Prozess ein Steuerungsimpuls gesetzt werden. Wenn durchgehend ein kontinuierlicher Fluss implementiert wurde, ist dieser Steuerungsimpuls ganz an den Anfang zu setzen, da alle nachfolgenden Prozessschritte in einer vorgeplanten Reihenfolge ablaufen. Wenn dagegen ausschließlich das Pull- bzw. Holprinzip eingesetzt wird, muss der Steuerungsimpuls und damit der Pacemaker-Prozess an das Ende gesetzt werden, da alle vorherigen Prozessschritte auf Impuls des nachfolgenden Prozesses aktiv werden. Es können aber auch Mischformen existieren und der Pacemaker-Prozess in der Mitte sein. Dann muss darauf geachtet werden, dass alle nachfolgenden Prozesse in einem kontinuierlichen Fluss (oder FIFO-Lane) ablaufen und alle vorherigen Prozesse durch das Holprinzip verbunden sind.

5. Glättung Produktionsmix, Flexibilität: Um schließlich eine noch stärkere Ausrichtung auf den Kundenwunsch bei Variantenproduktion zu erreichen, ist (insbesondere dort, wo kein kontinuierlicher One-Piece-Flow existiert) zu prüfen, ob die Losgröße (z. B. bei der Nachversorgung von Supermärkten) reduziert werden kann. Hintergrund ist, dass bei einer variantenreichen Produktion und einer großen Losgröße eine große Zeitspanne überbrückt werden muss, in der die Produktion auf die jeweils andere Variante warten muss. Je kleiner die Losgröße und je häufiger ein Variantenwechsel stattfindet (Heijunka), desto besser kann man sich an den Kundenbedarf anpassen und desto flexibler kann auch die Produktion gestaltet werden. Um dies wirtschaftlich zu erreichen, müssen ggf. die Rüstzeiten im Sinne eines Single-Minute-Exchange-of-Die (SMED) auf eine einstellige Minutenzahl reduziert werden, um nicht zu viel produktive Zeit zu verlieren.

Die Vorgehensweise soll an dem oben (vgl. Abschn. 2.2.6) gezeigten Beispiel des Schnellrestaurants gezeigt werden. Problematisch war in der Ausgangssituation, dass durch die Push-Steuerung zu viele bzw. zu wenige Burger produziert wurden und somit Verschwendung vorlag. Als Rahmenbedingung für die Gestaltung des Future-States wird zunächst angenommen, dass der Kundentakt unverändert bleibt. Ein kontinuierlicher Fluss wird aufgrund der hohen Anzahl an Variationsmöglichkeiten und der technisch bedingten Rahmenbedingungen (die Grillzeit ist deutlich länger als der Kundentakt) als schwer umsetzbar angesehen. Deshalb wird eine Pull-Steuerung implementiert. Zudem werden die Losgrößen bei der Burger-Montage und der Menü-Zusammenstellung (aufgrund der jeweils geringen Umrüstzeiten bei den einzelnen Bearbeitungsschritten ist das unproblematisch) reduziert. Das Ergebnis ist, dass deutlich flexibler auf die Kundennachfrage reagiert werden kann und weniger Burger vernichtet werden müssen. Der Future-State-Wertstrom ist in Abb. 4.3 dargestellt.

4.2.1.3 Routenzug zur hochfrequenten Materialversorgung[3]

Aufgrund der zunehmenden Variantenvielfalt, der damit verbundenen höheren Kleinteiligkeit und den höheren Anforderungen an die Flexibilität bei gleichzeitiger Kosteneffizienz rücken Routenzüge zunehmend in den Fokus der Einsatzplanung bei Systemen für den innerbetrieblichen Transport. Sie sind ein Baustein zur Synchronisation von Produktions- und Logistikprozessen (vgl. Günthner et al. 2012, S. 5) und passen sich so in die Säule Just-in-Time des Lean Managements ein. Sie gewährleisten eine kontinuierliche und hochfrequente Materialver- und -entsorgung. Ebenso sollen sie eine Reduzierung des Verkehrsaufkommens und damit eine Reduzierung der Unfallgefahr erzielen. Inzwischen existieren bereits einige Studien über den Einsatz und die Planung von Routenzügen, wie z. B. Günthner et al. 2013.

Häufig sollen Routenzüge eine Materialversorgung ergänzen oder gar ersetzen, die auf dem Einsatz von Gabelstaplern basiert. Deshalb greift dieser Beitrag das Thema Einsatz

[3] Dieses Kapitel basiert auf Liebetruth 2006.

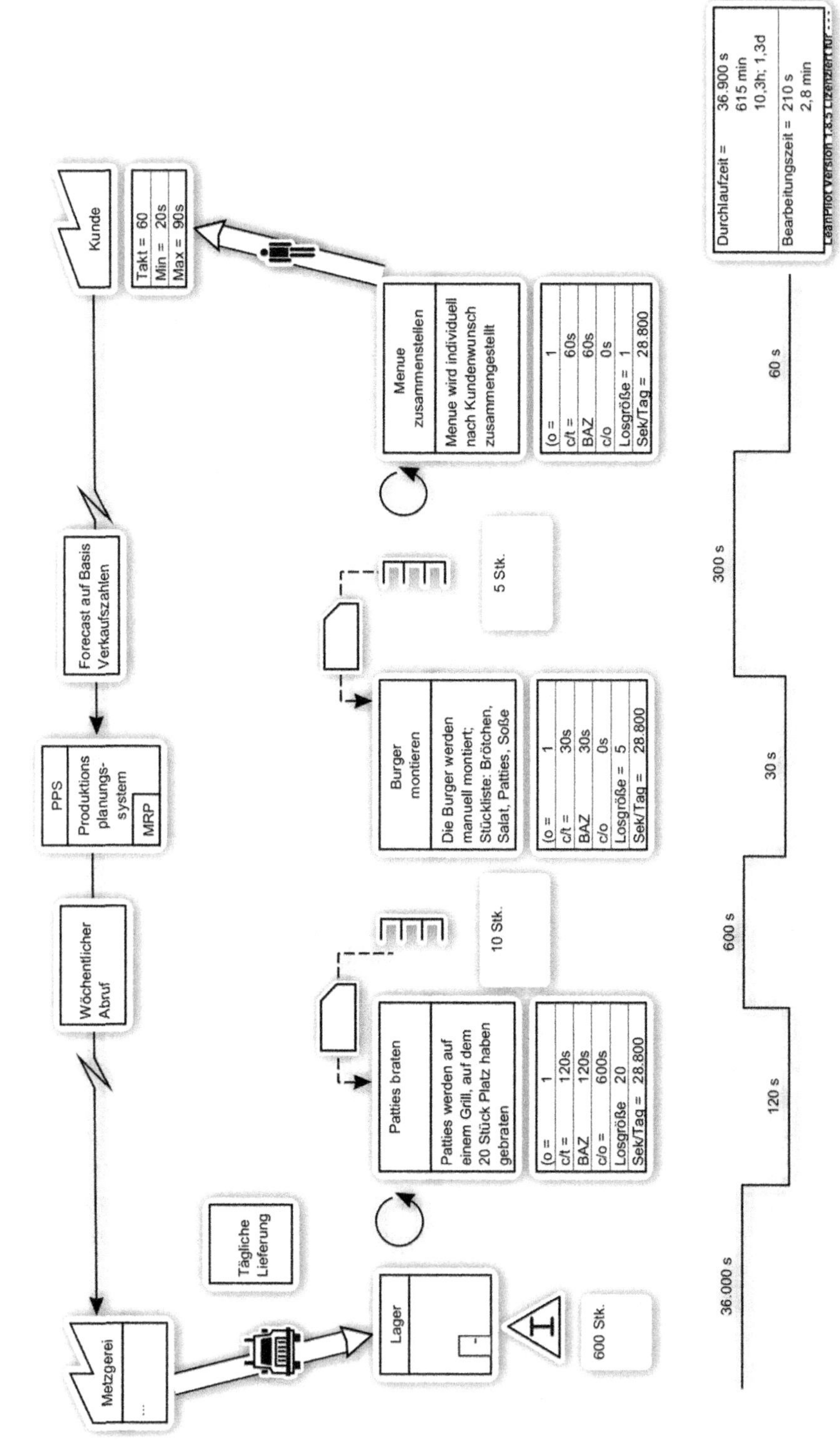

Abb. 4.3 Beispiel Wertstromdesign Burger Braten Future State (Quelle: Eigene Darstellung)

von Routenzügen dahingehend auf, dass in der Ausgangssituation das Material auf Basis einer Bestellung innerhalb einer definierten und vereinbarten Zeit durch Gabelstapler an verschiedene Übergabeplätze gebracht wird. Dieses Kapitel soll existierende Beiträge zur Konzeptionierung und Planung konkretisieren und um konkrete Planungshilfsmittel wie Tabellenvorlagen ergänzen. Es soll auch eine Hilfestellung bei der Entscheidung sein, ob der Einsatz eines Routenzugs überhaupt sinnvoll ist.

Definition Routenzug
Ein Routenzug (auch: werksinterner Milk-Run, Logistikbus oder Schleppzug) versorgt üblicherweise aus einer Quelle mehrere Bereitstellorte oder bzw. und sammelt Material von mehreren Quellen ein, um es an eine Senke zu transportieren. Da der Routenzug häufig nach einem festen Fahrplan verkehrt, ist er auch mit einem Bussystem im öffentlichen Personennahverkehr (ÖPNV) vergleichbar. Ein Routenzug umfasst in der Regel eine Zugmaschine und mehrere Anhänger und wird von einem Fahrer bedient. Bei der Planung von Routenzügen sind folgende Systemelemente zu betrachten (und zu planen):

- Routenzugbahnhof (Quelle)
- Haltepunkte und Bereitstellorte (Senken)
- Route
- Routenzug (Zugmaschine und Anhänger mit entsprechender Technik)
- Routenzug- und Nachschubsteuerung
- Prozesselemente und Arbeitsteilung (z. B. Integration von Beladung und Leergut in den Routenzugzyklus)

Einsatzgebiete und Grenzen
Ein Routenzug eignet sich für Materialien, die einen mittleren bis niedrigen, aber möglichst regelmäßigen Bedarf haben. Das Teile- bzw. Behälterspektrum, das durch den Routenzug befördert werden kann, umfasst optimalerweise kleine Teile bzw. Behälter, da der Fahrer die Teile bzw. Behälter möglichst ohne weitere Hilfsmittel auf der Route bewegen können sollte. Für große Teile bzw. Behälter eignet sich der Routenzug nur bedingt. Die Vorteile eines Routenzugs hinsichtlich seiner Möglichkeit, Bedarfe zu bündeln, kommen am besten zum Tragen bei mittleren bis großen Entfernungen zwischen der/den Senke/n und der/den Quelle/n und wenn eine Bündelung aus anderen Gründen notwendig ist. In diesem Fall kann bei diesen Materialien eine hohe Lieferfrequenz bei gleichzeitig hoher Auslastung des Routenzugs erreicht werden.

Grenzen des Routenzugs können technischer oder wirtschaftlicher Natur sein:

- Technische: Wenn das Fördergut zu groß bzw. zu schwer für handelsübliche Systeme ist oder zusätzliche Hilfsmittel wie Gabelstapler für die Handhabung benötigt werden, dann ist der Einsatz eines Routenzugs nicht sinnvoll oder sogar gar nicht möglich. Ebenso können technische Grenzen in äußeren Rahmenbedingungen wie unebenen

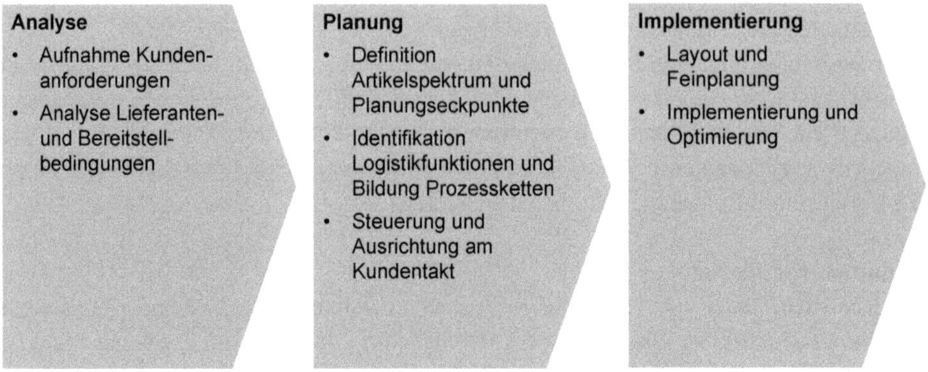

Abb. 4.4 Vorgehensweise Planung Routenzug (Quelle: Eigene Darstellung)

oder zu engen Fahrwegen oder der Zugänglichkeit der Be- und Entladestationen liegen. Weiterhin ist ggf. eine systemtechnische Seitenabhängigkeit bei der Be- und Entladung zu berücksichtigen.
- Wirtschaftliche: Bei kurzen Transportentfernungen und/oder hohen Materialbedarfen, wo außerdem keine Bündelungstätigkeiten notwendig sind, würden sich die vergleichsweise hohen Aufwände für die Zusammenstellung eines Routenzugs nicht lohnen und ein Transport mit einem Stapler oder ggf. fest installierter Fördertechnik wie Rollenbahnen wäre tendenziell wirtschaftlicher.

Bei der Planung von Routenzügen ist man in der Regel mit (zunächst) nicht veränderbaren Gegebenheiten konfrontiert bzw. kann nicht auf der grünen Wiese planen. Denn oft soll ein Routenzug in ein gegebenes Logistik-System integriert werden oder, wie oben bereits genannt, ein bestehendes System der Materialversorgung durch Gabelstapler ersetzen. Dennoch sollten dann aber, wo es möglich ist, diese Rahmenbedingungen sukzessive im Sinne des Line-Back-Prinzips auf Anpassungs- und Verbesserungsmöglichkeiten untersucht werden, um die Vorteile des Routenzugs voll auszuschöpfen.

Deshalb wird hier in Anlehnung an einen allgemeinen Logistik-Planungsprozess folgende Vorgehensweise vorgeschlagen[4] (Abb. 4.4):

Im Folgenden wird diese Vorgehensweise, die aus den drei Hauptschritten Analyse, Planung und Implementierung besteht, anhand eines fiktiven Beispiels für ein mittelständisches Unternehmen mit stetigem Bedarf und einem nicht allzu komplexen Teilespektrum beispielhaft dargestellt. Es soll eine definierte, fixe Route im bestehenden Layout

[4] Durchholz und Boppert 2013 schlagen folgende Planungsschritte vor: 1) Kundenanforderungen aufnehmen, 2) Lieferantenbedingungen aufnehmen, 3) Auftragsfamilie festlegen und Wertstrommanager bestimmen, 4) Notwendige Logistikfunktionen identifizieren, 5) Prozessketten bilden, 6) Steuerung der Prozessschritte festlegen, 7) Ausrichtung am Kundentakt, bündeln, prüfen, 8) Layout grob planen, 9) Umsetzungsvarianten je Funktion auswählen und 10) Prozess ausplanen, Hinweise zum Aspekt Mensch beachten.

geplant werden, um zunächst einen möglichst hohen Standardisierungsgrad zu erzielen und wenig Fehlermöglichkeiten zuzulassen.

1. Analyse

Der erste Teilschritt ist die Analyse bzw. Aufnahme der Kundenanforderungen. Dabei sollten zunächst Informationen über die Anforderung des/der Kunden systematisch aufgenommen werden. Dabei kann eine Strukturierung anhand der Aspekte Produkte, Ort, Zeitpunkt, Menge und Qualität/Zustand helfen, eine möglichst vollständige Analyse vorzunehmen. Bei jedem der Aspekte sollte auch ein möglicher Flexibilitätskorridor mit analysiert werden. Das heißt, es sollte jeweils die Frage beantwortet werden, in welchen Grenzen die Werte schwanken können bzw. dürfen.

- Produkte: Welche Materialien sollen bereitgestellt werden? Dabei sollten alle in einem bestimmten Bereich bereitzustellenden Materialien in einer Tabelle zusammengefasst werden. Bereits hier kann auch das Leergut berücksichtigt werden. Neben der Sachnummer sollten auch das Behältnis und dessen Dimensionierung sowie das maximale Fassungsvermögen für das jeweilige Material festgehalten werden.
- Ort: Wo sollen die Materialien bereitgestellt werden? Hier bietet sich die Analyse anhand des Layouts an. Anhand dessen kann der Bereich vorab grob eingegrenzt werden, für den ein Routenzug eingesetzt werden kann bzw. soll. Gegebenenfalls können hier schon grobe Bereitstellungszonen wie Fertigungsinseln zusammengefasst werden, die später die Grundlage für die Definition von Halteorten sein können.
- Zeitpunkt: In welcher Taktung werden die Materialien benötigt? Was ist der aktuelle Service-Level für die Bereitstellung der Materialien? Hier sollte auch analysiert werden, wie lange der Vorlauf für die Bereitstellung aktuell ist und welche zusätzlichen Koordinationsaufwände anfallen. Gegebenenfalls können hier auch schon mögliche Engpässe des aktuellen Versorgungssystems aufgenommen werden, die Ansatzpunkte für eine Verbesserung liefern.
- Menge: In welcher Menge sollen die Teile bereitgestellt werden? Hierzu kann das Produktionsprogramm für die nächste sinnvolle Planungsperiode herangezogen werden und durch eine Stücklistenauflösung die jeweiligen Bedarfe der Materialien ermittelt werden. Daraus ergibt sich dann, wie viel Material bereitgestellt bzw. Leergut abgeholt werden muss. Ein wichtiger Aspekt ist dabei auch die Schwankung des jeweiligen Materialbedarfs.
- Qualität/Zustand: Wie sollen die Materialien am Bereitstellungsort eintreffen? Hier ist zu analysieren, ob eine Sequenzierung notwendig ist, Sets gebildet werden sollen oder ob ggf. Verpackungen entfernt werden müssen oder spezielle Inlays nötig sind. Diese Informationen sind wichtig, damit die damit zusammenhängenden logistischen Tätigkeiten später entsprechend geplant werden können.

Da für die Dimensionierung des Routenzugsystems nicht nur die eigentlichen Materialien, sondern auch die Behälter relevant sind, ist auf Basis des aktuellen Behälterkonzepts (Voraussetzung ist, dass die Behälter bereits definiert sind) der Bedarf an bereitzustellenden Behältern zu analysieren. Zur Ermittlung der Behälterbedarfe kann auf eine zweistufige Vorgehensweise zurückgegriffen werden, die aus den Materialbedarfen die Behälterbedarfe errechnet:

1. Ermittlung der Bedarfe je Material für einen definierten Zeitraum (z. B. ein Jahr auf Basis von Schichten). Das Ergebnis ist der durchschnittliche, maximale und ggf. minimale Bedarf in dem definierten Zeitraum für das jeweilige Material in Stück sowie die Schwankung des Bedarfs (hierzu kann der Variationskoeffizient herangezogen werden)
2. Ermittlung der bereitzustellenden Behälter je Sicht durch Ansatz des Behältertyps und des jeweiligen Füllgrades. Das Ergebnis ist eine Übersicht über die durchschnittlich, maximal und ggf. minimal bereitzustellenden Behälter je Schicht im Format Anzahl Behälter je Schicht.

Ein beispielhafter Ausschnitt aus der Analyse mit fiktiven Daten ist Tab. 4.1 zu entnehmen. Darin sind verschiedene Materialien, die im betrachteten Bereich verbaut werden, mit unterschiedlichem Bedarf und den jeweiligen Behältern enthalten. Diese Analyse ist die Grundlage für die spätere Auswahl der mit dem Routenzug bereitzustellenden Materialien.

Der zweite Teilschritt ist die Analyse der Lieferanten- und Bereitstellbedingungen. Dabei sollten analog der obigen Strukturierung die Rahmenbedingungen ermittelt werden, unter denen die Materialien aktuell an der Quelle verfügbar sind (das kann z. B. ein eigenes oder durch einen Logistikdienstleister betriebenes Lager, ein Supermarkt oder eine Pufferfläche sein). Die Daten können in der obigen Liste ergänzt werden.

Ergänzend sollten in diesem Schritt bereits anhand des Layouts und einer Begehung die Rahmenbedingungen für die Bereitstellung der Materialien erhoben werden. Darunter fallen z. B. die Entfernungen von der Quelle zu den jeweiligen Senken sowie die Entfernungen zwischen den Senken. Ebenfalls von Bedeutung sind bauliche Rahmenbedingungen wie die Breite und die Beschaffenheit (Schlaglöcher!) von Fahrwegen.

Für dieses Beispiel wird davon ausgegangen, dass ein Großteil der Materialien in einem selbstbewirtschafteten Lager mit Fachbodenregalen auf Paletten bzw. in einem Blocklager gelagert wird und ein anderes Material im Lager nach Bedarf aus GLT im Blocklager in KLT umgepackt werden muss.

2. Planung

Im Anschluss an die erhobenen Daten aus der Analysephase können erste Planungsschritte erfolgen.

Der erste Teilschritt der Planungsphase besteht in der Definition des Artikelspektrums und der Ermittlung der Planungseckpunkte. Zunächst ist in diesem Teilschritt auf Basis der in der Analysephase erhobenen Daten das durch den Routenzug bereitzustellende Artikelspektrum zu definieren. Wie oben bereits erläutert, eignen sich insbesondere kleine Teile bzw. Behälter mit mittleren bis niedrigen, aber möglichst regelmäßigen Bedarf, d. h.

Tab. 4.1 Behälteranalyse (Quelle: Eigene Darstellung (fiktive Daten))

A	B	C	D	E	F	G	H	I	J	K
Sachnummer	Bezeichnung	Behälter	Stückzahl je Behälter	ggf. Füllgrad	Bedarf/ Schicht durchschnittlich	Bedarf/ Schicht maximal	Schwankung Bedarf/Schicht	Verbrauch/ Stunde	Reichweite	Behälter pro Schicht
[Bezeichnung]	[Bezeichnung]	[Bezeichnung]	[Stück]	[%]	[Stück]	[Stück]	[Variationskoeffizient]	[Stück]	[Stunden]	[Anzahl]
Stückliste	Stückliste	Logistikplanung, insbes.: Behälterplanung	Logistikplanung, insbes.: Behälterplanung	Logistikplanung, insbes.: Behälterplanung	Vertriebs-/ Produktionsplan	Vertriebs-/ Produktionsplan	Berechnung aus Vertriebs-/ Produktionsplan	Berechnung: f/8 Stunden	Berechnung: (d*e)/i	Berechnung: 8/j
A		KLT 1	50	80 %	160	200	0,10	20,00	2,0	4,0
B		KLT 1	10	100 %	30	50	0,35	3,75	2,7	3,0
C		KLT 1	500	100 %	1000	800	0,53	125,00	4,0	2,0
D		KLT 1	15	80 %	2	10	2,00	0,25	48,0	0,2
I		GLT	10.000	80 %	200	300	0,20	25,00	320,0	0,0
…										

niedrigen Schwankungen. Wenn also hohe Schwankungen im Bedarf existieren oder Behälter eingesetzt werden, die zu groß oder zu schwer sind, um mit einem Routenzug transportiert zu werden, sollten diese in einem ersten Schritt ausgeschlossen werden.

Aus der Kombination mit den verschiedenen in der Analyse erhobenen Daten lassen sich dann bereits einige wichtige Informationen und Rahmenbedingungen für die weitere Planung ableiten: Zunächst kann durch die gesamte bereitzustellende Menge an Behältern eine erste Indikation über die Dimensionierung und Kapazitätsanforderungen des Routenzugs (ggf. auch mit Gewicht) gewonnen werden. Ebenso kann durch ein erstes Screening der Behälterreichweite für die jeweiligen Materialien ein Überblick über ein mögliches Potenzial zur Bestandsreduzierung in der Produktion abgeleitet werden.

So kann beispielsweise angenommen werden, dass für das Anwendungsbeispiel in der zu versorgenden Halle des mittelständischen Unternehmens der verarbeitenden Industrie ein durchschnittliches Gesamtvolumen von 75 Behältern (mittlere KLT) pro Schicht bereitgestellt werden muss. Bei einer angenommenen Kapazität des Routenzugs von 18 Behältern (3 Anhänger, die jeweils 6 Behälter transportieren können) und einer – eine gewisse Flexibilitätsreserve berücksichtigende – Auslastung von 80 % ergibt sich, dass der Routenzug etwa 6-mal pro Schicht fahren muss, um das Transportvolumen bewältigen zu können (Kapazität des Routenzugs bei 80 % Auslastung: $18 \times 80\,\% = 14{,}4$; Fahrten pro Schicht bei bereitzustellenden Behältern: $75/\ 14{,}4 = 5{,}2 \sim 6$ Fahrten). Die sich daraus ergebende Taktzeit liegt bei 80 min (480 min Arbeitszeit je Schicht geteilt durch 6 Fahrten = 80 min).

Identifikation notwendiger Logistikfunktionen und Bildung Prozessketten: In diesem Teilschritt werden nun auf Basis der zuvor erhobenen Kundenanforderungen und Bereitstellbedingungen sowie der berechneten Eckpunkte die im Rahmen des Routenzugzyklus zu erbringenden logistischen Tätigkeiten definiert.[5]

In Abb. 4.5 sind die Grundprozesse eines Routenzuges dargestellt. Im Lager bzw. der Logistik (Bahnhof, Senke) werden zunächst die Materialien in Behältern für den Routenzug bereitgestellt. Anschließend werden sie in die Produktion gefahren, wo der Routenzug an den Haltepunkten die Behälter an die Bereitstellorte bringt. Dort wird ggf. auch das Leergut eingesammelt, das schließlich an den Leergutsammelplatz gebracht wird. In den Kreislauf integriert sind auch Steuerung und administrative Tätigkeiten wie die Entgegennahme der Aufträge und das Buchen nach Ablieferung.

Auf dieser Basis kann in Kombination mit den Informationen über die bereitzustellenden Materialien und Behälter ein erstes grobes Konzept für die Prozesskette des Routenzugs zusammengestellt werden. Im Folgenden wird der Routenzugprozess in die Elemente Route, Quellenprozess und Senkenprozess unterteilt. Bei der Planung wird davon ausgegangen, dass die Fahrwege durch das Layout schon vorgegeben sind und man sich bei der Konzeption der fixen Route zunächst daran orientiert.

Für die Route kann durch eine grobe Definition des Fahrwegs bzw. der Route anhand des Layouts in Kombination mit einer Schätzung einer durchschnittlichen Geschwindigkeit

[5] Vgl. dazu das Kap. 2.2.7, Logistische Wertstromanalyse.

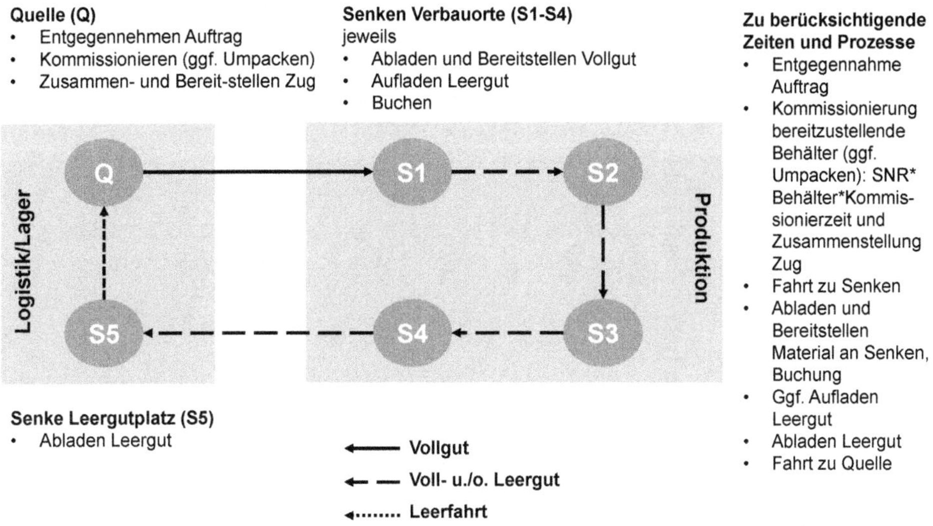

Abb. 4.5 Grundprozesse Routenzug

ein Zeitmodell ermittelt werden, das in Tab. 4.2 dargestellt ist. Die beladungsunabhängige reine Fahrzeit beträgt in diesem Fall in Summe etwas mehr als fünf Minuten.

Der nächste Planungsbaustein ist die Bereitstellung der Materialien für den Routenzug an der Quelle. Diese kann z. B. automatisch aus einem Lager erfolgen (z. B. AKL), manuell durch Kommissionierung aus einem Lager erfolgen oder wegeoptimiert aus einem Supermarkt erfolgen. Die Entscheidung hängt vom Teilespektrum und der Lagerorganisation sowie der verfügbaren Fläche ab. Gegebenenfalls müssen noch Umpack-, Kommissionier- oder Sequenziertätigkeiten berücksichtigt werden. Weiterhin sind ggf. Etikettiertätigkeiten zu berücksichtigen, wenn ein Label oder eine Kanban-Karte angebracht werden muss. Schließlich muss an der Quelle der Zug zusammengestellt werden. In Tab. 4.3 ist beispielhaft ein Zeitmodell für die Aktivitäten an der Quelle dargestellt.

Dabei wurde angenommen, dass die Behälter aus drei verschiedenen Lagerbereichen, die unterschiedliche Zeitdauern haben, kommen. Die Informationen hierzu kommen aus

Tab. 4.2 Zeitmodell Routenzug (Quelle: Eigene Darstellung)

Routensegment	Entfernung [m]	Geschwindigkeit [km/h]	Zeitbedarf gesamt [min]
Fahrweg Quelle–Senke 1	200	8	1,50
Fahrweg Senke 1–Senke 2	50	6	0,50
Fahrweg Senke 2–Senke 3	50	6	0,50
Fahrweg Senke 3–Senke 4	50	6	0,50
Fahrweg Senke 4–Senke 5	250	8	1,88
Fahrweg Senke 5–Quelle	50	6	0,50
Summe	650	–	5,38

Tab. 4.3 Zeitmodell Quelle (Quelle: Eigene Darstellung)

Aktivität	Aufwands-treiber	Informationsquelle Aufwandstreiber	Anzahl	Dauer je Treiber [sek]	Zeitbedarf gesamt [min]	MAK je Schicht
Bedarfsanforder-ungen entgegen-nehmen	[Anzahl Fahrten oder Aufträge]	Individueller Prozess in Abhängigkeit der Steuerungstechnik	4	300	20,0	0,04
Kommissionierung 1 (z. B. Lagerbereich 1)	[SNR oder Behälter]	Information kommt aus Bedarfsplanung: Durchschnittlicher Behälterbedarf je Schicht	50	60	50,0	0,10
Kommissionierung 2 (z. B. Lagerbereich 2)	[SNR oder Behälter]		20	120	40,0	0,08
Kommissionierung 3 (z. B. Lagerbereich 3)	[SNR oder Behälter]		5	240	20,0	0,04
Umpacken, Sequenzieren etc.	[Anzahl Stück]	Individueller Bereitstellprozess je Material in Abhängigkeit vom Bedarf am Verbauort oder der Anliefer-/Lagerform	500	2	16,7	0,03
Zusammen- und Bereitstellen Zug	[Anzahl Hänger]	Individueller Bereitstellprozess je Hänger in Abhängigkeit von Behälterspektrum und Technik	6	300	30,0	0,06
Summe					176,7	0,37

der Bedarfsplanung aus dem vorhergehenden Schritt. Da in der Regel für die Zeit der Lagerplatz wichtig ist, der Bedarf für eine Sachnummer aus einem Lagerplatz entnommen wird und die Anzahl der entnommenen Behälter keine größere Rolle spielt, ist der Aufwandstreiber die bereitzustellende Sachnummer. Im Beispiel muss für eine Sachnummer noch ein Umpackprozess durchgeführt werden. Der Aufwandstreiber ist in diesem Fall das einzelne Teil, das angefasst werden muss. Schließlich müssen noch die Anhänger für den Zug bereitgestellt werden. Hier ist angenommen, dass die Anhänger direkt im Lager beladen werden und dann einzeln an den Übergabepunkt gebracht werden. Für das betrachtete Beispiel ergibt sich bei 6 Fahrten je Schicht eine durchschnittliche Dauer für die Beladung eines Zuges von 176,7/6 = 29,5 min.

Der nächste Planungsbaustein ist die Konzeption des Prozesses an der Senke, dem Haltepunkt bzw. dem Bereitstellort. Hier sollte darauf geachtet werden, dass der Routenzugfahrer vom Haltepunkt zum Bereitstellort keine langen Wege hat und er die Materialen möglichst so bereitstellt, dass der Werker sie unmittelbar verwenden kann. Materialübergabeplätze, von denen sich ein Produktionsmitarbeiter die Behälter selbst holen muss, sollten wenn möglich vermieden werden. Die Produktionsmitarbeiter sollten ihre Zeit möglichst ausschließlich für wertschöpfende Produktionstätigkeiten nutzen. In der Regel werden Durchlaufregale für KLT eine gute Lösung sein. Weiterhin ist die Mitnahme von Leergut zu berücksichtigen. Und schließlich sollte dann, sofern die Nachschubsteuerung nicht über das Leergut erledigt wird oder elektronisch erfolgt, auch noch die Aufnahme von Informationen über den Bedarf am Bereitstellort geprüft werden.

In Tab. 4.4 ist angenommen, dass je bereitzustellender Sachnummer jeweils nur ein Behälter kommissioniert worden ist und bereitgestellt werden muss. Die Bereitstellung ist an den Bereitstellorten unterschiedlich aufwendig, weil unterschiedliche Gegebenheiten berücksichtigt werden müssen. Außerdem wird Leergut mitgenommen und das bereitgestellte Material gebucht. Für das Beispiel ergibt sich in Summe für die Senken 1 bis 4 eine durchschnittliche Prozesszeit von 77,5/6 = 12,9 min je Fahrtzyklus.

In einer ähnlichen Weise ist schließlich der Prozess am Leergutplatz (Tab. 4.5) als spezielle Senke zu konzipieren. Hier muss ggf. eine Befreiung der Behälter von alten Etiketten erfolgen und eine Sortierung nach Leerbehältergrößen vorgenommen werden. Die durchschnittliche Zeit je Fahrzyklus beträgt für das betrachtete Beispiel 18,8/6 = 3,1 min.

Wenn alle oben genannten Elemente geplant wurden, kann in Kombination mit der bisher definierten vereinbarten Lieferzeit eine erste grobe Plausibilisierung der Zykluszeit des Routenzugs erfolgen.

In dem betrachteten Beispiel ist die Summe aller im Routenzugzyklus integrierten Zeiten etwas über 50 min (Tab. 4.6). Dies bedeutet, dass die Tätigkeiten gut in dem berechneten Takt von 80 min untergebracht werden können. Es bleibt sogar noch Zeit für zusätzliche qualitätssichernde Arbeiten.

Steuerung und Ausrichtung am Kundentakt: Hierbei ist die Verknüpfung des physischen mit dem informatorischen Prozess zu planen. Ebenso ist in diesem Zusammenhang auch die Ausrichtung des Routenzugs am Kundentakt zu berücksichtigen.

Tab. 4.4 Zeitmodell Senke (Quelle: Eigene Darstellung)

Aktivität	Aufwands-treiber	Informationsquelle Aufwandstreiber	Anzahl	Dauer je Treiber [sek]	Zeitbedarf gesamt [min]	MAK je Schicht
Abladen und Bereitstel-len Material Senke 1	[SNR oder Behälter]	Information kommt aus Bedarfsplanung: durchschnittlicher Behälterbedarf je Schicht und Bereitstellort	20	45	15,0	0,03
Abladen und Bereitstel-len Material Senke 2	[SNR oder Behälter]		20	45	15,0	0,03
Abladen und Bereitstel-len Material Senke 3	[SNR oder Behälter]		20	45	15,0	0,03
Abladen und Bereitstel-len Material Senke 4	[SNR oder Behälter]		15	30	7,5	0,02
Buchen geliefertes Material	[Anzahl SNR]		75	5	6,3	0,01
Aufladen Leergut	[Anzahl Behälter]		75	15	18,8	0,04
Summe					77,5	0,16

Tab. 4.5 Zeitmodell Leergutplatz (Quelle: Eigene Darstellung)

Aktivität	Aufwandstreiber	Informationsquelle Aufwandstreiber	Anzahl	Dauer je Treiber [sek]	Zeitbedarf gesamt [min]	MAK je Schicht
Abladen Leergut	[Anzahl Behälter]	Information aus Bedarfsplanung	75	15	18,8	0,04

Tab. 4.6 Gesamtzeit Routenzugzyklus (Quelle: Eigene Darstellung)

Zeitkomponente	Zeitbedarf gesamt [min]
Bereitstellen Zug	29,4
Fahrt Quelle–Senke 1	1,5
Fahrt Senke 1–Senke 2	0,5
Fahrt Senke 2–Senke 3	0,5
Fahrt Senke 3–Senke 4	0,5
Fahrt Senke 4–Senke 5	1,9
Fahrt Senke 5–Quelle	0,5
Senken 1–4	12,9
Senke 5 (Leergut)	3,1
Summe	50,9

Die Definition der Steuerungssystematik hängt stark davon ab, wie die Nachbestellung erfolgt. Grundsätzlich ist entweder eine Steuerung auf Basis des Verbrauchs oder aber auf Basis von Bestellungen denkbar.[6]

Bei einer Nachbestellung anhand von Kanban-Karten oder Aufträgen, die der Routenzugfahrer mitnimmt (Verbrauchssteuerung), ergibt sich eine in der folgenden Abbildung dargestellte Situation (Abb. 4.6).

Wenn der Werker kurz nachdem der Routenzug den Bereitstellort passiert hat einen Auftrag erstellt, dann erkennt der Routenzugfahrer erst beim nächsten Vorbeifahren den Bedarf. Nach einem weiteren Zyklus werden die benötigten Materialien dann bereitgestellt. Im ungünstigsten Fall ist die maximale Bereitstellungszeit also zweimal die Zykluszeit des Routenzugs. Wenn zuvor bei einer staplergestützten Materialbereitstellung beispielsweise die Bereitstellzeit zwei Stunden war, dann würde in dem betrachteten Beispiel die Zykluszeit des Routenzugs von 80 min dazu führen, dass sich die Bereitstellzeit im ungünstigsten Fall auf $2 \times 80 = 160$ min verlängern würde.

[6] Um eine möglichst gleichmäßige Versorgung zu ermöglichen, sollte bei einer Steuerung auf Basis von Bestellungen darauf geachtet werden, dass eher öfter und gleichmäßig bestellt wird. So sollte vermieden werden, dass die Mitarbeiter am Bereitstellort nicht den kompletten Schichtbedarf zu Anfang oder am Ende der Schicht bestellen. Das kann z. B. durch Restriktionen bei den Bestellungen erreicht werden.

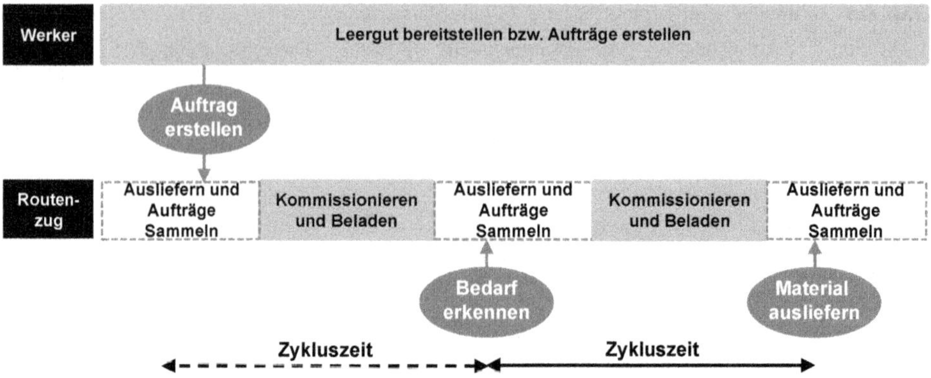

Abb. 4.6 Zeitstruktur Routenzug (Quelle: Eigene Darstellung in Anlehnung an Günthner)

Eine Möglichkeit, diese Bereitstellzeit zu verbessern, ergibt durch eine elektronische Übermittlung der Aufträge an den Routenzugfahrer. Hier verkürzt sich die maximale Bereitstellzeit auf das 1,5-fache der Zykluszeit. Denn im ungünstigsten Fall gibt der Werker den Auftrag ins System ein, kurz nachdem der Routenzugfahrer losgefahren ist. Dann muss kann er den Auftrag erst bei der nächsten Tour ausführen. Im besten Fall kann die Bereitstellzeit allerdings sogar kleiner als die Zykluszeit sein. Dann nämlich, wenn der Auftrag den Routenzugfahrer noch vor Abfahrt erreicht und er das Material noch kommissionieren und bereits in der folgenden Auslieferttour bereitstellen kann. Für den beschriebenen Fall, dass im Falle der früheren Materialversorgung durch Gabelstapler die Bereitstellzeit 120 min war, kann diese mit der Zykluszeit von 80 min erreicht werden.

Eine weitere Möglichkeit ist die Reduzierung der Taktzeit; beispielsweise auf 60 min. Dies ist möglich, da die Berechnung der Zeit für alle innerhalb des Zyklus anfallenden Tätigkeiten auf Basis von 6 Fahrten pro Schicht eine Gesamtdauer von etwas über 50 min ergeben hat. Deshalb wäre es auch denkbar, dass der Routenzug alle 60 min fährt. Die Zykluszeit würde sich dann noch etwas reduzieren, da an allen Haltepunkten (Quelle und Senke) im Schnitt weniger Tätigkeiten erbracht werden müssen und damit auch die Zeiten sich entsprechend verkürzen. Auch mit dieser Variante könnte bei einem auf physischen Kanban basierter Steuerung die Bereitstellzeit von 120 min eingehalten werden, da die Zykluszeit nun nur noch 60 min beträgt.

Eine weitere – für diesen Anwendungsfall aber eher theoretische – Möglichkeit für eine Reduzierung der Bereitstellzeit läge in der Entkopplung der Bereitstellung der Materialien an der Quelle und dem Fahrzyklus. Dabei übernimmt ein Logistik-Mitarbeiter die Kommissionierung und Zusammenstellung der Anhänger. Der Routenzugfahrer nimmt an der Quelle nur die Anhänger mit und übergibt die Aufträge, sofern diese nicht elektronisch übermittelt werden. Untervarianten könnten sich darin unterscheiden, ob der Routenzugfahrer vorkommissionierte komplette Anhänger oder einen ganzen Zug mitnimmt oder bereitgestellte vorkommissionierte Behälter selbst auf den Zug lädt. Der Vorteil liegt in einer höheren Frequenz und einer insgesamt höheren Kapazitätsauslastung des Routenzugs, da der Zug während der Kommissionierung an der Quelle nicht warten muss. Für das konstruierte Beispiel wäre dies aber nicht notwendig, da nicht mehr Kapazität benötigt wird.

Zusammenfassend wird hier ein System ausgewählt, in dem die Werker die Aufträge verbrauchsgesteuert über einen Bildschirm selbst eingeben. Die Taktzeit kann somit bei 80 min bleiben und die Bereitstellzeit von 120 min wird eingehalten. Die oben in den Tabellen genannten Informationen gelten entsprechend.

Implementierung

Nachdem in der Planungsphase die Routen geplant, die Tätigkeiten definiert worden sind und die Steuerungssystematik festgelegt worden ist, kann nun ein Implementierungsplan erstellt werden. Dabei sollten neben einer Feinplanung auch die Grundlagen für einen kontinuierlichen Verbesserungsprozess gelegt werden.

Ein Teilschritt sind dabei zunächst die Definition des Layouts und die Feinplanung. Ergebnisse dieses Teilschritts können Tätigkeitsbeschreibungen für die Mitarbeiter und visuelle Unterstützungen wie Fahrwegmarkierungen, Haltestellenzeichen etc. sein. Ebenso muss in diesem Schritt eine Konkretisierung der technischen Umsetzung erfolgen. Eine Einbindung der beteiligten Mitarbeiter bei der Implementierungsplanung hilft dabei, auch die Bedürfnisse des Faktors Mensch bestmöglich zu berücksichtigen und damit eine hohe Umsetzungsqualität und Nachhaltigkeit zu erzielen.

Ein erster Schritt für die Feinplanung ist eine Validierung der für die Planung angenommen Grundlagen (z. B. Zeiten). Das kann z. B. durch eine Simulation des geplanten Prozesses mit einem Gabelstapler geschehen, sofern noch keine Routenzüge vorhanden sind. Bei solchen Tests können auch gleichzeitig Herausforderungen für Routenzüge deutlich werden wie z. B. benötigte Fahrwegbreiten und Wendepunkte. Bei der Feinplanung auf Basis der Tests sollte auch gleich auf Vermeidung von Verschwendung im Sinne des Lean Managements geachtet werden. So kann z. B. das Layout des Quellenhaltepunkts so gestaltet werden, dass der Routenzugfahrer immer nur auf einer Seite aussteigen muss und die Laufwege zu den zu kommissionierenden Materialien möglichst gering sind.

Gleichzeitig kann diese Validierung bereits die Erfahrungen der beteiligten Mitarbeiter in die Umsetzungsplanung mit einbeziehen. Durch diese Einbindung der am Prozess beteiligten Mitarbeiter aus Logistik und Produktion an den Kundenprozessen kann die Umsetzungsqualität nochmals erhöht werden. Denn zum einen haben diese Mitarbeiter detaillierte Informationen über den Prozess und mögliche Herausforderungen, an die der Planer nicht gedacht hat, und zum anderen legt eine Einbindung der Mitarbeiter die Grundlage für eine Identifikation mit dem Prozess. Das wiederum ist eine wichtige Voraussetzung für eine reibungslose Umsetzung und einen funktionierenden kontinuierlichen Verbesserungsprozess (KVP). Darüber hinaus können dabei sowohl unter Lean- als auch Ergonomie-Aspekten gute Lösungen für die Gestaltung der Anhänger bei der Be- und Entladung entwickelt werden oder Visualisierungslösungen entwickelt werden, die Fehler bei der Bereitstellung von vornherein vermeiden helfen.

Ein Punkt, der in diesem Zusammenhang auch zu definieren ist, ist die Beladestrategie des Routenzugs. Dabei ist zu definieren, wie die Behälter auf dem Zug angeordnet werden. Es können jeweils feste Plätze für die einzelnen Materialien definiert werden. Das reduziert die Fehlermöglichkeiten und den Suchaufwand. Andererseits ermöglicht eine freie Anordnung eine bessere Auslastung des Routenzugs. Eine Möglichkeit wäre z. B.

eine Zuordnung von Anhängern zu Haltepunkten und innerhalb der Anhänger eine freie Zuordnung.

Ein Instrument, das sich für die Implementierungsplanung anbietet, ist ein Projektplan, in dem alle wesentlichen Schritte enthalten und die Verantwortlichen definiert sind. In diesem Implementierungsplan ist auch ein Notfallkonzept zu berücksichtigen, wenn Komplikationen bei der Umsetzung auftreten. Das kann von zusätzlichen Mitarbeitern und Staplern über zunächst höhere Reichweiten der Bestände in der Produktion reichen, die später sukzessive abgebaut werden. Aufgrund der Erfahrung mit bisherigen Projekten können auch die Hersteller von Routenzugsystemen eine gute Quelle von Erfahrungen und Ideengeber sein.

Die in der Feinplanung erarbeiteten Ergebnisse sind dann eine gute Grundlage für die Erstellung eines detaillierten Business Cases für die Überprüfung der Wirtschaftlichkeit des Einsatzes eines Routenzugs. Bei dem Business Case sind bei den Kosten für die Einführung eines Routenzuges neben den Investitionskosten für den Routenzug auch Projektkosten und ggf. die Kosten für die Anpassung der IT-Infrastruktur als Einmalkosten anzusetzen. Bei den laufenden Kosten sind neben der Wartung der Züge hauptsächlich die Personalkosten für den Betrieb des Routenzugs zu kalkulieren. Aufgrund der höheren Kapazität werden im Vergleich zur Materialbereitstellung mit Staplern häufig Einsparungen erzielt werden können. Daneben können noch Effekte einkalkuliert werden, die nur durch eine Einführung des Routenzugs möglich sind. Darunter fallen z. B. eine Reduzierung der Umlaufbestände sowie eine Reduzierung der benötigten Logistikfläche in der Produktion. Diese kann durch eine Reduzierung der Bestandsreichweite aufgrund einer höheren Taktung und einer höheren Sicherheit in der Materialversorgung erzielt werden.

Ein weiterer Teilschritt ist die Implementierung und Optimierung. In dieser Phase muss das geplante Routenzug-System eingeführt werden. Wie oben bereits beschrieben, bietet es sich an, für die Einführungsphase ggf. Notfallpuffer wie z. B. höhere Bestände an den Bereitstellorten oder ein Backup durch Stapler einzuplanen. Wenn sich das System allerdings in einem stabilen Zustand bewegt, dann sollten diese Sicherheitsbestände wieder abgebaut werden, da sie sonst Prozess-unschärfen überdecken.

Darüber hinaus könnten bei bereits implementierten Systemen weitere Optimierungsmöglichkeiten geprüft werden. Der Vorteil von Routenzügen ist die hochfrequente und gleichmäßig sichere Versorgung. Diese Vorteile können insbesondere dazu genutzt werden, um die an den Bereitstellorten in der Produktion vorgehaltenen Bestände weiter zu reduzieren. Es sind unter anderem folgende Stellhebel denkbar:

- Behältergrößen: Durch eine Analyse der Behälterreichweiten kann ermittelt werden, welche Materialien eine außergewöhnlich hohe Reichweite haben. Bei diesen Materialien kann geprüft werden, ob die Behältergröße reduziert werden kann.[7] Damit könnte durch die höhere Frequenz der Bereitstellung der Bestand am Bereitstellort reduziert und auch die Durchlaufzeit reduziert werden sowie die Prozesssicherheit verbessert werden.

[7] Als Daumenwert kann bei einem Zwei-Behälter-Kanban-System angenommen werden, dass der Behälterinhalt eine Reichweite haben sollte, die in etwa der Wiederbeschaffungszeit entspricht.

- Kürzere Taktung: Wie bereits beschrieben, kann ein ähnlicher Effekt mit einer kürzeren Taktung der Züge erreicht werden. Damit die Prozesssicherheit nicht gefährdet wird, sollte aber darauf geachtet werden, dass eine möglichst „gerade“ Taktzeit, wie z. B. 30 oder 60 min, gewählt wird und diese – sofern mehrere Routenzüge im Einsatz sind – auch für alle Züge gleich ist. Dadurch herrscht für die Beteiligten eine hohe Planbarkeit. Und gleichzeitig können die Routen so abgestimmt werden, dass nicht möglicherweise mehrere Züge die gemeinsame Quelle blockieren.
- Entkoppeln von Beladung und Fahren: Wie oben bei der Steuerung auch bereits dargestellt, kann eine höhere Frequenz auch durch eine arbeitsteilige Entkopplung von Beladen des Zuges und dem Fahren erzielt werden. Dabei ist aber darauf zu achten, dass keine Ungleichgewichte in der Auslastung entstehen.
- Weiterhin können im laufenden Betrieb im Sinne des Lean Management Verschwendung im Prozess analysiert werden und die Zeiten für die einzelnen Tätigkeiten weiter reduziert werden, um kürzere Takte und eine höhere Frequenz zu erzielen. Dabei können auch bauliche Gegebenheiten in Frage gestellt werden.

4.2.2 Industrie 4.0

Aktuell ist die Diskussion um die Implementierung von Industrie 4.0 fast omnipräsent. Deshalb sollen hier einige Aspekte und Ansätze dieser Entwicklung nachgezeichnet werden. „Industrie 4.0“, „Internet of Things“ oder auch „Advanced Manufacturing“[8] lässt sich als die Vernetzung von Ressourcen, Informationen, Objekten und Menschen zu „Cyber-Physical-Systems“ verstehen. So tauschen in der Produktion intelligente Maschinen, Lagersysteme und Betriebsmittel eigenständig Informationen aus, lösen Aktionen aus und steuern sich gegenseitig (vgl. Forschungsunion 2013, S. 5).

Allgemeine Nutzenpotenziale werden in einer besseren Verfolgbarkeit, erhöhten Flexibilität und einer höheren Automatisierung bei gleichzeitig höherer Verfügbarkeit und dem Wegfall manueller Planungs- und Steuerungsprozesse gesehen. Beispiele für umgesetzte Projekte sind Mensch-Roboter-Kollaborationen (Leichtbauroboter, näherungs-/berührungsempfindliche Oberflächen oder optische Systeme) oder Augmented/Virtual Reality, Fahrerlose Transportsysteme (vgl. Jeske 2015, S. 153).

Allerdings ist Industrie 4.0 eine Technology-Push-Innovation, deren praktischer Nutzen in vielen Fällen (noch) nicht ganz klar ist. Die RFID-Technologie zur dynamischen Identifizierung von Produkten oder Werkstücken illustriert das, da sie sich bis auf wenige Ausnahmen aus wirtschaftlichen bzw. technologischen Gründen noch nicht durchgesetzt hat.

In diesem Kapitel werden die aktuelle Situation bei einem Automobilzulieferer dargestellt, die Möglichkeiten von Big Data im Einkauf diskutiert, mit e-Kanban ein bereits

[8] Die sieben wichtigsten Kernbegriffe in Zusammenhang mit Industrie 4.0 sind nach Tschöpe et al. 2015, S. 148: Real Time Data, Big Data, Machine-to-Machine, Internet of Things, Cyber-Physical-Systems, Cloud Computing und Smart Grid.

gut eingeführtes Instrument erläutert, das im weitesten Sinne auf den Ideen von Industrie 4.0 aufbaut, sowie abschließend mit Virtual Reality ein neues Instrument vorgestellt, das seine durchgehende Eignung für eine Anwendung in der Logistik noch unter Beweis stellen muss.

4.2.2.1 Industrie 4.0 bei einem Automobilzulieferer

Das Werk Regensburg der Continental AG, an dem hauptsächlich Elektronikbauteile für die Automobilindustrie hergestellt werden, arbeitet seit 2014 projektbasiert an der Implementierung von Initiativen aus dem Bereich Industrie 4.0. Beispiele für solche Projekte sind (Liebetruth 2015b):

- Im Bereich von Collaborative Robotics arbeiten an ausgewählten Arbeitsplätzen Roboter Hand in Hand mit Menschen. Die Roboter werden dort eingesetzt, wo eine hohe Präzision erforderlich ist, wo Rahmenbedingungen herrschen, die für Mitarbeiter aus ergonomischen Gründen schlecht zumutbar sind, oder wo schlicht die Roboter den besseren Return-on-Invest bieten. In einer weiteren Ausbaustufe ist geplant, solche Roboter in der Logistik in Kombination mit Fahrerlosen Transportsystemen für einfache Transport- und Kommissioniervorgänge in einer Werkshalle zur Bestückung von SMD-Linien einzusetzen. Durch die so vorgenommene intelligente Automatisierung kann ein wirtschaftlicher Vorteil erzielt werden. Abbildung 4.7 zeigt einen kollaborierenden Roboter, der mit Menschen zusammenarbeitet und nicht durch einen „Käfig" geschützt wird.
- Eine Anwendung, die dem Begriff Internet-of-Things gerecht wird, ist die Versendung von Echtzeitinformationen über den Verbrauch von Ersatzteilen zur Wartung von Maschinen eines Automaten über das Internet. Ähnlich einem Kanban-System kann der Hersteller als Automatenbetreiber durch die Übermittlung der Echtzeit-Informationen (fast gleichzeitige Erfassung und Sendung der Verbrauchsdaten und Eliminierung der Wartezeit zum Versand) genauer disponieren und es können Bestände eingespart werden. So lässt sich auch eine Vereinbarung über ein Konsignationslager einfacher um- bzw. durchsetzen.
- Schließlich werden Anwendungen getestet, die auf dem Prinzip Augmented Reality aufsetzen. Das Prinzip hierbei ist, dass ein Servicetechniker zur Wartung von Maschinen eine Brille mit einer integrierten Kamera trägt. Die Kamera überträgt das Bild zu einem Ingenieur der Herstellerfirma, der die Vorgänge auf einem interaktiven Bildschirm sehen kann. An diesem Bildschirm kann der Ingenieur nun dem Servicetechniker die vorzunehmenden Operationen vorgeben, die der Servicetechniker wiederum in seiner Brille sehen kann. Diese Anwendung ermöglicht es, das Experten-Know-how des Ingenieurs zu nutzen, ohne dass der Ingenieur physisch anwesend sein muss. Durch die zusätzlichen Informationen über die Smart Glasses können nun Informationen wesentlich präziser übermittelt werden, sodass ein Teil der hohen Leerlaufzeiten der teuren Ingenieure eingespart werden können, in denen sie auf Reisen zum Einsatzort verbringen.

Abb. 4.7 Industrie 4.0 bei Continental Automotive (Quelle: Continental Automotive)

Die Projekte befinden sich teilweise bereits in der Umsetzung, aber teilweise noch in der Erprobungsphase und müssen sich vor einem Roll-out noch unter wirtschaftlichen Aspekten als sinnvoll erweisen. Eine Erfahrung, die in der Erprobungsphase jedoch schon gemacht wurde, ist, dass die IT-Infrastruktur bei der Umsetzung eine große Rolle spielt.

4.2.2.2 Big Data – der neue Rohstoff für den Einkauf[9]

Der Begriff Big Data ist in aller Munde und auch im Einkauf nimmt die Datenflut unaufhaltsam zu. Unternehmen können entweder darin untergehen oder auf der Welle zum Erfolg surfen. Big Data Analytics umschreibt dabei das Zusammenführen und Auswerten von Datenmengen aus verschiedensten internen sowie externen Quellen. Mit Hilfe von wegweisenden Methoden und Algorithmen wird daraus ein umfassender und konsistenter Datenbestand erzeugt, um ungeahnte Zusatzpotenziale für den Einkauf zu erschließen. Standen in den vergangenen Jahren vor allem absatzorientierte Herausforderungen im Fokus, so konzentrieren sich die heutigen Lösungen zunehmend auf Einkauf und Supply Chain Management. Denn gerade beim Einkauf – dem Schnittpunkt interner und externer Datenströme – können Unternehmen jeglicher Größenordnung Vorteile aufbauen und gegenüber dem Wettbewerb ausspielen.

[9] von Christoph Gabath, ACELOT GmbH.

Big Data Analytics macht weiter, wo ERP-Systeme und Excel aufhören
Vorhandene ERP-Systeme und Anwendertools erfassen Daten über Einkaufsprozesse nahezu vollständig und steuern den Workflow. Hinsichtlich der Nutzung der Daten durch Auswertung stoßen sie jedoch schnell an ihre Grenzen und sollten künftig um spezielle Lösungen rund um Big Data Analytics für den Einkauf erweitert werden. Darüber hinaus liegen parallel zum ERP-System häufig weitere isolierte Systeme unterschiedlicher Anbieter mit relevanten Daten und Informationen für den Einkauf vor, so z. B. Daten aus eigenständigen CRM-, SRM-, PLM- und Buchungs-Systemen oder E-Mails. Konventionelle Abfragen führen hier nicht zum Ziel. Da diese Daten mit vorliegenden Tools zumeist nicht in Auswertungen und Reporting einbezogen werden können, bleiben resultierende Potenziale ungenutzt. Hier setzt Big Data Analytics an: Spezielle Lösungen harmonisieren relevante Einkaufsdaten unterschiedlichster Quellen innerhalb und außerhalb des Unternehmens und leiten daraus Handlungsempfehlungen ab. Darüber hinaus können weitere externe Datenquellen, z. B. Rohstoffindizes, statistische Daten oder Produkt- und Lieferantendiskussionen, in Social Media integriert werden. Big Data Analytics verwandelt diese unstrukturierten Informationen zu entscheidungsrelevanten Informationen.

Unbegrenzte Möglichkeiten für zusätzliche Einkaufspotenziale
Mit Big-Data-Lösungen erhält der strategische Einkauf die komplette Datenkonsistenz und zentrale Kennzahlen mit direktem Einfluss auf das Ergebnis. Die Einsatzmöglichkeiten sind dabei nahezu unbegrenzt. So können sämtliche Einkaufstransaktionen – auch aus verschiedenen Vorsystemen entlang des „Procure-to-Pay"-Prozesses – lückenlos auf mögliche Überzahlungen oder sonstige Fehler überprüft werden. Ferner lassen sich auch Beschaffungsprozesse nun umfassend auf Durchlaufzeiten, Abweichungen vom Soll-Prozess oder unnötige Prozesskostentreiber untersuchen – auch in Echtzeit. Jeder einzelne Ablauf kann anhand von Zeitstempeln aus dem ERP-System rekonstruiert und auf unerwünschte Ablaufmuster exakt untersucht bzw. korrigiert werden.

Eine aktuelle Praxisstudie mit 112 Teilnehmern zeigt aktuelle Anwendungsbereiche von Big Data Analytics im Einkauf auf (Abb. 4.8):

Weitere Anwendungsbeispiele von Big Data Analytics, die bereits heute von führenden Unternehmen erfolgreich genutzt werden, sind:

- Erkennung und Bereinigung von Dateninkonsistenzen,
- Aufdeckung von Doppelzahlungen,
- Echtzeitdatenanalyse für ein optimales Bestelltiming
- Optimierung von Vergabeentscheidungen durch Nutzung digitaler Informationskanäle,
- Abgleich von Kostenentwicklungen mit korrespondierenden Rohstoffpreisen,
- automatisierte Erkennung von Maverick Spend,
- präventive Aufdeckung von Betrugsmöglichkeiten.

Die Fülle an Möglichkeiten zeigt, dass Big Data Management zu einem der wichtigsten Wettbewerbsfaktoren für die Einkaufsorganisation wird und sich schnell bezahlt macht:

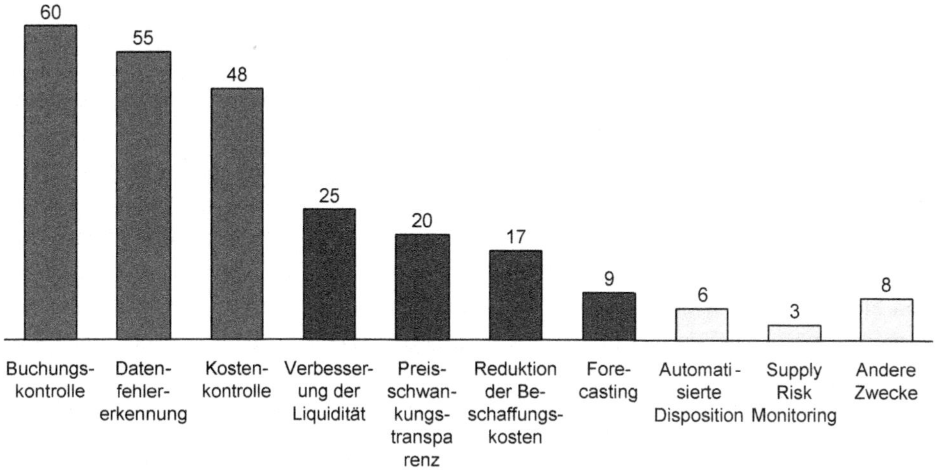

Abb. 4.8 Praxisstudie Big Data Analytics im Einkauf (Quelle: ACELOT GmbH)

Nach ersten Anwendungserfahrungen kann nach Einführung von Big Data und Analytics eine Performance-Steigerung von über 30 % bei den relevanten Steuerungsgrößen erzielt werden. Angesichts der steigenden Datenmengen aus externen Quellen dürfte das Potenzial künftig sogar noch höher sein. Data Analytics ist somit bereits heute für den performanten Einkauf unverzichtbar.

Fazit
Big Data Analytics gehört zu den wichtigsten Instrumenten, mit denen Einkaufsorganisationen zusätzliche Potenziale realisieren und ein völlig neues Leistungsniveau erreichen können. Daher sollte man sich nicht fragen, ob, sondern wie man sich Big Data zunutze machen und heute die Weichen dafür richtig stellen kann. Big Data und deren leistungsfähige Analysen stellen dabei eine Ergänzung zu bestehenden ERP- und IT-Systemen dar, da diese im Gegensatz zu traditionellen Business Intelligence-Systemen leistungsfähiger sind und deutlich mehr verwertbare Informationen aus unterschiedlichsten Quellen inner- und außerhalb des Unternehmens zusammenführen und als Auswertungsgrundlage nutzen können. Richtig eingesetzt, erzeugen Big Data Initiativen einen Mehrwert, der den Investitionsaufwand bereits in kurzer Zeit mehr als wettmacht. Big Data Analytics ist somit zum Game Changer im Einkauf geworden.

4.2.2.3 Vendor Managed Inventory mit e-Kanban[10]

Vendor Managed Inventory ist ein Instrument zur Optimierung der unternehmensübergreifenden Supply Chain, bei dem der Lieferant die Verantwortung der Bestandsführung des Kunden übernimmt. Ursprung ist die Konsumgüterindustrie. Das Konzept gewinnt aber auch in anderen Branchen zunehmend an Bedeutung. Voraussetzung ist Transparenz über

[10] Dieses Kapitel basiert auf einem Beitrag von Jacobi und Liebetruth 2010.

Bestände bzw. Nachfrage- oder Verkaufsdaten der vorgelagerten Einheit in einer Supply Chain. Dass insbesondere die Kenntnis des Bestands bzw. des Verbrauchs eine Information ist, die für die Supply Chain-Partner eine besondere Relevanz besitzt, wurde auch empirisch belegt (vgl. Liebetruth 2005, S. 114 ff.).

Auf der Grundlage von zuvor definierten Bestandsgrenzen kann der Lieferant die Disposition des Bestands des Kunden übernehmen.Auf Seiten des Kunden entfällt somit der Dispositionsaufwand. Die Vorteile des Konzepts liegen in der schnellen Reaktion auf Bedarfsschwankungen, Reduzierung von Beständen und der Möglichkeit der Optimierung von Produktion und Transport durch den Lieferanten. Ansatzpunkt für insbesondere den letztgenannten Vorteil ist der größere Spielraum bzw. die höhere Flexibilität in der Produktionsplanung für die Lieferanten. Da häufig die Bestände beim Kunden als Konsignationslager des Lieferanten ausgestaltet sind, kann der Lieferant einen unmittelbaren Nutzen daraus ziehen (vgl. Schulte 2013, S. 506).

Als Bestandsgrenzen werden neben dem Sicherheitsbestand eine obere und eine untere Meldegrenze definiert. Diese zeigen an, ob ein Lieferant liefern muss (untere Meldegrenze) bzw. ob er liefern kann (bei Unterschreitung der oberen Meldegrenze). Der Lieferant hat dadurch die Möglichkeit, seine Produktion bzw. Transporte auslastungsoptimiert zu planen und durchzuführen.

Kanban ist eine nachfrageorientierte und dezentrale Steuerungssystematik, die häufig unternehmensintern, aber auch – häufig in Kombination mit dem VMI-Konzept – unternehmensübergreifend eingesetzt wird: Basierend auf dem Hol-Prinzip verbinden selbststeuernde Regelkreise Wertschöpfungsstufen miteinander. Nachfertigungen oder -lieferungen finden nur nach Verbrauch statt. Der Verbraucher darf nur die gerade benötigte Menge bei der Materialquelle abrufen. Der Erzeuger beobachtet den Bedarf und liefert entsprechend den Kanban-Regeln Material in der geforderten Qualität innerhalb der Meldegrenzen nach (vgl. Jacobi et al. 2004, S. 110).

Die Einführung von Kanban bedeutet zunächst eine organisatorische Veränderung, bei der der Informations- und Materialfluss zwischen Wertschöpfungsstufen ausgestaltet wird. Die Grundlage des Erfolgs ist, dass das Management den Mitarbeitern die Verantwortung für die Steuerung des Materialflusses überlässt. Ein Regelwerk bestimmt die Rahmenbedingungen, die operative Steuerung erfolgt eigenverantwortlich durch die Mitarbeiter (vgl. Wildemann 2004).

Das Wort Kanban kommt aus dem Japanischen und bedeutet Karte. In der Urform stellt jede Karte eine exakt definierte Menge eines Materials oder eine bestimmte Anzahl von Teilen dar. Jedem Transportbehälter wird eine spezielle Karte zugeordnet. Nachdem der Transportbehälter vollständig geleert ist, wird die Karte zur Visualisierung des Bedarfs an eine Tafel gehängt. So dimensioniert die Anzahl aller Karten das Bestandsniveau innerhalb eines Regelkreises und trägt damit zur Schaffung von Transparenz bei. Die Tafel bildet die Steuerinformation für den Lieferanten oder die vorgelagerte Fertigungseinheit. Bei Unterschreitung bestimmter Meldegrenzen wird eigenverantwortlich Material nachgeliefert. So bewegen sich der Informationsfluss und der gegenläufige Materialfluss auf gleicher Ebene, Overhead wie die Organisation der Fertigung von einer Arbeitsvorbereitung oder ein elektronisches Steuersystem entfällt (vgl. Wildemann 2004).

Das Kanban-Prinzip bedeutet wie beschrieben eine grundlegende Veränderung der Steuerung logistischer Ketten: Traditionelle Push-Modelle basieren auf zentralen Planungs- und Steuerungsmechanismen, Teilebestellungen durch den Nachfrager bei Unterschreitung definierter Meldegrenzen und einer in der Regel unternehmensübergreifenden funktionalen Produktionsorganisation. Hauptnachteile dieses Modells sind mangelnde Flexibilität und Informationsintransparenz. Diese Nachteile wirken sich meist durch hohe Bestände und Produktivitätseinbußen aus.

Das Kanban-Prinzip oder Pull-Modell hingegen schafft Transparenz über das Bestandsniveau auf den verschiedenen Stufen der logistischen Kette und schafft somit die Voraussetzung für VMI. Durch die Bildung von selbststeuernden, dezentralen Regelkreisen entsteht eine verbrauchsorientierte Organisation von Produktion und Nachlieferung. Die Erhöhung der Flexibilität und Schaffung von Informationstransparenz führt zu Bestandssenkungen, Reduzierung von Verschwendung, kürzeren Wiederbeschaffungszeiten und Produktivitätssteigerungen entlang der Wertschöpfungskette. Abbildung 4.9 stellt zusammenfassend das traditionelle Push-Prinzip dem Pull-Modell in Kombination mit VMI vergleichend gegenüber (vgl. Jacobi und Liebetruth 2010, S. 208 f.).

Besonders deutlich wird dabei die im Push-Prinzip entstehende Informationslücke des Lieferanten. Hierdurch bleiben wertvolle Möglichkeiten zur Optimierung der Fertigung des Lieferanten ungenutzt. Bei verbrauchsbasierter Fertigung kann diese Lücke genutzt werden, um die Fertigung des Lieferanten zu optimieren.

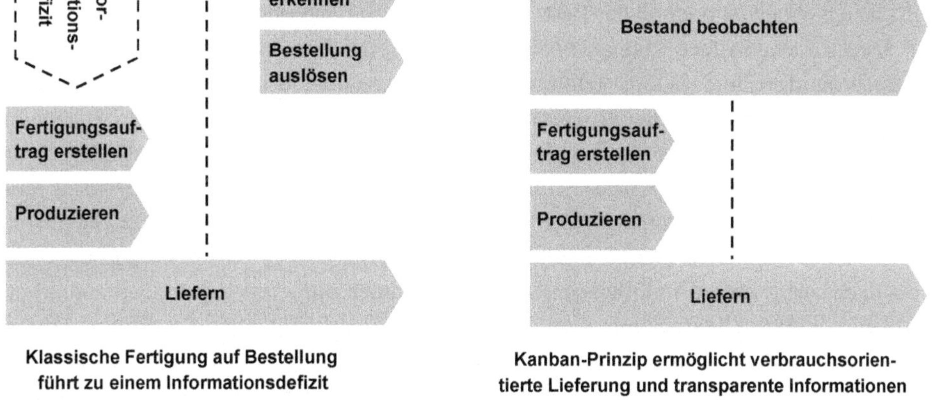

Abb. 4.9 Gegenüberstellung Push- und Pull-Prinzip (Quelle: Jacobi und Liebetruth 2010)

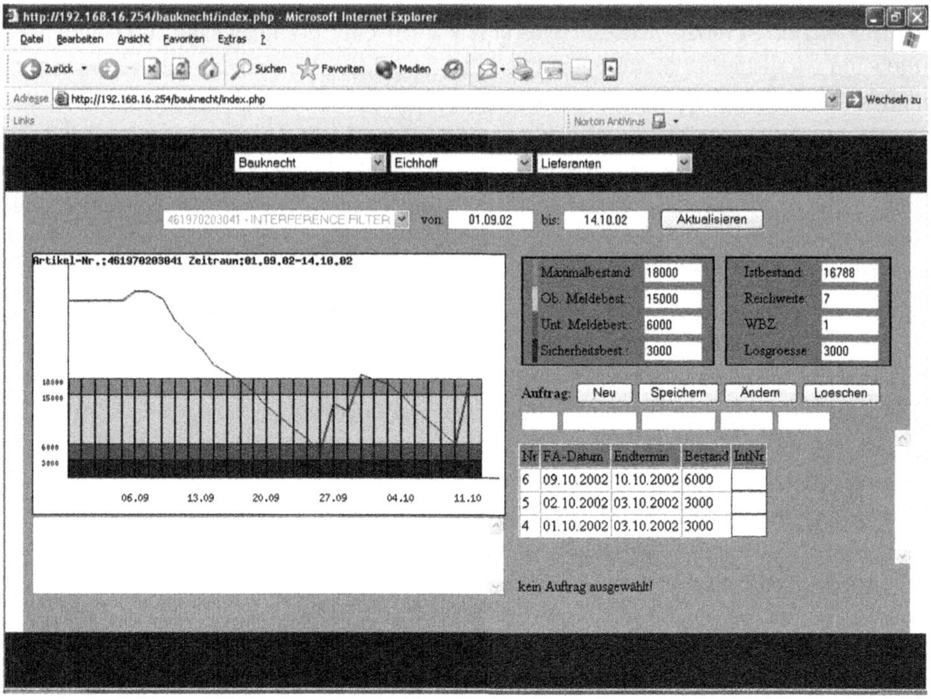

Abb. 4.10 Bestandsverlauf nach e-Kanban-Einführung (Quelle: Jacobi und Liebetruth 2010)

Das e-Kanban-Tool greift die Anforderungen aus der Supply Chain-Optimierung auf und verknüpft eine Implementierung organisatorisch-konzeptioneller Ansätze mit einer gezielten Unterstützung durch ein IT-Tool.

Der Internet-Screenshot in Abb. 4.10 zeigt anhand eines Beispielartikels den Aufbau des Tools. Dabei ist der gekennzeichnete Bestandsverlauf mit den festgelegten Bestandsgrenzen kombiniert. So erfolgt eine einfache Visualisierung der aktuellen Bestände und es kann unmittelbar für den Lieferanten eine Handlungsanweisung abgeleitet werden, ob der Bestand zu hoch ist oder ob der Bestand ausreicht bzw. zu niedrig ist.

Die im Rahmen der e-Kanban-Einführung eingesetzte Internetanwendung ist mit einem äußerst geringen Integrations- und Implementierungsaufwand verbunden. Das Unternehmen legt gemeinsam mit dem Lieferanten die jeweiligen Meldegrenzen fest, die dann im e-Kanban-Tool hinterlegt werden. Das e-Kanban-Tool greift über eine Schnittstelle zu dem Warenwirtschaftssystem des Unternehmens alle zwei Stunden die relevanten Parameter wie z. B. Teilenummer, Bestandsniveau und Teileverbrauch ab. Diese Daten werden in einer Oracle-Datenbank abgelegt und tabellarisch und graphisch für die Anwender bei dem Unternehmen und den beteiligten Lieferanten aufbereitet. Auf Lieferantenseite ist keine Software-Installation oder -Anpassung erforderlich, da der Zugriff passwortgeschützt mit herkömmlichen Browsern über das Internet erfolgt. Auf Basis dieser Informationen löst der verantwortliche Mitarbeiter des Lieferanten die Nachlieferung innerhalb der vereinbarten Kanban-Systemgrenzen selbstständig aus.

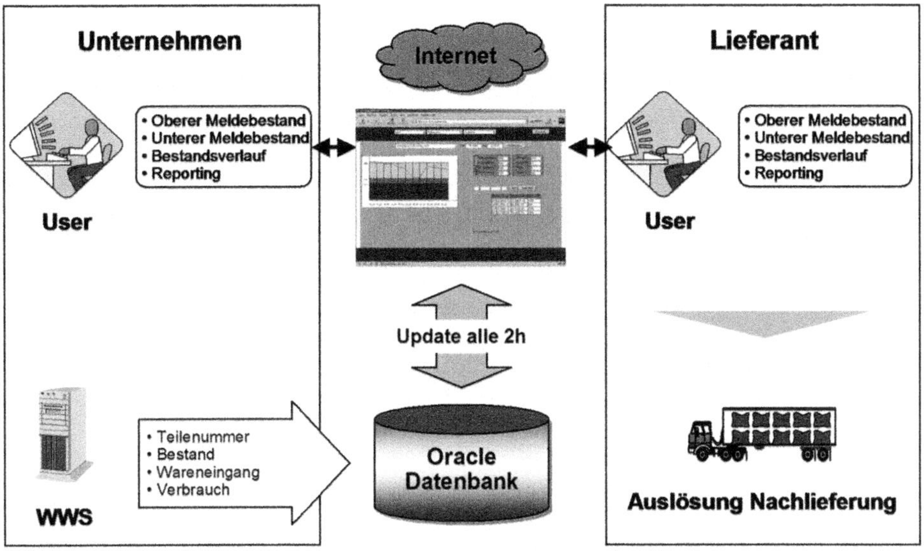

Abb. 4.11 IT-Architektur e-Kanban-Tool (Quelle: Jacobi und Liebetruth 2010)

Die e-Kanban-Einführung erfolgt mittels einer vierstufigen Vorgehensweise: Nachdem die für Kanban geeigneten Lieferanten identifiziert sind, werden in Phase 1 am Unternehmensstandort Lieferantentage veranstaltet, in denen den teilnehmenden Unternehmen das neue Logistikkonzept und die Prinzipien der Kanban-Steuerung vorgestellt werden und das weitere Vorgehen abgestimmt wird. Die Veranstaltungen werden von den Lieferanten durchweg positiv aufgenommen, da die Vorteile von e-Kanban für beide Seiten klar erkennbar sind. In Phase 2 erfolgt eine Ist-Analyse der Logistik- und Produktionsprozesse durch die Lieferanten auf Basis von auf den Lieferantentagen verteilten Formblättern und Analysepaketen. Die dritte Phase besteht aus individuellen Lieferantenworkshops, bei denen vor Ort beim Lieferanten Logistikprozesse analysiert und die jeweiligen Kanban-Systemparameter ausgestaltet werden. Der Roll-out des elektronischen Kanban-Systems in Phase 4 erfolgt zunächst über einen Pilot-Lieferanten, der durch ein geringes Versorgungsrisiko gekennzeichnet ist, um eine hohe Sicherheit in der Umsetzung zu gewährleisten und die Signalwirkung für das Roll-out nutzen zu können. In der Folge werden die verbleibenden Lieferanten sukzessive aufgeschaltet. Die Implementierung wird von einem kontinuierlichen Monitoring der Umsetzungsaktivitäten und Bestandsverläufe begleitet. Die dem e-Kanban-Tool zugrundeliegende IT-Architektur wird durch Abb. 4.11 verdeutlicht.

Die operative Steuerung der Disposition erfolgt auf Basis einer Liste mit „kritischen" Lieferanten bzw. Artikeln (Abb. 4.12). Darin sind priorisiert die Artikel angegeben, bei denen Stock-outs vorliegen bzw. in Kürze eintreten werden. Für diese Artikel sind neben dem aktuellen Lagerbestand in Stück und Tagen auch die Zeiten zur nächsten Lieferung angegeben. Diese Informationen werden dem Disponenten täglich zur Verfügung gestellt. Damit erhält der Disponent die wichtigsten Informationen auf einen Blick aufbereitet, die

e-Kanban Critical Parts Screen - Recipient WH-POPRAD

	Supplier	12 NC	Description	Actual Stock	Range of Coverage [d]	Time to next Delivery [d]
001	AKO Werke	461971404982	MODULE-B4,UI,LCD	0	0	5
002	Ulman	461973085081	O-RING 35X3NBR	0	0	4
003	Eifler	461975278712	HARNESS-EZ6,WH,1.2,0.35	0	0	4
004	Nordfolien	461975041701	HEAT-TREATED FOIL RIGHT 0,065MM	1409	2	4
005	Ulman	461971422011	SHAFT SEAL 40X65X9	3600	2	4
006	PAS Polska	461975278742	HARNESS-EZ7,VB,1.2,0.35	0	0	1
007	AKO Werke	461971403691	MODULE-7OPT+D,DOM,E1,VERSION	5180	4	5
008	PAS Polska	461975278713	HARNESS-EZ6,WH,OPT,VAR	0	0	1
009	Askoll P&C	461974644711	PUMP-2,5,ASCOLL, INCL,DOM	3150	0	1
010	Askoll P&C	461975031741	MOTOR-MCA45,64-148,WHE 12	1890	0	1
011	Nordfolien	461975041691	HEAT-TREATED FOIL LEFT 0,065MM	2033	3	4

Abb. 4.12 Beispiel für Dispositionsliste „kritischer" Lieferanten (Quelle: Jacobi und Liebetruth 2010)

er zur Überwachung der kritischen Lieferungen benötigt, und kann sich auf die Verfügbarkeit dieser Materialien konzentrieren.

Das Tool zeigt, wie unter Einbindung des Internets in Verbindung mit den klassischen VMI und Kanban-Konzepten eine Verbesserung der Verfügbarkeit und der Bestände erreicht werden kann. Indem außerdem Transparenz über Bestände und Reichweiten bereitstehen, können außerdem Produktionsprozesse auf dieser Basis kostengünstig gestaltet werden.

4.2.2.4 Virtual und Augmented Reality in der Logistik

Aktuell diskutierte Begriffe und gute Beispiele für Anwendungen im Bereich der Digitalisierung sind Virtual Reality (also die Darstellung und gleichzeitige Wahrnehmung der Wirklichkeit und ihrer physikalischen Eigenschaften in einer in Echtzeit computergenerierten, interaktiven virtuellen Umgebung) und Augmented Reality (Anreicherung der realen Welt durch positionsgenaue virtuelle 3-D-Geometrien z. B. durch Projektion in einer Brille). (vgl. Wulz 2009, S. 287) Während die Entwicklung zunächst durch militärische Anwendungen und der Ausbildung von Piloten geprägt war, ist sie aktuell von der Gaming-Industrie und ausgewählten Anwendungen in der Architektur getrieben (vgl. Müller 2015). Anwendungen in der Logistik wie z. B. als Unterstützung bei der Planung von Logistiksystemen (Virtuelle Realität) oder die Anwendung in Kommissioniersystemen (Augmented Reality) sind ein relativ neues Gebiet.

Vorteile bringt Virtual Reality insbesondere dort, wo eine reale Gestaltung zu teuer, zu gefährlich oder zu zeitaufwendig wäre. Wie beispielsweise die Ausbildung eines Kampfpiloten in einem echten Jet zu teuer und zu gefährlich wäre, wäre die Vorbereitung von Servicetechnikern auf Bohrinseln, in Schiffswracks oder zur Reparatur von neuen Motoren in einer virtuellen Umgebung deutlich günstiger und gleichzeitig sicherer. Oder wo eine Schulung von Vertriebsmitarbeitern, die über die ganze Welt verteilt sitzen, für ein neues Produkt, das vielleicht noch gar nicht existiert, hohe logistische Aufwände für die Mitarbeiter oder die betroffenen Produkte nach sich zieht, könnte eine Schulung in einer virtuellen Umgebung die Kosten deutlich senken.

Als Anwendungen von Virtual Reality in der Logistik könnte man sich vorstellen[11]:

- Unterstützung bei der Gestaltung von Logistik-Arbeitsplätzen (z. B. Kommissionieren oder Lagergestaltung)
- Schulung von Monteuren bzw. Technikern zur Diagnose von Fehlern und Einübung von Wartungsprozessen für Maschinen/Anlagen, die erst installiert werden (hier besteht durch zusätzliche Features in der Brille sogar die Möglichkeit, durch Messung der Augenbewegungen ein objektives Feedback über den Lernerfolg zu erhalten)
- Simulation von Logistikprozessen wie z. B. Routenzüge oder Führungen durch „Best-Practice"-Werke

Gleichwohl muss angemerkt werden, dass gerade im Schulungsbereich die menschliche Interaktion nie ganz durch eine virtuelle Umgebung ersetzt werden kann. Sie kann und sollte allenfalls ergänzend eingesetzt werden.

4.2.3 Outsourcing von Logistikleistungen

Viele Unternehmen entscheiden sich, ihre Logistik komplett oder in erheblichen Umfängen outzusourcen. Häufig spricht man dann von Kontraktlogistik (vgl. zum Begriff Kontraktlogistik Weber et al. 2007, S. 37 ff.). Damit sind Geschäfte in Outsourcing-Beziehungen gemeint, bei denen in einer engen, individuell zwischen Dienstleister und Verlader gestalteten Beziehung mehrere logistische Funktionen integriert sind (also nicht nur Transport, Lagerei oder Auftragsabwicklung für Stückgut oder Massengüter oder KEP-Dienste), eine längerfristige vertragliche Absicherung existiert und das Geschäftsvolumen einen erheblichen Mindest-Jahresumsatz überschreitet (vgl. Klaus und Kille 2004, S. 252).

Kontraktlogistik-Partnerschaften machen mittlerweile im Logistikmarkt einen großen Anteil aus und besitzen nach der Meinung vieler Experten trotzdem noch Potenzial. So machen industrielle Kontraktlogistik und Konsumgüterkontraktlogistik zusammen nach einer aktuellen Top-100-Studie des Fraunhofer SCS etwa 40 % des gesamten deutschen

[11] Die vorgestellten Beispiele wurden im Rahmen eines Workshops in Zusammenarbeit mit der Firma IngMan im Sommersemester 2015 an der OTH Regensburg erarbeitet.

Logistikmarktes aus. Dabei ist ca. ein Drittel des Volumens an externe Dienstleister outgesourct (vgl. Kille und Schwemmer 2012, S. 49 ff.). Gleichzeitig gehen Unternehmen bei einem Outsourcing ihrer Logistik erhebliche Risiken ein:

- Findet man den richtigen bzw. besten Dienstleister?
- Wickelt der Dienstleister das Geschäft genauso gut ab wie man selbst?
- Erfährt man rechtzeitig von Problemen und kann man noch gegensteuern?

Diese Risiken steigen – ebenso wie die dabei zu erzielenden Kosten- oder Leistungsvorteile – mit zunehmender Komplexität der outgesourcten Dienstleistungen. Die Steuerung bzw. das Controlling dieser Partnerschaften wird deshalb immer wichtiger, aber auch schwieriger. Erfahrungen aus der Praxis zeigen jedoch, dass gerade hier auf Verladerseite noch zu wenig getan wird.

Obwohl nach einer Studie häufig das Anlaufmanagement für das Scheitern eines Logistik-Outsourcing-Projekts verantwortlich ist, liegen die Ursachen hierfür meist wesentlich früher im Prozess versteckt. Deshalb werden im Folgenden für allgemeine wesentliche Schritte (Ist-Analyse, Outsourcing-Konzeption sowie Verhandlung und Vertrag), die so oder ähnlich (vgl. zu einer alternativen Vorgehensweise Schmidt 2013) in jedem Outsourcing-Projekt vorkommen, Hinweise und Tipps aufgezeigt, wie eine erfolgreiche Outsourcing-Beziehung im Sinne der verfolgten Ziele etabliert und später auch effektiv gesteuert werden kann.

4.2.3.1 Ist-Analyse und Outsourcing-Konzeption[12]

Ein erster Schritt ist häufig die Ist-Analyse bestehender bzw. outzusourcender Logistikprozesse. Hier ist zu beachten, dass es wichtig ist, die eigenen Kompetenzstufen und das Kostenverhalten der Logistik-Prozesse zu kennen, bevor (!) man plant, die Leistung auszulagern. Hierzu wird die Funktions- und Leistungsanalyse zur Ermittlung des Kostenverhaltens der auszulagernden Logistikprozesse erläutert. Diese dient dazu, die Grundlage für die Angebotsevaluation und die spätere Steuerung des Dienstleisters zu schaffen (vgl. Kap. 2). Das Ergebnis der Analysephase ist eine wichtige Grundlage für die spätere Bewertung der Angebote der Dienstleister ebenso wie für die Gewinnung von Erkenntnissen über die Stärken und Schwächen der eigenen logistischen Prozesse.

Auf Basis der Ist-Analyse kann/muss anschließend die Konzeption einer Kontraktlogistik-Beziehung erfolgen. Dabei wird der Fokus insbesondere auf Aspekte gelegt, die über die reine Gestaltung der logistischen Prozesse hinausgehen (vgl. dazu Abschn. 4.2.1). Ergebnis der Outsourcing-Konzeption ist z. B. die Charakterisierung, wann und unter welchen Konstellationen eine logistische Leistung als eine Commodity oder als eine strategische Leistung angesehen werden kann und wie darauf aufbauend das Anreizsystem, die Schnittstelle und das Controlling als wesentliche Elemente eines Outsourcing-Konzepts

[12] Dieses Kapitel basiert auf Liebetruth und Müller 2006.

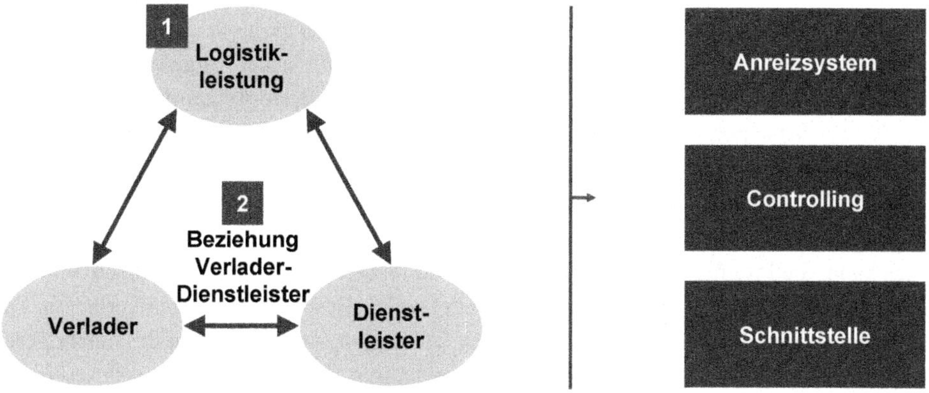

Abb. 4.13 Idealtypische Vorgehensweise Logistik-Outsourcing (Quelle: Liebetruth und Müller 2006)

gestaltet werden sollten (vgl. zur Gestaltung des Outsourcings von Logistikleistungen Hauptmann 2007).

Zunächst sind deshalb, wie in Abb. 4.13 auf der linken Seite dargestellt, die Art und der Umfang der outzusourcenden Leistung sowie die Beziehung, in der die beiden Partner zukünftig stehen, zu analysieren.

Die Art bzw. der Umfang der Leistung werden wesentlich durch das Ausmaß, d. h. Tiefe und Breite, sowie den Umfang der auszulagernden Leistungen im Rahmen der Kooperation beeinflusst. Eine sehr umfassende Auslagerung einer eher komplexen Leistung ist beispielsweise die Auslagerung von Wareneingangs-, Ein- und Auslagerprozessen für die Produktionsversorgung sowie die Festlegung der optimalen Bestände und die Hinweise Verlag/Setzerei: Entscheidung über die Nachbestellung einzelner SKUs als dispositive Tätigkeit (Tiefe: viele verschiedene Arten von Tätigkeiten) an einen Dienstleister, die der Dienstleister darüber hinaus für mehrere Standorte des Verladers (Breite: viele Standorte) erbringen soll und die einen großen Anteil am gesamten Warenstrom des Verladers ausmachen (Umfang). Weitere Faktoren, die die Komplexität der auszulagernden Leistung erhöhen, sind Netzwerkkomplexität (Anzahl und Verteilung der Zu- und Auslieferstellen sowie zu berücksichtigende Standorte des Verladers und SKUs), Prozesskomplexität (Schwierigkeit der zu erbringenden Prozesse und Servicegrad) und Produktkomplexität (Natur u. Wert d. Güter). Vor diesem Hintergrund wäre im Gegensatz zu der oben beschriebenen Leistung der Versand bereits in Gitterboxen verpackter Ware von zwei Güterarten (die zudem keine weiteren Anforderungen an Temperatur oder Handling stellen) von einer Produktionsstätte des Verladers an zwei Regionalläger eine eher wenig komplexe und wenig umfangreiche Dienstleistung.

Die Analyse der Beziehung, in der die beiden Partner zukünftig stehen, umfasst die Aspekte Bindungsgrad und -symmetrie, Informationsasymmetrie, potenzielle Zielkonflikte sowie Vertrauen. Obwohl die nachfolgenden Aspekte final erst bewertet werden können, wenn die Beziehung bereits eine gewisse Zeit läuft, ist es bereits in der Analysephase wichtig, potenzielle Ausprägungen der Aspekte einzuschätzen.

Der Aspekt Beziehungsgrad und -symmetrie bestimmt sich durch das Ausmaß, in dem die Partner auf die Beziehung zu genau diesem speziellen Partner festgelegt sind, und die Verteilung der Abhängigkeit. Dies kann z. B. durch dedizierte Assets der Fall sein. Dedizierte Assets sind Vermögensgegenstände, die speziell für diese eine Kontraktlogistik-Beziehung eingesetzt werden und weder dem Verlader noch dem Dienstleister für einen anderen Partner von Nutzen sind. Das können beispielsweise spezielle Ladungsträger oder Lagerhilfsmittel wie Kräne etc. sein, die der Dienstleister nur für diesen Verlader einsetzen kann, die Programmierung einer besonderen IT-Schnittstelle oder aber auch Schulungen des Personals des Dienstleisters zu prozessualen Besonderheiten des Verladers. Die Symmetrie der Bindung spiegelt sich in den Ausnutzungsmöglichkeiten der mächtigeren Partei wieder. Wenn in einer Beziehung in irgendeiner Form dedizierte Assets vorliegen, dann kann es sein, dass ein Partner stärker an die Beziehung gebunden ist als der andere. So wird der Dienstleister, der eine spezielle IT-Schnittstelle an das selbstprogrammierte Lagerverwaltungssystem des Verladers erstellt hat, stärker daran interessiert sein, die Beziehung aufrecht zu erhalten, da sich die hohen Kosten der Schnittstelle nur über eine entsprechende Laufzeit der Beziehung amortisieren.

Für den Aspekt der Informationsasymmetrie gilt der einleitend angeführte Kommentar in besonderem Maße: Ob eine Informationsasymmetrie tatsächlich vorliegt, ist häufig erst nach Etablierung der Beziehung zu bewerten. In der Analysephase ist deshalb sehr genau zu prüfen, ob in der potenziellen Beziehung Quellen für Informationsasymmetrie vorliegen. Solche Quellen können Schwierigkeiten bei der Einschätzung der Charakteristika der auszulagernden Leistung (Hidden Characteristics), opportunistisches Verhalten des Outsourcers (Hidden Action) und das Risiko der Ausnutzung einer asymmetrischen Bindung (Hidden Intention) durch eine Partei sein. Insbesondere der Aspekt der Informationsasymmetrie ist der Tatsache geschuldet, dass eine Kontraktlogistik-Beziehung eine Beauftragung eines Auftragnehmers durch einen Auftraggeber ist. Eine solche Konstellation wird in der Betriebswirtschaftslehre als Prinzipal-Agenten-Beziehung bezeichnet. Weitere Beispiele sind auch die Beauftragung eines Rechtsanwalts durch einen Mandanten oder die Anstellung eines Geschäftsführers durch eine Eigentümergemeinschaft eines Unternehmens. In einer solchen Beziehung resultieren die oben genannten Probleme aus unterschiedlichen Informationsständen des Prinzipals bzw. des Agenten. Im Folgenden werden diese kurz anhand von konkreten Beispielen illustriert.

- Hidden Characteristics bedeutet, dass die auszulagernde Leistung Besonderheiten besitzt, die in der Leistungsbeschreibung nicht unmittelbar ersichtlich sind und vom Dienstleister deshalb nicht eingeschätzt werden können. Dies ist zum Beispiel bei der oben beschriebenen Produktionsversorgung und einer damit verbundenen Beschaffungslogistik der Fall, wenn ein Großteil der Lieferanten sehr unzuverlässig ist und der Verlader hierzu in der Leistungsbeschreibung keine Angaben macht. Ähnliches gilt, wenn das abzuwickelnde Produkt Besonderheiten besitzt, wie z. B. besondere Anforderungen an die Temperatur oder eine zu berücksichtigende Staubfreiheit während der Abwicklung, die eine standardmäßige Abwicklung unmöglich machen und diese ebenfalls nicht in der initialen Leistungsbeschreibung explizit genannt sind.

- Hidden Action beschreibt ein Verhalten des Dienstleisters, bei dem er Spielräume ausnutzt, die der Verlader nicht überwachen bzw. kontrollieren kann, um sich einen (häufig kostenmäßigen) Vorteil zu verschaffen. Dies kann sich z. B. in einer schlechteren als vereinbarten Qualität der für die Abwicklung eingesetzten Mitarbeiter, Fahrzeuge oder Lagerhilfsmittel äußern. Das wiederum kann eine höhere Störanfälligkeit und schließlich auch eine höhere potenzielle Fehlerrate nach sich ziehen. Eine andere Möglichkeit der Ausnutzung eines solchen Spielraums wäre es, den vereinbarten Umfang der Stichproben im Rahmen einer vereinbarten statistischen Wareneingangskontrolle systematisch zu unterschreiten. Grundsätzlich ist Hidden Action durch Monitoring begrenzbar, jedoch muss hier ein Modus definiert werden, der die Kosten des Monitorings nicht ausufern lässt. Eine andere Möglichkeit besteht in der Setzung von Anreizen, was im zweiten Teil dieses Kapitels bei der Gestaltung des Anreizsystems erläutert wird.
- Während sich Hidden Action auf nicht beobachtbares Verhalten des Dienstleisters bezieht, fokussiert Hidden Intention auf nicht beobachtbare Absichten des Dienstleisters. So könnte der Dienstleister bei Vertragsabschluss eine Situation schaffen, die es dem Verlader schwer macht, aus dem Vertrag wieder auszusteigen. Dies könnte durch die Vereinbarung einer Kostenübernahme von für die Beziehung spezifischen Investitionen (wie oben bereits beschrieben: Schulung von Personal, Anschaffung von speziellen Ladungsträgern oder Lagerhilfsmitteln) geschehen, so dass die Hürde für den Verlader, aus dem Vertrag auszusteigen, sehr hoch ist. Die Ausnutzung eines solchen Abhängigkeitsverhältnisses ist durch einen Ausgleich der Interessen der beiden Partner begrenzbar. Das bedeutet, dass dem einen Partner bei einer berechtigten und systematisch nicht zu verhindernden Schlechterstellung an einer anderen Stelle ein Entgegenkommen gewährt wird. Beispielsweise könnte der Verlader dem Dienstleister für die – zwangsläufig anfallenden höheren Aufwände in der Anlaufphase – eine höhere Vergütung gewähren, um sich an den Schulungs- und Anlaufkosten zu beteiligen. Wenn der Verlader das nicht macht, besteht die Gefahr, dass der Dienstleister versucht, die Aufwände an anderer Stelle zu erwirtschaften, und im besten Fall eine Verschleierung der wahren Kosten und Leistungen verursacht.

Die Analyse der Ziele des Outsourcings der jeweiligen Partner ist ein weiterer wichtiger Aspekt, der in der Analyse der zukünftigen Beziehung der Partner berücksichtigt werden sollte. Dahinter steht die Überlegung, dass die Beziehung stärker belastet ist, wenn die Ziele der jeweiligen Partner sehr unterschiedlich sind. Andererseits ist die Beziehung weniger belastet, wenn die Ziele eher komplementär sind. Als mögliche Ziele eines Outsourcings kommen auf Seiten des Verladers finanzielle Ziele (Kostenreduktion und -variabilisierung, Erhöhung Liquidität, Reduzierung Kapitalbindung), leistungsbezogene Ziele (Verbesserung der Logistikleistung), personalbezogene Ziele (Zugang zu qualifizierten Personalressourcen) oder strategiebezogene Ziele (Konzentration auf Kernkompetenzen) in Betracht. Der Dienstleister wird im Normalfall die Ziele haben, mit dem Kontrakt Geld zu verdienen oder in einen für ihn neuen Markt einzutreten und dort Erfahrung zu sammeln, um dort Zusatzgeschäfte zu generieren. Im Rahmen der Analyse sollte nun geprüft werden, was die Ziele der Partner sind und inwieweit diese komplementär sind. So wird beispielsweise eine hohe Komplementarität der Ziele vorliegen, wenn der Verlader das Ziel hat, sich durch das Auslagern der Logistik auf seine Kernkompetenz zu fokussieren und die Logistikleistung zu verbessern. Eine eher geringe Komplementarität wird vorliegen, wenn der Verlader bereits von einem guten Kostenniveau kommend seine Logistikkosten weiter reduzieren möchte und der Dienstleister daran interessiert ist, hohe Margen zu erwirtschaften.

Schließlich kann die Analyse des Vertrauensniveaus zwischen den Partnern helfen, ein vollständiges Bild der Beziehung der beiden potenziellen Partner zu erlangen. Vertrauen kann dabei ein Faktor sein, der die oben beschriebenen Risiken oder Gefahren einer Outsourcing-Beziehung abmildert. Vertrauen kann geschaffen werden durch eine gute Erfahrung mit bereits bestehenden Geschäftsbeziehungen zu dem Dienstleister, durch eine möglichst offene Kommunikation in der Anbahnungsphase oder durch eine gute Reputation am Markt, da hierdurch die Erwartung positiver Intention und Fähigkeiten untermauert werden kann.

Mit der Analyse der outzusourcenden Leistung und der potenziellen Beziehung zum Dienstleister ist die Analysephase abgeschlossen. Zur weiteren Illustration können als zwei Extrempunkte die transaktionale Beziehungen (bei einfachen, standardisierten Leistungen und einer weniger eng verflochtenen Beziehung) oder die eng integrierte Partnerschaft (bei einer komplexen Leistung und einer sehr eng verflochtenen Beziehung) unterschieden werden.[13] So kommen bei letzterer die Mechanismen und Implikationen der Transaktionskostentheorie[14] und Principal-Agent-Theorie (z. B. hohe Suchkosten, die auf die Laufzeit der Beziehung verteilt werden müssen, große Informationsasymmetrien, die eine leichte Kontrolle des Dienstleisters verhindern) viel stärker zum Tragen als bei einer transaktionalen Beziehung, da der Markt in Form des Angebots vergleichbarer Wettbewerbsleistungen als Korrektiv nicht so stark in Erscheinung tritt. In der Erläuterung der folgenden Gestaltungsfelder (Anreizsystem, Schnittstelle, Controlling) werden deshalb aufbauend auf den beiden Extrempunkten die Gestaltungsoptionen erläutert und kurz diskutiert, wann welche Gestaltungsoptionen eingesetzt werden sollten.

Die Gestaltung des Anreizsystems umfasst, wie in Abb. 4.14 dargestellt, die grundlegende Vergütungsform und ergänzende Anreizkomponenten, um eventuelle Nachteile der grundlegenden Vergütungsformen auszugleichen.

[13] An dieser Stelle sei auf die Parallelität der Analyse zu den verschiedenen Konzepten aus dem Einkaufsbereich verwiesen. Bei diesen wird ebenfalls einerseits auf die Spezifika der eingekauften Leistung im Rahmen der Einordnung in eine Warengruppenstruktur und andererseits die Einordnung der Beziehung zum Lieferanten im Rahmen eines Lieferantenportfolios Bezug genommen.

[14] Die Idee bei der Transaktionskostentheorie ist: Individuen/Organisationen bewerten die Effizienz alternativer Transaktionen anhand der Höhe der Tx-Kosten. Arten von Tx-Kosten sind Anbahnung, Vereinbarung, Abwicklung, Kontrolle, Anpassung, Kosten der Aufhebung (Empirie: 25–45 % des Sozialprodukts in den USA Tx-Kosten). Unter anderem sind spezifische Investitionen ein erheblicher Einflussfaktor für die Bewertung der Kosten einer Transaktion, da sie nicht für andere Transaktionen verwendet werden können.

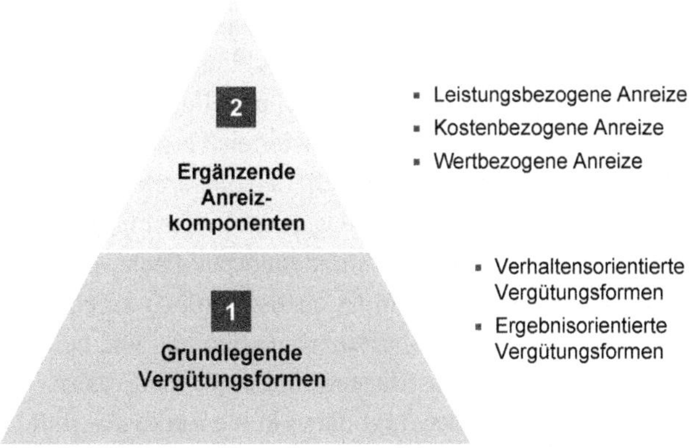

Abb. 4.14 Gestaltung des Anreizsystems beim Logistik-Outsourcing (Quelle: Liebetruth und Müller 2006)

Die verhaltensorientierte Vergütung stellt auf ein faktor- bzw. prozessbezogenes Verständnis der Logistikleistung ab und nicht auf den Nutzen für den Verlader. Je nachdem, ob eher auf die Ressourcennutzung (also Kosten) oder die erbrachten Prozessleistungen fokussiert wird, können Ansätze unterschieden werden, die auf die entstandenen Kosten abstellen (Cost-Plus ggf. mit Open-Book), und Ansätze, die auf die Zahl der Leistung abstellen (vollständig variabel: transaktionsbasierte Abrechnung oder fixe und variable Komponenten).

Bei einer reinen Cost-Plus-Vergütung stellt der Dienstleister dem Verlader die entstandenen Kosten (zuzüglich eines vorher verhandelten Gewinnaufschlags) in Rechnung. Diese Vergütungsform eignet sich für wenig standardisierte, kundenspezifische physische sowie administrative Leistungen, wie z. B. die Belieferung von Montagelinien, bei der sich häufig ändernde Prozesse mit einem hohen Grad an unternehmensspezifischen Besonderheiten vorliegen. Die Umsetzbarkeit eines solchen Vergütungsmodells ist grundsätzlich relativ einfach möglich, die Nachvollziehbarkeit und Messung ist jedoch abhängig von der Komplexität der Vereinbarung und von der Komplexität der Kostenzuordnung. So kann es sein, dass bei mehreren Ressourcenarten (Mitarbeiter, Fahrzeuge, Lagerhilfsmittel) und verschiedenen Stundensätzen für die jeweiligen Ressourcen schnell eine viele Seiten umfassende Monats- oder Wochenrechnung resultiert, die nur mit einem gewissen Aufwand nachvollziehbar ist.

Bei Cost-Plus-Verträgen trägt der Verlader das Auslastungs- und Leistungsrisiko. Das bedeutet, dass er im Regelfall auch dann für die Vorhaltung der Ressourcen (wie z. B. Lagerfläche) bezahlt, wenn er sie nicht nutzt (also: auslastet), und im Extremfall auch die Kosten der vom Dienstleister verursachten Fehlleistungen (z. B. Stillstände der Montagelinie bei Belieferung mit einem falschen Teil) trägt. Für den Dienstleister besteht im Gegenzug kein Auslastungsrisiko, er erhält eine fest definierte Marge und hat einen mehr oder weniger starken Anreiz zur Erbringung möglichst vieler und teurer Leistungen sowie zu „kreativer Buchführung", um kundenspezifische Kosten aufzublähen. Wenn die Faktorkosten des Dienstleister geringer sind als die eigenen, was in der Regel bereits alleine durch andere Tarifverträge der Fall ist, dann kann der Verlader auch durch diese

Vergütungsform Einsparungen erzielen. In diesem Fall bietet es sich jedoch trotzdem an, kostenbezogene Anreize zur Sicherstellung des Kostenbewusstseins des Dienstleisters und leistungsbezogene Anreize zur Sicherstellung der Qualität der Abwicklung zu vereinbaren.

Bei einer rein transaktionsbasierten Vergütung bezahlt der Verlader den Dienstleister für jede Leistungseinheit (auch Leistungszähler) wie z. B. Durchführung einer Warenvereinnahmung oder Umschlag einer Lieferung in einem Logistikzentrum. Diese Vergütungsform eignet sich für kundenunspezifische physische bzw. administrative Leistungen („Commodities") und ist ebenso einfach zu entwickeln bzw. zu vereinbaren wie zu messen. Der Verlader spart hierbei ebenfalls wie bei der Cost-Plus-Vergütung, wenn die Faktorpreise des Dienstleisters niedriger sind als die Kosten der internen Leistungserstellung. Der Verlader trägt dabei keine Fixkosten und kann somit das Auslastungsrisiko vollständig auf den Dienstleister abwälzen und das Ziel der Variabilisierung der Fixkosten realisieren. Allerdings trägt der Verlader weiterhin das Leistungsrisiko. Das heißt, sofern keine weiteren Anreizkomponenten vereinbart wurden, muss der Verlader für Fehler des Dienstleisters aufkommen wie z. B. für die Folgen einer falsch umgeschlagenen Lieferung. Der Dienstleister hingegen trägt das Auslastungsrisiko und hat damit einen Anreiz zur Maximierung der Anzahl der Transaktionen, einen Anreiz zur Senkung der Qualität auf das minimale durch Verlader tolerierte Niveau und kaum einen Anreiz zur Senkung des Transaktionsniveau durch Einbringung einer Logistikkompetenz. Als ergänzende Anreize sind leistungsbezogene Anreize bzw. Kontrollmechanismen zur Sicherstellung der Qualität vorzuschlagen.

Die beiden zuvor genannten Vergütungsformen werden häufig auch in sogenannten „Fix-Prop-Vereinbarungen" kombiniert, um die Realitäten des Geschäfts abzubilden. So wird der Dienstleister für die logistische Versorgung eines Standortes des Verladers nicht selten eine eigene Halle mieten müssen (und hat damit Fixkosten), während die Leistungen im Rahmen der Lieferungen von den Lieferanten und die Versorgung der Produktion sich eher am (variablen) Geschäftsverlauf orientieren werden. Die oben genannten Vor- und Nachteile sowie die empfohlenen Ergänzungen sollten dann entsprechend dem Grad der jeweiligen Vergütung gestaltet werden.

Leistungsbasierte Vergütungsformen stellen auf das Ergebnis der Logistikleistung bzw. dessen Wirkung ab. In einer rein leistungsbasierten Vergütung legen Verlader und Logistikdienstleister das angestrebte Serviceniveau für ein kundenspezifisches Dienstleistungspaket fest und handeln die hierfür zu zahlende Vergütung aus (ggf. können Strafen bei Wichtigkeit einer guten Leistung vereinbart werden). Ein Beispiel hierfür könnte die Versorgung mit Ersatzteilen oder C-Teilen sein. Bei dieser Vergütungsform hat der Dienstleister weitgehende Spielräume bei der Gestaltung der Prozesse. Durch diese Vergütung kann der Verlader zwar niedrigere Kosten realisieren, sofern die Faktorpreise des Dienstleisters niedriger sind als die Kosten der internen Leistungserstellung, kann jedoch nicht an Kostensenkungen des Dienstleisters partizipieren. Im Gegenzug hat der Dienstleister jedoch einen Anreiz zur Erreichung der vom Verlader gewünschten Qualität und einen Anreiz zur Kostensenkung durch Einbringung von Logistikkompetenz. Je nach Gestaltung übernimmt der Dienstleister auch das Auslastungsrisiko und das Leistungsrisiko. Ergänzungen können um Instrumente zur Partizipation des Verladers an Kosteneinsparungen des Dienstleisters oder zur Allokation des Auslastungsrisikos durch volumenbezogene Regelungen vorgenommen werden.

Eine besondere Form der leistungsbasierten Vergütung ist die wertbasierte Vergütung, bei der sich die Vergütung des Dienstleisters an Größen wie Absatz, Umsatz, Deckungsbeitrag, Gewinn oder dem Unternehmenswert orientiert. Eine solche Vergütung findet sich beispielsweise bei Joint-Ventures zwischen Verlader und Dienstleister und bei einer Möglichkeit zur Aufschaltung von Drittkunden auf die Plattform. Da diese Form nicht im Fokus des Beitrags steht, wird auf eine ausführliche Erläuterung verzichtet.

Die grundlegenden Fragen bei der Gestaltung der (operativen) Schnittstelle zwischen Verlader und Dienstleister sind:

- Ist überhaupt eine aktive Abstimmung an der Schnittstelle nötig?
- Falls ja: Was sind die geeigneten Maßnahmen für die Abstimmung?
- Welche Organisationseinheiten sind die Träger der Abstimmung?
- Wie kann die Logistik(-beurteilungs-)kompetenz im Haus gehalten werden?

Die Frage, ob überhaupt eine aktive organisatorische Abstimmung an der Schnittstelle nötig ist, hängt von der Komplexität und der Strukturiertheit der möglichen Entscheidungssituationen ab. So ist z. B. in einem Industrieunternehmen eine aktive Abstimmung an der Schnittstelle zwischen Einkauf und Produktion nicht unbedingt nötig, da die Aufgabe des Einkaufs in der Regel darin besteht, die Bestände zwischen vorher definierten Grenzen zu halten. Allgemein ist ein Verzicht auf Abstimmung möglich, wenn Schnittstellen nicht kritisch oder/und die Kosten der Abstimmung höher sind als der Nutzen. Im Bereich der Logistik wäre dies z. B. nicht der Fall, wenn der Dienstleister den Versand bereits verpackter Ware übernimmt, die auf einer Stellfläche bereitsteht und alle Versanddaten in den Versandpapieren beiliegen.

In den meisten Fällen im Bereich der Kontraktlogistik wird man jedoch zu dem Schluss kommen, dass eine Abstimmung an der Schnittstelle nötig ist, da es sich ja um relativ umfangreiche Leistungen handelt. In diesem Fall stellt sich die Frage nach den geeigneten Maßnahmen und Inhalten für die Abstimmung, um den Koordinationsaufwand möglichst gering zu halten. Als Möglichkeiten hierfür kommen entweder Regelungen zur Kommunikation (z. B.: Wann muss wer wem welche Information geben?) oder Strukturierung einer Koordinationssituation (z. B. durch EDV-Workflows oder Prozessbeschreibungen: Wenn ein SLA-überschritten wird, dann muss der Konflikt an ein Koordinations- und Entscheidungsgremium eskaliert werden.) in Betracht. Die Idee in beiden Fällen ist, eine möglichst hohe Standardisierung der Koordination und eine möglichst effiziente Kommunikation zu erzielen. Während dies im ersten Fall durch die Vorgabe von Kommunikationsinhalten erreicht wird, geht es im zweiten Fall um einen sinnvollen Einsatz von Automatisierung bzw. um Reduzierung des Interpretationsspielraumes.

Die dritte Frage im Rahmen der Schnittstellengestaltung bezieht sich darauf, welche Organisationseinheiten die Träger der Abstimmung sind. Eine Selbstabstimmung, d. h., die betroffenen operativen Mitarbeiter auf Seiten des Verladers und des Dienstleisters stimmen sich in wöchentlichen Meetings und ad hoc selbst ab, ist möglich, wenn die Kompetenzen der beteiligten Mitarbeiter bzw. Einheiten ausreichen, um das Problem in den meisten Fällen zu lösen und/oder das Konfliktpotenzial überschaubar ist. Das ist bei Problemen des Tagesgeschäfts größtenteils der Fall. Eine Fremdabstimmung, z. B. durch ein Eskalationsgremium aus Standortleitung oder Geschäftsführung, ist dann nötig, wenn Konflikte starke Auswirkungen auf andere Bereiche haben und nicht innerhalb der Arbeitsbeziehung gelöst werden können. Ein anderes Beispiel für „externes" Schnittstellenmanagement in einem größeren Maßstab ist die MetroGruppenLogistik als 4PL. In der Regel müssen aber das Volumen und die Komplexität der Beziehung sehr hoch sein, damit sich ein externes Schnittstellenmanagement lohnt.

Die Frage nach dem Erhalt der Logistikkompetenz stellt sich insbesondere deshalb, weil mit dem Outsourcing der eigenen Logistik der Verlader in manchen Fällen nicht mehr in der Lage ist, die Qualität des Dienstleisters zu beurteilen bzw. die Leistungen wieder inzusourcen. Der Verlader gerät damit in eine starke Abhängigkeit vom Dienstleister. Verschiedene Instrumente können helfen, die Logistikkompetenz zu erhalten bzw. die Abhängigkeit vom Dienstleister so gering wie möglich zu halten:

- Schaffung einer separaten Organisationseinheit zur Überwachung der Schnittstelle – insbesondere bei einer sehr komplexen Logistikleistung und einem großen Volumen kann es sinnvoll sein, dass der Verlader eine eigene Einheit aufbaut, die im (strategischen) Einkauf des Verladers angesiedelt sein kann und damit betraut ist, den Verlader zu überwachen und die Prozesse zu auditieren. Auf diese Weise erhält der Verlader zumindest die Beurteilungskompetenz und ist sehr nah an den Prozessen des Diensteisters dran.
- Interne Modellimplementierung/Testobjekt – wenn der Verlader eine ähnliche Leistung, die an einem Standort vom Dienstleister erbracht wird, an anderen Standorten selbst durchführt, kann es sinnvoll sein, diese Leistung zumindest an einem Standort nicht outzusourcen. In diesem Fall könnten bei gravierenden Problemen mit dem Dienstleister im Rahmen einer Task-Force eigene Mitarbeiter die Leitung der Prozesse selbst übernehmen bzw. die Leistung wieder selbst durchführen.
- Nutzung standardisierter Infrastruktur/Erhaltung Kontrolle über Infrastruktur – die Nutzung standardisierter Infrastruktur hilft, die Abhängigkeit vom Dienstleister zu verringern, da hierdurch Austrittsbarrieren für den Verlader bzw. Eintrittsbarrieren für einen anderen Dienstleister reduziert werden. Diese Maßnahme erhöht den Druck auf den Dienstleister, da er im Falle schlechter Qualität schneller ausgetauscht werden kann. In die gleiche Richtung geht es, wenn der Verlader die Kontrolle über eine nicht standardisierte Infrastruktur erhält. Zum Beispiel könnte er ein automatisches Kleinteilelager in seinem Eigentum behalten und an den Dienstleister vermieten. Zwar werden die Spielräume für Kostensenkungen etwas reduziert, jedoch ist hier zwischen den beiden Zielgrößen abzuwägen.

- Vereinbarung von Regeln zur Beendigung der Zusammenarbeit – wenn bereits vor Vertragsschluss die Regeln zur Beendigung der Zusammenarbeit definiert sind, dann zeigt das einerseits, dass der Verlader bereits Vorkehrungen für eventuelle Fehlleistungen des Dienstleisters getroffen hat, und senkt damit die Austrittsbarrieren ebenfalls. Andererseits können bereits hier durch die inhaltliche Ausgestaltung die Konditionen für ein Fehlverhalten des Dienstleisters reduziert werden. So kann beispielsweise vereinbart werden, dass der Dienstleister im Falle eines selbst verschuldeten Schlechtleistens für die Schulung eines neuen Dienstleisters aufzukommen hat.

Als letztes hier behandeltes Gestaltungsfeld ist das Controlling der Beziehung zu erläutern. Als Gestaltungsmöglichkeiten sind zu nennen: Fokus des Leistungscontrollings, Erhebungsinstanz bzw. Art der Festlegung des Servicegrads, Erhebungshäufigkeit und Steuerungswerkzeuge.

- Der Fokus des Leistungscontrollings kann – analog dem im Anreizsystem abgebildeten Verrechnungsmodus – auf faktorbezogenen Leistungen, prozessbezogenen Leistungen oder ergebnisbezogenen Leistungen liegen. Da sich das Controlling auf das gewählte Abrechnungsmodell beziehen sollte und die als Abrechnungsgrundlage verwendeten Größen und Kennzahlen beinhalten sollte, sei auf die dort gemachten Ausführungen verwiesen.
- Hinsichtlich der Erhebungsinstanz können eine Erhebung der Daten durch den Verlader, den Dienstleister oder Dritten unterschieden werden. Die Entscheidung über die Erhebung der Daten zu den Service-Leveln hängt von der Verfügbarkeit der Daten und dem Vertrauen in den Dienstleister ab. Dritte können ebenfalls hinzugezogen werden, wenn eine unabhängige Erhebung sinnvoll erscheint. Die Möglichkeiten bei der Entscheidung über die Art der Festlegung der Servicelevel sind, dass der Verlader, der Dienstleister oder beide gemeinsam die Serviclevel definieren. Die Höhe des Servicegrads sollte vom Verlader vorgegeben werden, wenn er bereits Erfahrung mit den Prozessen hat. Auch denkbar ist, dass der Dienstleister gleich im Rahmen der Ausschreibung einen Vorschlag zu wichtigen Servicelevels macht. Bei neuartigen Prozessen ist es manchmal sinnvoll, zunächst keine Servicelevels festzulegen, sondern über einen gewissen Zeitraum (z. B. ein halbes Jahr) Erfahrungen zu sammeln und erst nach Ablauf dieser Frist in Abstimmung mit dem Dienstleister einen Servicelevel festzulegen. Generell gilt, dass der Servicelevel für den Dienstleister erreichbar sein sollte, da sonst ein eventueller Eskalationsmechanismus zur Regel wird.
- Bei der Erhebungshäufigkeit kann zwischen kontinuierlich im Tagesgeschäft, in regelmäßigen Abständen und in unregelmäßigen Abständen unterschieden werden. Im Tagesgeschäft sollten Indikatoren erhoben werden, die das Tagesgeschäft betreffen, wie z. B. Rückstände, Fehler oder aber auch Rahmendaten über Anzahl und Struktur der erbrachten Leistungen. In regelmäßigen Abständen sollten Sonderauswertungen durchgeführt werden. Beispielsweise kann auch vereinbart werden, dass jedes Jahr ein

Benchmarking der Prozesse mit einem anderen Dienstleister durchgeführt wird. Bei unvorhergesehenen oder selten eintretenden Ereignissen können Auswertungen durchgeführt werden, die in dem jeweiligen Fall nötig werden. Beispielsweise kann bei konstantem Erreichen eines Servicelevels eine Auswertung beauftragt werden, um entweder ein neues Niveau zu definieren oder bessere Indikatoren zu ermitteln.
- Schließlich können als Instrumente der Steuerung der Beziehung Instrumente der Lieferantenbeurteilung oder ein (ggf. gemeinsamer) kontinuierlicher Verbesserungsprozess unterschieden werden. Während ersteres als alleiniges Instrument beim Outsourcing von mittelkomplexen Leistungen einzusetzen ist, sollte zweiteres bei eher komplexen Leistungen und bei einer durch Informationsasymmetrien gekennzeichneten Beziehung in Kombination mit einem gemeinsamen Verbesserungsprozess eingesetzt werden. Ein gemeinsam durchgeführter Audit mit anschließendem Verbesserungsprozess hat für beide Partner einen vertrauensbildenden Charakter und hilft, neben der Ausübung einer besseren Kontrolle, auch dabei, die Beurteilungskompetenz zu erhalten.

Insbesondere in den letzten beiden Gestaltungsfeldern gilt, dass je komplexer die auszulagernde Leistung ist und je mehr Möglichkeiten für den Dienstleister bestehen, die Abhängigkeit der Beziehung auszunutzen, die Palette an Möglichkeiten zur Kontrolle der Schnittstelle ausgenutzt werden sollte. Im Falle einer standardisierten, wenig komplexen Leistung genügen häufig die Nutzung standardisierter Abstimmmechanismen und der Druck der Marktsituation sowie sehr einfache Kennzahlen, um die Schnittstelle unter Kontrolle zu halten.

4.2.3.2 Verhandlung und Vertragsschluss

Dieser Abschnitt behandelt aufbauend auf den Ergebnissen der Ausschreibung die Durchführung der Verhandlung und die Gestaltungselemente des im Laufe der Verhandlung zu konkretisierenden Outsourcing-Vertrags. In der Praxis sollte bei komplexen Logistikleistungen bereits bei Beginn der Verhandlung ein möglichst umfassender Vertrag vorliegen bzw. dem oder den potenziellen Dienstleister(n) ein Vertragsentwurf als Verhandlungsgrundlage zugesandt werden. Dies ermöglicht dem Verlader, den Verhandlungsprozess besser steuern zu können, und ist bereits Teil der Verhandlungsstrategie. Deshalb werden zunächst die Gestaltungselemente des Vertrags vorgestellt, bevor die Verhandlungsstrategie präsentiert wird.

Grundsätzlich (vgl. zu den Ausführungen zum Logistik-Vertrag Spendl 2006) kennt das deutsche Gesetz für komplexe logistische Leistungen (Kombination aus Transport, Umschlag, Lagerung und ggf. Produktionstätigkeiten) keinen eigenen Logistikvertrag. Je nachdem, welche Leistungen von einem Dienstleister zu erbringen sind, können in einem Logistikvertrag verschieden gesetzlich geregelte Vertragstypen zur Anwendung kommen: Speditionsvertrag (§ 453 HGB), Lagervertrag (§ 467 HGB), Frachtvertrag (§ 407 HGB), Dienstvertrag (§ 611 BGB) oder Werkvertrag (§ 631 BGB). Logistikverträge sind in den meisten Fällen typengemischte Verträge, da sie mehrere Einzelleistungen verbinden.

Obwohl oft von Logistikdienstleistungsverträgen gesprochen wird, sprechen die Outsourcingziele in der Praxis häufig für einen Werkvertrag: Der Auftraggeber erwartet, dass der Auftragnehmer die Kosten reduziert, der Erfolg der Leistung garantiert wird bzw. der Auftraggeber die erbrachte Leistung in Abhängigkeit der Stückzahl vergütet. Die Art des Vertrags bestimmt rechtliche Pflichten und legt Fragen der Beweislast, Haftungsvoraussetzungen und Haftungsumfang sowie Regelungen bzgl. Schadenersatz fest.

Der Vertragstyp bestimmt außerdem das Haftungssystem:

- Speditionsleistungen: Allgemeine Deutsche Spediteurbedingungen (ADSp)
- Be- und Entladen eines Transportmittels: verschuldensunabhängige Obhutshaftung (Frachtrecht)
- Einlagern der Güter in ein Regalsystem: Lagerrecht
- Zusätzliche Montageumfänge: Werkvertragsrecht und das allgemeine Haftungsrecht des HGB

Bei der Gestaltung des Logistikvertrags können die Bereiche Struktur und Inhalte, Regelungsgrad, Ziele, Übertragung unternehmerisches Handeln und Regelungen zur laufenden Geschäftsbeziehung nach Auslagerung unterschieden werden.

Hinsichtlich der Struktur des Vertrags hat es sich bewährt, eine Trennung zwischen eigentlichem Vertrag mit vor allem rechtlichen und kaufmännischen Bestimmungen und Anlagen, in denen Details zu Leistungsumfang und Servicegrad als separater Anhang geregelt sind, vorzunehmen. Dies hat den Vorteil, dass diese später einfacher aktualisiert werden können, ohne eine Änderung im eigentlichen Vertrag vornehmen zu müssen, was häufig mit aufwendigen internen Prüfungen verbunden ist.

Die Inhalte sind abhängig von der Komplexität der Leistung (je standardisierter die Leistung ist, desto schlanker kann der Vertrag ausfallen), beziehen sich aber grundsätzlich auf die oben beschriebenen Elemente der Outsourcing-Konzeption: Ziele der Zusammenarbeit, Leistungsumfang, Regelungen zum Übergang unternehmerischer Tätigkeit, Regeln für die Zusammenarbeit bzw. deren Beendigung, Vertragsdauer, Anreizgestaltung. Ein Beispiel für eine Gliederung eines Logistik-Vertrages ist in Abb. 4.15 dargestellt.

Ein wichtiges Gestaltungselement eines Logistik-Vertrags ist der Regelungsgrad. Vorteile eines geringen Regelungsgrads sind flexiblere Gestaltungsmöglichkeiten, Etablierung eines partnerschaftlichen Selbstverständnisses der Zusammenarbeit und nicht zuletzt weniger Aufwand bei Aktualisierungen und leichtere Verständlichkeit. Für einen hohen Regelungsgrad spricht, dass der Vertrag so als eine Art Handbuch für das Outsourcing verwendet werden kann und damit folgende Funktionen erfüllt werden können: Schutz gegen Opportunismus, Identifikation künftiger Probleme, Handbuch für das Outsourcing-Projekt (incl. Anlaufmanagement), Einsatz differenzierter Anreizmechanismen. Je komplexer die Leistung und je höher der Bindungsgrad und die -asymmetrie sind, desto mehr sollte im Vertrag geregelt werden, um die Gefahr eines opportunistischen Verhaltens (insbesondere Hidden Intention) auszuschließen. In manchen Fällen ist jedoch absehbar, dass sich eine komplexe Leistung häufig und schnell mit dem zugrundeliegenden Geschäft

Abb. 4.15 Vertragsinhalte Logistik-Vertrag (Quelle: Spendl 2006)

verändern muss. In einem solchen Fall sollte der Fokus bei der Vertragsgestaltung auf die Kodifizierung eines geeigneten Anreizsystems (und weniger auf aktuelle und korrekte Abbildung des Vertragsgegenstandes) gelegt werden, das ausreichend Spielraum für die operative Gestaltung der Prozesse lässt. Ansonsten ist der Vertrag nur bürokratischer Mehraufwand und er wird ohnehin nicht beachtet, sondern nur dann herangezogen, wenn es in der Beziehung Probleme gibt, die sowieso nicht mehr behoben werden können. Wenn das Vertrauen der beiden Partner hoch ist und bereits positive Erfahrungen gemacht wurden, genügt ebenfalls ein geringer Regelungsgrad.

Hinsichtlich der Aufnahme der Ziele und der Übertragung unternehmerischen Handelns in den Vertrag können Regelungen zu Zielen aufgenommen werden, um dem Dienstleister den Rahmen des Handelns im Sinne des Auftraggebers vorzugeben, was den Motiven des Outsourcings entspricht. Dabei sind arbeitsrechtliche Aspekte wie Regelungen zum Betriebsübergang nach § 613a BGB, Arbeitnehmerüberlassung (befristete Übergangszeit für z. B. Know-how-Transfer), Kündigungsschutz im Sinne des Kündigungsschutzgesetzes wie Änderungskündigung, betriebsbedingte Kündigung ebenfalls zu berücksichtigen. Weitere Aspekte, die geregelt werden könnten, sind Konsequenzen späterer Unternehmensübernahmen und -veräußerungen und ggf. damit in Verbindung stehende übertragungsbedingte Haftungsfragen.

Die Regelungen zur laufenden Geschäftsbeziehung nach Auslagerung betreffen neben dem Leistungsumfang und dem Anreizsystem die Regelung von Verantwortlichkeiten und das Vorgehen bei Konflikten sowie die Vertragsdauer. Hinsichtlich des Leistungsumfangs können ergänzend zu den oben gemachten Erläuterungen auch Regelungen zu Entwicklungsvorgaben (z. B. eine in der Automobilindustrie nicht unübliche Reduzierung der Kosten um 2–3 % pro Jahr) oder Benchmarkingvereinbarungen getroffen werden. Die Regelungen von Verantwortlichkeiten betreffen neben der Zusicherung von namentlich genannten Projekt- oder Standortleitern hauptsächlich das Vorgehen bei Problemen bzw.

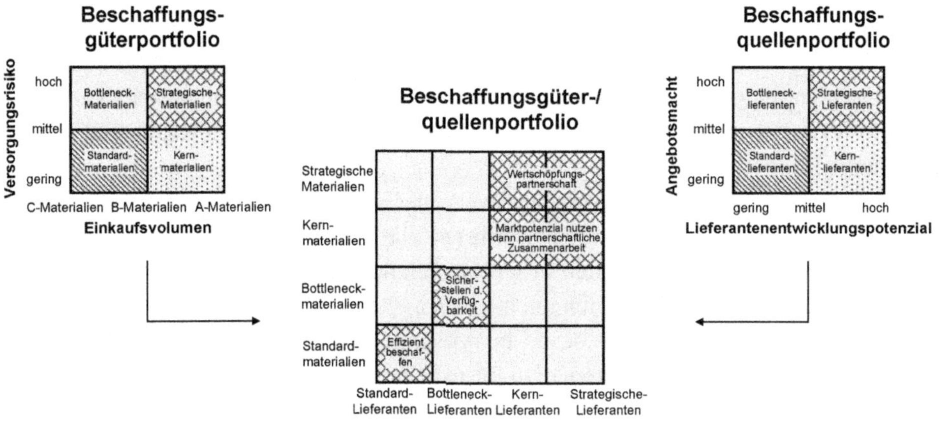

Abb. 4.16 Beschaffungsgüter-/quellenportfolio (Quelle: Wildemann 2001, S. 58)

Konflikten. Hier bietet es sich an, einen Eskalationsmechanismus zu definieren, der bei gravierenden Problemen greift und ggf. auch eine Ausstiegsklausel beinhaltet. Weitere wichtige Aspekte sind Regelungen zu Haftungsfragen, das Vorgehen bei Anpassungen im Vertrag (z. B. Anpassung an veränderte Faktorpreise), Vertraulichkeit und zum Vorgehen zur Beendigung (geplant vs. ungeplant) der Beziehung.

Einflussfaktoren der Vertragsdauer sind die Art der zu erbringenden Leistung und der Grad bzw. die Symmetrie der Bindung (hauptsächlich: Amortisationszeit dedizierter Assets). Erfahrungsgemäß werden Kontraktlogistikverträge für einen Zeitraum von ca. 3–4 Jahren geschlossen. Diese Vorgehensweise gibt einerseits die notwendige Sicherheit und eröffnet andererseits trotzdem die Möglichkeit für den Verlader, den Marktmechanismus dazu zu nutzen, Druck auf den Dienstleister aufzubauen.

Aufbauend auf der auszulagernden Leistung, der Konzeption der Outsourcing-Beziehung und der Gestaltung des Vertragsentwurfs kann die Verhandlungsstrategie ausgerichtet sein. Zur Illustration ist in Abb. 4.16 ein Einkaufsportfolio von Wildemann 2001, S. 58 abgebildet, das grundlegende Zusammenhänge zwischen einzukaufender Leistung, Lieferantenbeziehung und der Einkaufsstrategie abbildet.

Anhand einer Bewertung einer Warengruppe nach dem Versorgungsrisiko und Einkaufsvolumen in Standard-, Kern-, Bottleneck- oder strategischen Materialien und einer Bewertung der Lieferanten anhand der Angebotsmacht und des Entwicklungspotenzials in Standard-, Kern-, Bottleneck- oder strategische Lieferanten können in einem Beschaffungsgüter- und -quellenportfolio die Normeinkaufsstrategien „Effizient Beschaffen", „Sicherstellen der Verfügbarkeit", „Marktpotenzial nutzen, dann partnerschaftliche Zusammenarbeit" oder „Wertschöpfungspartnerschaft" ermittelt werden.

Da das Versorgungsrisiko einer Logistikleistung im Regelfall aufgrund eines – im Vergleich zu z. B. Forschungs- und Entwicklungsleistungen – begrenzten Know-hows bzw. der Verfügbarkeit von Alternativlieferanten höchstens als mittel einzustufen ist und das Einkaufsvolumen der Warengruppe aufgrund der eingangs erwähnten Definition von Kontraktlogistik nicht in die Kategorie C-Material fällt, bleibt – einen entsprechenden Lieferanten vorausgesetzt – die Einkaufsstrategie „Marktpotenzial nutzen, dann partnerschaftliche Zusammenarbeit". Insbesondere kann – je nach Komplexität der Ausprägung der Leistung – die Nutzung des Marktpotenzials den Unterschied zwischen einer nicht marktgerecht eingekauften Leistung und einer bestmöglich verhandelten Leistung ausmachen. Im Folgenden werden diese Ausprägungen kurz für den Einkauf von Logistikleistungen vertieft.

Grundsätzlich sollte es die Vorgehensweise der Wahl sein, um das Marktpotenzial zu nutzen, zunächst die Leistung so standardisiert wie möglich zu beschreiben und an hinreichend viele geeignete Dienstleister im Rahmen der Ausschreibung zu versenden. Weiterhin bietet es sich an, die Leistung in möglichst viele Teilleistungen zu zerlegen und bei der Verhandlung eine Strategie des „Cherrypicking" zu fahren, d. h. aus der Kombination der jeweils günstigsten Alternative für jede Teilleistung den absolut besten Preis als Benchmarking-Preis heranzuziehen und mit diesem in die Verhandlung mit den jeweiligen Dienstleistern zu gehen.

Bei komplexen, wenig standardisierbaren Leistungen sollte wie oben dargestellt der Aufbau eines ausgefeilten Anreizmechanismus und effektiven Kontrollsystems im Sinne eines Managementprozesses, um eine gemeinsame Entwicklung zu ermöglichen, im Vordergrund des Interesses stehen und bereits als ein Eckpunkt in den Verhandlungen vorgesehen werden.

Zusammenfassung Kap. 4

Aus verschiedenen Ansätzen, Konzepten und Instrumenten lässt sich eine Reihe allgemeiner Prinzipien der Prozessverbesserung herausfiltern: Eliminieren, Stabilisieren/Leveling, Mobilisieren, Differenzieren/Segmentieren, Parallelisieren, Reihenfolge verändern, Bündeln, Digitalisieren, Standardisieren, Automatisieren, Transparenz schaffen, Mitarbeiter motivieren, Wertschöpfungsorientierung. Diese allgemeinen Prinzipien kommen in verschiedenen Kombinationen in praxisorientierten Lösungen zum Einsatz.

Lean Management ist eine Management-Strategie zur effizienten Ausgestaltung von betrieblichen Leistungssystemen unter den Prämissen der konsequenten Kundenorientierung und der Vermeidung jeglicher Verschwendung. Es kombiniert insbesondere die Prinzipien Wertschöpfungsorientierung, Leveling, Eliminieren, Mobilisieren, Automatisieren, Standardisieren, Transparenz schaffen und Mitarbeiter motivieren zu einem umfassenden Management-Ansatz. Wichtige Instrumente des Lean Managements für die Verbesserung von Prozessen in Einkauf und Logistik sind 5S, Wertstrom-Design und Routenzüge.

Industrie 4.0 lässt sich als die Vernetzung von Ressourcen, Informationen, Objekten und Menschen zu „Cyber-Physical-Systems" verstehen. So tauschen in der Produktion intelligente Maschinen, Lagersysteme und Betriebsmittel eigenständig Informationen aus, lösen Aktionen aus und steuern sich gegenseitig. Allgemeine Nutzenpotenziale werden in einer besseren Verfolgbarkeit, erhöhten Flexibilität und einer höheren Automatisierung bei gleichzeitig höherer Verfügbarkeit und dem Wegfall manueller Planungs- und Steuerungsprozessen gesehen. Industrie 4.0 baut also stark auf den Prinzipien Digitalisieren und Automatisieren sowie Eliminieren auf.

Outsourcing (insbesondere komplexer logistischer Leistungsbündel) bedeutet im Sinne des Business Reengineering eine Eliminierung von Aktivitäten und kann auch eine Veränderung der Reihenfolge bedeuten. Auf der anderen Seite stellt es eine erhebliche Herausforderung dar und birgt etliche Risiken. Damit der richtige (mit anderen Worten: der bestmögliche) Outsourcingpartner ausgewählt wird und im laufenden Geschäft eine hohe Leistungsqualität sichergestellt werden kann, sollte der Outsourcing-Prozess verschiedene Phasen der Anbahnung einer Kontraktlogistik-Beziehung umfassen:

- In der Ist-Analyse gilt es, die relevanten Prozesse zu modellieren und zu messen, um auf dieser Basis Ist-Qualitäten und Ist-Kosten evaluieren zu können.
- Eine zweite Phase ist das Festlegen einer Outsourcing-Konzeption, bei der auf Basis der outzusourcenden Leistung der Beziehungstyp festgelegt werden muss, anhand eines geeigneten Vergütungssystems Anreize für den Logistikanbieter zu setzen, ein Controlling für die spätere Kontraktlogistikpartnerschaft aufzusetzen und die Schnittstelle zum Dienstleister zu gestalten ist.
- Anschließend müssen die outzusourcenden Leistungen im Rahmen der Ausschreibung konkret beschrieben und für die Anbieter Vorgaben hinsichtlich Preisstrukturen, Leistungsqualitäten und Vertragslaufzeiten gemacht werden sowie ein Angebotsvergleich, der einen quantitativen (Preis- und Kostenvergleich) und einen qualitativen (Unternehmensvergleich) Part beinhaltet, durchgeführt werden.
- Die letzte Phase bilden auf Basis der Ergebnisse der vorherigen Phasen die Vertragsverhandlung und der Vertragsschluss.

Literatur

Bicheno, J., & Holweg, M. (2009). *The Lean toolbox. The essential guide to Lean transformation* (4. Aufl.). Buckingham: PICSIE Books.

Bolstorff, P. A., Rosenbaum, R. G., & Poluha, R. G. (2007). *Spitzenleistungen im Supply Chain Management. Ein Praxishandbuch zur Optimierung mit SCOR* (1. Aufl.). Berlin: Springer-Verlag. http://site.ebrary.com/lib/alltitles/docDetail.action?docID=10187366.

Brumme, H., Schröter, N., & Schröter, I. (2010). *Supply Chain Management und Logistik.* Stuttgart: Kohlhammer (W).

Busch, E., Huber, C., & Küttner, D. (2012). Führung. In K. Furmans (Hrsg.), *Lean Management in Lägern. Arbeitskreisbericht* (S. 20–27). Hamburg: DVV Media Group Dt. Verkehrs-Verl. (Schriftenreihe Wirtschaft & Logistik).

Delfmann, W., & Jaekel, F. (2012). The cloud – logistics for the future. Diskussionspapier. Bundesvereinigung Logistik.

Dickmann, P. (Hrsg.). (2009). *Schlanker Materialfluss.* Berlin: Springer Berlin Heidelberg.

Durchholz, J. (2013). Zehn Leitinien für schlanke Logistik. In W. A. Günthner & J. Boppert (Hrsg.), *Lean Logistics. Methodisches Vorgehen und praktische Anwendung in der Automobilindustrie* (S. 43–58). Berlin: Springer Berlin Heidelberg. http://dx.doi.org/10.1007/978-3-642-37326-8.

Durchholz, J., & Boppert, J. (2013). Wertstromdesign für die Logistik. In W. A. Günthner, J. Durchholz, E. Klenk, J. Boppert, T. Knössl, & M. Klevers (Hrsg.), *Schlanke Logistikprozesse. Handbuch für den Planer* (S. 19–62). Dordrecht: Springer.

Ehrmann, H. (2008). *Logistik* (6., überarb. und aktualisierte Aufl.). Ludwigshafen(Rhein): Kiehl (Kompendium der praktischen Betriebswirtschaft).

Feitzinger, E., & Lee, H. L. (1997). Mass customization at Hewlett-Packard. The power of postponement. *Harvard Business Review, 75*(Jan–Feb), 116–121.

Focke, M. (2009). Flussorientierung in der Beschaffungslogistik: Ein Ansatz zur Optimierung auf Basis des Toyota-Produktionssystems. In S. Müller (Hrsg.), *Märkte, Anwendungsfelder und Technologien in der Logistik. Ergebnisse und Reflexion von 20 Jahren Logistikforschung; Festschrift für Peter Klaus. Unter Mitarbeit von Peter Klaus* (1. Aufl., S. 25–44). Wiesbaden: Gabler (Gabler Research).

Forschungsunion. (Hrsg.). (2013). Deutschlands Zukunft als Produktionsstandort sichern – Umsetzungsempfehlungen für das Zukunftsprojekt Industrie 4.0. Abschlussbericht des Arbeitskreises Industrie 4.0. Promotorengruppe Kommunikation der Forschungsunion Wirtschaft – Wissenschaft. http://www.bmbf.de/pubRD/Umsetzungsempfehlungen_Industrie4_0.pdf. Zugegriffen: 20. Juli 2015.

Förster, H.-U. (2012). Visualisierung. In K. Furmans (Hrsg.), *Lean Management in Lägern. Arbeitskreisbericht* (S. 49–56). Hamburg: DVV Media Group Dt. Verkehrs-Verl. (Schriftenreihe Wirtschaft & Logistik).

Günthner, W. A., Klenk, E., & Dewitz, M. (Hrsg.). (2012). *Stand und Entwicklung von Routenzugsystemen für den innerbetrieblichen Materialtransport. Ergebnisse einer Studie.* Technische Universität München. Garching b. München: Lehrstuhl für Fördertechnik Materialfluß Logistik (fml) TU München.

Günthner, W. A., Durchholz, J., Klenk, E., & Boppert, J. (2013). PLANUNG Methoden zur Planung schlanker Logistikprozesse. In W. A. Günthner, J. Durchholz, E. Klenk, J. Boppert, T. Knössl, & M. Klevers (Hrsg.), *Schlanke Logistikprozesse. Handbuch für den Planer* (S. 17–131). Dordrecht: Springer.

Hammer, M., & Champy, J. (1994). *Business Reengineering.* Frankfurt a. M.

Hauptmann, S. (2007). *Gestaltung des Outsourcings von Logistikleistungen* (1. Aufl.). Wiesbaden: DUV Deutscher Universitäts-Verlag. http://ebooks.ciando.com/book/index.cfm/bok_id/16575.

Inform GmbH. (Hrsg.). (2012). *Optimierungspotenziale in der Lkw-Zulaufsteuerung bei Industrieunternehmen.* Aachen.

Jacobi, C., & Liebetruth, T. (2010). Supply Chain Management mit e-KANBAN als internetbaisertes Tool. In T. Krupp, R. Paffrath, & J. Wolf (Hrsg.), *Praxishandbuch IT-Systeme in der Logistik. Von der Speditionssoftware bis zur integrierten Supply Chain-Planung; Grundlagen, Lösungsansätze, Anwendungsbeispiele* (1. Aufl., S. 205–215). Hamburg: DVV Media Group Deutscher Verkehrs-Verl. (DVZ Praxis).

Jacobi, C., Hartel, D. H., Ohlen, O., & Wendik, H. (2004). *Logistik-Management. Gestalten und beherrschen der Supply Chain* (1. Aufl.). Unterföhring: Emporias-Management-Consulting (Reihe Emporias, 4).

Jacobi, C., Hartel, D. H., & Spendl, K. (2005). *Logistics Excellence in der Automobilindustrie.* Unterföhring: Emporias Management Consulting (Reihe Emporias, 5).

Jeske, T. (2015). Industrie 4.0 in der Produktion – Grundlagen und Gestaltungspotenziale der Produktionsarbeit 4.0. *zfo* (3), 152–156.

Kaluza, B., & Blecker, T. (2007). Komplexitätsmanagement bei variantenreicher Produktion. In H. Corsten & T. Blecker (Hrsg.), *Produktions- und Logistikmanagement. Festschrift für Günther Zäpfel zum 65. Geburtstag. Unter Mitarbeit von Günther Zäpfel* (S. 93–113). München: Vahlen.

Kille, C., & Schwemmer, M. (2012). *Die Top 100 der Logistik. Marktgrößen, Marktsegmente und Marktführer in der Logistikdienstleistungswirtschaft. Ausg. 2012/2013.* Hamburg: DVV Media Group.

Klaus, P. (1994). Jenseits einer Funktionenlogistik. In H. Isermann (Hrsg.), *Logistik* (S. 331–348). Landsberg am Lech.

Klaus, P. (2003). *Logistik – Flow Management. Nürnberger Logistik-Arbeitspapier Nr. 8*. Nürnberg.

Klaus, P., & Kille, C. (2004). Kontraktlogistik. In P. Klaus & W. Krieger (Hrsg.), *Gabler Lexikon Logistik* (3. Aufl., S. 252–255). Wiesbaden: Gabler Verlag.

Klevers, T. (2009). *Wertstrom-Mapping und Wertstrom-Design. Verschwendung erkennen – Wertschöpfung steigern* (1. Aufl). München: mi-Wirtschaftsbuch. http://www.wiso-net.de/document/MIWI, AMIW__9783868800609204.

Kraljic, P. (1983). Purchasing mus become supply management. How managers can guard against materials disruptions by formulating a strategy for supply. *Harvard Business Review,* (Septemer–October), *61*(5), 109–117.

Kummer, S., Grün, O., & Jammernegg, W. (Hrsg.). (2013). *Grundzüge der Beschaffung, Produktion und Logistik* (2., aktualisierte Aufl., [Nachdr.].) München: Pearson Studium. (wi – Wirtschaft).

Liebetruth, T. (2005). *Die Informationsbasis des Supply Chain Controllings. Forschungsstand, empirische Analyse, Gestaltungsempfehlungen.* Univ., Diss.–Erlangen-Nürnberg, 2004. Köln: Kölner Wissenschaftsverl. http://deposit.ddb.de/cgi-bin/dokserv?id=2603704&prov=M&dok_var=1&dok_ext=htm.

Liebetruth, T. (2006). Routenzug. Ergänzungslieferung März 2015. In U. Fröhling (Hrsg.), *Materialwirtschaft und Logistik. Auf einen Blick*. Augsburg: WEKA Media (WEKA-Praxislösungen).

Liebetruth, T. (2015a). Megatrends, Recent Developments, its impacts on Logistics Processes and Possible Reactions – A Bavarian Perspective. In Tanger Ltd.. (Hrsg.), *Carpathian Logistics Congress 2015. Proceedings of abstracts* (S. 13). Ostrava: Tanger Ltd.

Liebetruth, T. (2015b, Juli 21.). Projekte im Bereich Industrie 4.0 im Werk Regensburg der Continental AG. Interview mit Markus Fischer. Regensburg.

Liebetruth, T., & Müller, S. (2006). Steuerung und Controlling von Kontraktlogistik- Partnerschaften. Ergänzungslieferung Juni 2011. In U. Fröhling (Hrsg.), *Materialwirtschaft und Logistik. Auf einen Blick*. Augsburg: WEKA Media (WEKA-Praxislösungen).

Müller, E. (2015). Willkommen auf dem Holodeck. *Manager Magazin, 8*, 84–87.

Ohno, T. (1993). *Das Toyota-Produktionssystem*. Frankfurt a. M.: Campus-Verl.

Pfeiffer, W., & Weiß, E. (1994). *Lean Management. Grundlagen der Führung und Organisation lernender Unternehmen* (2., überarb. und erw. Aufl.). Berlin: Schmidt.

Reese, J. (2013). *Operations Management. Optimale Gestaltung von Wertschöpfungsprozessen in Unternehmen*. München: Vahlen. http://lib.myilibrary.com/detail.asp?id=625332.

Robbins, S. P., & Judge, T. A. (2014). *Essentials of organizational behavior* (12. Aufl., global ed.). Boston: Pearson.

Rother, M., & Shook, J. (2009). *Learning to see. Value-stream mapping to create value and eliminate muda. Version 1.4*. Cambridge: Lean Enterprise Inst (A lean tool kit method and workbook).

Rupprecht, K.-R., & Zadek, H. (2008). Prozessorientiertes Verkehrsmanagement einer global agierenden Airline am Hub-FLughafen Frankfurt/Mail. In H. Baumgarten (Hrsg.), *Das Beste der Logistik. Innovationen, Strategien, Umsetzungen* (S. 303–316). Berlin: Springer.

Schmelzer, H. J., & Sesselmann, W. (2010). *Geschäftsprozessmanagement in der Praxis. Kunden zufriedenstellen, Produktivität steigern, Wert erhöhen; [das Standardwerk]* (7., überarb. und erw. Aufl. S. 42185–42181). München: Hanser. http://www.socialnet.de/rezensionen/isbn.php?isbn=978-3-446-.

Schmidt, N. (Hrsg.). (2013). *Leitfaden Kontraktlogistik-Ausschreibung. Handlungsempfehlungen und Checklisten für Industrie, Handel und Dienstleister*. Hamburg: DVV Media Group (Schriftenreihe Wirtschaft und Logistik).

Schulte, C. (2013). Logistik. Wege zur Optimierung der Supply Chain. s.l.: Vahlen. Online verfügbar unter http://lib.myilibrary.com/detail.asp?id=625390.

Schulte-Zurhausen, M. (2010). *Organisation* (5., überarb. und aktualisierte Aufl.). München: Vahlen. (Vahlens Handbücher der Wirtschafts- und Sozialwissenschaften).

Siemens AG. (2010). Wie können wir und kontinuierlich verbessern? Mit dem CV1 Siemens Produktionssystem – denn unsere Zukunft liegt in unseren Händen.

Spendl, K. (2006). Der Logistik-Vertrag. In U. Fröhling (Hrsg.), *Materialwirtschaft und Logistik. Auf einen Blick.* Augsburg: WEKA Media (WEKA-Praxislösungen).

Stöger, R. (2011). *Prozessmanagement. Qualität, Produktivität, Konkurrenzfähigkeit* (3., überarb. und erw. Aufl.). Stuttgart: Schäffer-Poeschel. http://site.ebrary.com/lib/alltitles/docDetail.action?docID=10555927.

Taylor, D., & Brunt, D. (Hrsg.). (2002). *Manufacturing operations and supply chain management. The LEAN approach.* Reprint. London: Thomson Learning.

Thonemann, U. (2011). *Operations Management. Konzepte, Methoden und Anwendungen. Unter Mitarbeit von Marc Albers, Michael Becker-Peth, Andreas Brinkhoff, Kai Hoberg und Marcel Sieke* (2., aktualisierte Aufl., [Nachdr.].) München: Pearson Studium. (wi – Wirtschaft).

Tschöpe, S., Aronska, K., & Nyhuis, P. (2015). Was ist eigentlich Industrie 4.0 – Eine quantitative Datenbankanalyse liefert einen Einblick. *ZWF, 3*(110), 145–149.

van Weele, & Arjan, J. (2010). *Purchasing & supply chain management. Analysis, strategy, planning and practice* (5. Aufl.). Andover: Cengage Learning.

Waltl, H. (2012). Hubris? I don't think that's a danger. In Thomas Rinn und Martin Erharter (Hrsg.), *think:act BUSINESS - COO Insights* (S. 12–17).

Weber, J., Bacher, A., & Groll, M. (2002). Supply chain controlling. In A. Busch & W. Dangelmaier (Hrsg.), *Integriertes Supply Chain Management. Theorie und Praxis effektiver unternehmensübergreifender Geschäftsprozesse* (S. 145–166). Wiesbaden.

Weber, J., Stölzle, W., Wallenburg, C. M., & Hofmann, E. (2007). Einführung in das Management der Kontraktlogistik. In J. W. Wolfgang Stölzle, E. Hofmann & C. M. Wallenburg (Hrsg.), *Handbuch Kontraktlogistik. Management komplexer Logistikdienstleistungen* (1. Aufl., S. 35–54). Weinheim: Wiley-VCH.

Wildemann, H. (1997). *Produktionscontrolling. Systemorientiertes Controlling schlanker Produktionsstrukturen* (3. Aufl.). München: TCW Transfer-Centrum-Verl. (TCW, 9).

Wildemann, H. (2001). *Einkaufspotenzialanalyse. Leitfaden zur Kostensenkung und Gestaltung der Abnehmer-Lieferanten-Beziehung* (10. Aufl.) München: TCW-Verl. (Leitfaden/TCW Transfer-Centrum für Produktions-Logistik und Technologie-Management, 2).

Wildemann, H. (2004). Betriebswirtschaftliche Wirkungen des KANBAN-Systems. In P. Klaus & W. Krieger (Hrsg.), *Gabler Lexikon Logistik* (3. Aufl., S. 226–227). Wiesbaden: Gabler Verlag.

Winkler, W. (2010). Wertschöpfung – von amorphen Daten zu vernetztem, strukturiertem Wissen. In G. Redwitz (Hrsg.), *Die digital-vernetzte Wissensgesellschaft. Aufbruch ins 21* (S. 137–154). Jahrhundert. München: Piper.

Wulz, J. (2009). Virtual Reality und Augmented Reality in der Materialflussplanung. In P. Dickmann (Hrsg.), *Schlanker Materialfluss* (S. 287–289). Berlin: Springer Berlin Heidelberg.

Zollondz, H.-D. (2013). *Grundlagen Lean Management.* München: Oldenbourg Wissenschaftsverlag.

5 Prozessorganisation

In diesem Kapitel werden der Zusammenhang zwischen Prozessen (Ablauforganisation) und (Aufbau-) Organisation diskutiert und Leitlinien zur Gestaltung einer prozessorientierten Organisation im Supply Chain -Umfeld vorgestellt. Hierzu werden zunächst (vgl. Abschn. 5.1) die grundlegenden Herausforderungen bei der Organisationsgestaltung angerissen, die klassische Vorgehensweise der Betriebswirtschaft zum Aufbau einer funktionalen Organisation erläutert sowie die prozessorientierte Organisationsgestaltung als Gegenpol vorgestellt. In einem zweiten Abschnitt (vgl. Abschn. 5.2) werden anwendungsorientiert spezielle Leitlinien zur Gestaltung einer prozessorientierten Einkaufsorganisation behandelt. Schließlich (vgl. Abschn. 5.3) werden vor dem Hintergrund der hohen Volatilität und Unsicherheit im Supply Chain-Umfeld abrundend Leitlinien zur Gestaltung einer resilienten Organisation präsentiert.

5.1 Zusammenhang zwischen Prozessen und Organisation

Grundsätzliches Ziel der Organisationsgestaltung ist es, die Wertschöpfung und das Überleben der Organisation zu sichern. Die Organisationsstruktur regelt insbesondere, wie humane, finanzielle und physische Ressourcen genutzt werden, also wer darüber entscheidet, wie diese Ressourcen genutzt werden. Ein wesentliches Prinzip moderner, insbesondere größerer Organisationen ist die Arbeitsteiligkeit, mit der das Organisationsergebnis erzielt wird. Organisationen müssen außerdem ständig mit Veränderungen der Umwelt umgehen und das Management muss überprüfen, ob bzw. wie die Organisation daran angepasst werden muss. Wesentliche Fragestellungen bei der Organisationsgestaltung sind also (vgl. Jones und Bouncken 2008, S. 232 ff.):

T. Liebetruth, *Prozessmanagement in Einkauf und Logistik*,
DOI 10.1007/978-3-658-09759-2_5

- Wie werden die Aufgaben in der Organisation gestaltet, koordiniert und kontrolliert, um die Wertschöpfung möglichst gut zu erbringen?
- Wie können Mitarbeiter sich im Rahmen der Arbeitsteiligkeit auf bestimmte Bereiche wie z. B. Fähigkeiten, Verrichtungen oder Objekte spezialisieren?
- Wie sieht das Organigramm aus, in dem die organisatorischen Beziehungen im Sinne von organisatorischen Ebenen sowie Unter- und Überordnungen dargestellt sind?
- Wie müssen Aufgaben zwischen Menschen und Abteilungen an die Umweltanforderungen angepasst werden?

In großen Organisationen ist die Wertschöpfung so aufwendig, dass sie eine Person alleine nicht erbringen kann und eine Vielzahl von Personen und anderen Ressourcen mit verschiedenen Kompetenzen und Fähigkeiten notwendig sind. Deshalb muss die Gesamtaufgabe zunächst zu verschiedenen kleinen Aktivitäten heruntergebrochen werden. Später erfolgt dann eine zusammenfassende Koordinierung. Diese beiden Vorgänge werden in der Literatur unter den Begriffen Differenzierung und Integration behandelt.

Differenzierung
Die organisationale (Aufgaben-)Differenzierung ist der Prozess, bei dem Aufgaben aufgeteilt werden sowie Menschen und Ressourcen den zu erfüllenden Aufgaben zugeordnet werden. Ergebnis der Differenzierung ist die Bildung von Stellen und Definition von Weisungsbefugnissen innerhalb einer Organisation (vgl. Jones und Bouncken 2008, S. 234 f.), also das Organigramm. Der Prozess der Differenzierung umfasst neben der Aufgabenanalyse auch die Aufgabensynthese.

Zunächst muss bei der Aufgabenanalyse die Frage beantwortet werden, wie die Gesamtaufgabe in Teilaufgaben zerlegt werden können. Zur Aufgabenanalyse können verschiedene Kriterien herangezogen werden (vgl. Schulte-Zurhausen 2010, S. 40; Wöhe und Döring 2008, S. 117 f.):

- Verrichtung (Funktionen)
- Objekte (Produkte/Märkte: Divisionen, Sonderfall: Matrixorganisation)
- Phasen (Planung/Realisierung/Kontrolle)
- Rang in der Hierarchiestufe (Entscheidung/Ausführung)
- Zweckbeziehung (direkter/indirekter Bezug zur Leistungserstellung)

Dabei können auch verschiedene Kriterien verwendet werden. Auf einer Ebene sollte aber nur ein Kriterium herangezogen werden. Eine Aufgabenanalyse ist sinnvoll bei Routineaufgaben, die sich häufig wiederholen. Bei sich stark wandelnden Aufgaben wie z. B. komplexen strategischen Projekten ist eine Aufgabenanalyse nicht sinnvoll.

In einem zweiten Schritt, der Aufgabensynthese, sind diese Aufgaben zu Stellen und später zu Organisationseinheiten zusammenzufassen. Eine Stelle ist dabei die kleinste, auf Dauer angelegte organisatorische Einheit. Eine Stelle beschreibt Aufgaben, die ein Aufgabenträger innerhalb einer Organisation zu erledigen hat. Eine Stelle ist auch unabhängig von Personen und bleibt auch bestehen, wenn ein anderes Individuum die Stelle besetzt. Der Aufgabenumfang richtet sich nach der durchschnittlichen Leistungsfähigkeit der Mitarbeiter. Bei der Stellenbildung ist auch auf eine Übereinstimmung von zu erfüllender Aufgabe und damit verbundener Weisungs- und Ausführungskompetenz zu achten. Bei der Aufgabensynthese können Aufgaben zusammengefasst werden, die den gleichen Schwierigkeitsgrad/Komplexitätsgrad haben, bei denen Abhängigkeiten zwischen den Aufgaben bestehen, die einen ähnlichen Neuheitsgrad aufweisen oder die hinsichtlich Strukturiertheit und Eindeutigkeit vergleichbar sind. (vgl. Jones und Bouncken 2008, S. 234 f.)

Dann können im Sinne einer Konfiguration der Organisationsstruktur die Stellen zu Abteilungen, Hauptabteilungen etc. zusammengefasst werden. Dabei werden auch Weisungsbefugnisse begründet, wobei Weisungsbefugnis als Macht über die Aufgabenerfüllung von Menschen sowie über Entscheidungen, wie Ressourcen investiert und genutzt werden können, verstanden wird. Diese Vorgehensweise ist in Abb. 5.1 nochmals zusammenfassend dargestellt.

Bei der Konfiguration können Stellen mit einem unterschiedlichen Fokus zusammengefasst werden. Dabei kann, wie in Abb. 5.2 dargestellt, eine ausgeprägte horizontale oder eine vertikale Differenzierung erreicht werden.

Die horizontale Differenzierung beschreibt dabei das Ausmaß an Weisungsbefugnissen, die eine Ebene in der Organisation hat, bzw. der Übertragung von Aufgaben an gleichrangige Stellen, also das Nebeneinander von Aufgaben. Wenn eine Organisation eine große horizontale Differenzierung aufweist, existieren auf einer Organisationsebene eine große Zahl an Organisationseinheiten. Zum Beispiel würde bei einem deutschlandweit tätigen Logistikdienstleister in diesem Fall jeder der etwa 25 Standortleiter ohne eine Zusammenfassung nach Regionen direkt an die zentrale Geschäftsleitung berichten.

Als Kriterien für die horizontale Differenzierung gelten die gleichen wie bei der Aufgabenanalyse. Eine höhere horizontale Differenzierung bedeutet in der Regel eine höhere

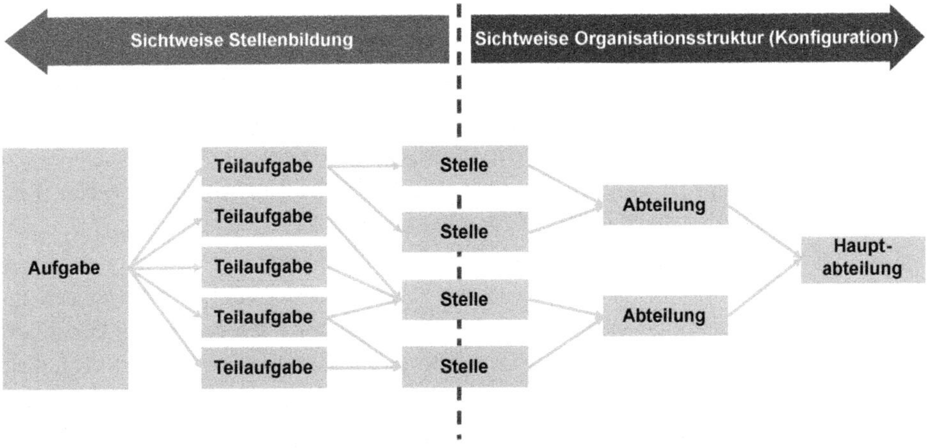

Abb. 5.1 Organisationsgestaltung: Aufgabenanalyse, -synthese und Konfiguration (Quelle: Eigene Darstellung in Anlehnung an Jones und Bouncken 2008, S. 232 ff.)

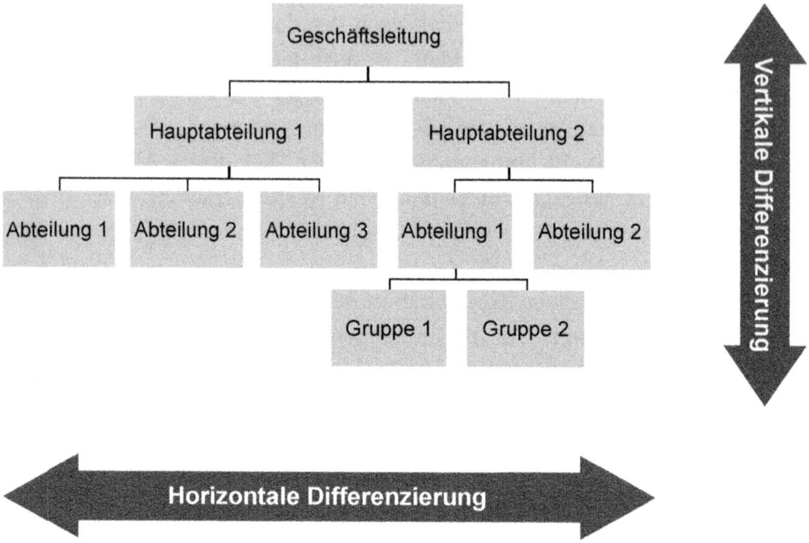

Abb. 5.2 Horizontale und vertikale Differenzierung (Quelle: Eigene Darstellung in Anlehnung an Jonse und Bouncken 2008, S. 232 ff.)

Spezialisierung. Vorteile einer hohen Spezialisierung sind leichtere Überwachung, Trennung nach Anspruchsgrad (einfache Montage vs. F&E) und ein qualifikationsadäquater Einsatz von Mitarbeitern. Da aber andererseits bei einer End-to-End-Betrachtung Abhängigkeiten zwischen Teilaufgaben bestehen werden, kann es bei einer großen horizontalen Differenzierung zu vielen Schnittstellen und Herausforderungen bei der Koordination (Integration) zwischen den Stellen kommen.

Die vertikale Differenzierung betrifft die Frage nach Über- und Unterordnung. Da Weisungsbefugnis gleich Verantwortung ist, hat die höchste Ebene auch die größte Verantwortung. Das Kerndilemma dabei ist die umfeld- und geschäftszweckabhängige Wahl zwischen Entscheidungszentralisation und Dezentralisation von Entscheidungen, wobei unter einer Entscheidungszentralisierung eine starke Konzentration der Entscheidungsmacht an der Spitze von Organisationseinheiten verstanden wird, während bei einer Entscheidungsdezentralisation Entscheidungsbefugnisse an nachgelagerte Ebenen delegiert werden. In der Praxis existieren oft Mischformen oder es werden Konzepte wie Management by Exception, Management by Objectives oder Management by Delegation eingesetzt. Eine weitere Möglichkeit ist die Standardisierung in Form von Regeln oder Rollen.

Vertikale und horizontale Differenzierung sind darüber hinaus voneinander abhängig: Bei hoher horizontaler Spezialisierung ist die Perspektive der einzelnen Organisationseinheit stark auf ihren (kleinen) Abschnitt der Wertschöpfung begrenzt und der Gesamtzusammenhang schwer zu erfassen. Eine starke Dezentralisierung wäre in diesem Fall nicht sinnvoll. Das würde zu Abstimmungsproblemen in der Organisation führen. Eine gewisse zentrale Zusammenführung von Entscheidungskompetenzen würde hier Abhilfe schaffen.

In einem Organigramm als Ergebnis der Differenzierung sind die Aufbauorganisation sowie die Weisungsbefugnisse festgelegt. Als grundlegende Formen können divisionale und funktionale Organisationen unterschieden werden. Erstere zeichnen sich dadurch aus, dass auf der Ebene unter der Geschäftsleitung Organisationseinheiten angesiedelt sind, die auf bestimmte Objekte wie Produkte, Märkte oder Produkt-Markt-Kombinationen, bzw. Business Units ausgerichtet sind. Funktionale Organisationen orientieren sich bei der Gliederung der ersten Ebene unter der Geschäftsleitung an der Verrichtung, d. h., es werden Organisationseinheiten wie z. B. Einkauf, Produktion und Vertrieb unterschieden.

Integration

Während eine ausgeprägte Differenzierung die Bildung von Kernkompetenzen und Wettbewerbsvorteilen erlaubt, kann es allerdings zu Abstimmungsproblemen zwischen den so gebildeten Organisationseinheiten kommen. Zum Beispiel kann bei dem oben beispielhaft genannten Logistikdienstleister jeder Standort andere Abläufe und andere IT-Systeme einsetzen und damit unterschiedliche Prozessstandards haben. Um die bestmögliche und gleichbleibende Leistung für den Kunden erbringen zu können und wenig Reibungsverluste entstehen zu lassen, bedarf es einer guten (organisationalen) Zusammenarbeit. Diese Zusammenarbeit bzw. Integration hat zum Ziel, dass die Organisationseinheiten kooperieren und ihre Stärken im Sinne einer gemeinsamen Zielverfolgung nutzbar machen können. Das ist insbesondere bei funktional differenzierten Organisationen wichtig, denn sie haben den Nachteil, dass zur Bearbeitung eines Kundenauftrags in der Regel alle bzw. zumindest mehrere Funktionen koordiniert werden müssen. Bei einer divisionalen Organisation existiert in der Regel mindestens ein Leiter einer Division, der die bestmögliche Lösung für den Kunden und damit auch für die Division anstreben wird.

Zur Integration können verschiedene Integrationsinstrumente eingesetzt werden, die unterschiedlich hohe Kosten verursachen und sich in unterschiedlichen Kontexten einsetzen lassen (vgl. Jones und Bouncken 2008, S. 255 ff.):

- Hierarchie: Dieser klassische Integrationsmechanismus nutzt zur Koordination Weisungsbefugnisse von übergeordneten Organisationseinheiten an untergeordnete Organisationseinheiten. Mit Anweisungen werden Entscheidungsbefugnisse ausgestaltet, um nachgelagerte Einheiten zu koordinieren. Problematisch können dabei allerdings Konflikte zwischen zwei Organisationseinheiten sein, die auf der gleichen hierarchischen Ebene angesiedelt sind.
- Standardisierung (Programme und Pläne): Durch verbindlich festgelegte Verfahrensregeln oder auch IT-Systeme wie z. B. ERP-Systeme können ebenfalls Aufgaben koordiniert werden. Diese Programme oder Pläne können entweder durch Anweisung entstanden sein, sich mit Zeitverlauf entwickelt haben oder wurden durch Selbstabstimmung erarbeitet. Sie lassen sich gut bei standardisierten und gleichbleibenden Aufgaben einsetzen. Bei stark variierenden und komplexen Aufgaben sind sie nicht geeignet.
- Wechselseitige Abstimmung/Selbstabstimmung: Bei Konflikten zwischen gleichrangigen Organisationseinheiten können sich diese durch direkte Interaktion selbst koordinieren. Dieser demokratische Prozess, der häufig auf einem fruchtbaren Informationsaustausch basiert, kann andererseits mit aufwendigen Kommunikations- bzw. Kompromissprozessen verbunden sein. Zur Selbstabstimmung können temporäre oder

kontinuierliche bzw. problembezogene oder generelle Strukturen errichtet werden. Beispiele sind Koordinatoren, Arbeitsausschüsse, Task-Forces, Abteilungsleiter-Konferenzen oder Integrationsstellen und -abteilungen.

Prozessorientierte Organisationsgestaltung

Im Gegensatz zur oben beschriebenen Vorgehensweise der Gestaltung von Organisationen durch Differenzierung und Integration ist der Aufbau einer Prozessorganisation ein grundlegend anderer Ansatz. Hier steht der Prozess im Mittelpunkt und die Aufbauorganisation richtet sich nach den Anforderungen des Prozesses.

Zur Erinnerung: Eine klassisch-funktionale Organisation hat einen starken Fokus auf dem strukturellem „Bauplan" (Organigramm) der Organisation, orientiert sich beim Gestaltungsprozess an Arbeitsteilung und Spezialisierungsvorteilen und richtet ihre Integrationsbemühungen auf den Ablauf der Tätigkeiten, womit die – trotz Integrationsinstrumenten – teilweise nicht ganz geradlinige Ablauforganisation eher ein „Nebenprodukt" der Organisationsgestaltung ist.

Der Ansatzpunkt für die Prozessorganisation ist der Ablaufaspekt von Aktivitäten, die auf den Kunden ausgerichtet sind. Handlungsleitende Größen bei der Gestaltung einer Prozessorganisation sind der Kundennutzen und die damit verbundenen Zielgrößen (z. B. Durchlaufzeit, Qualität des Ergebnisses, Prozesskosten). Deshalb ist der erste Schritt bei der Gestaltung einer Prozessorganisation die Gestaltung von Geschäftsprozessen (also die Integration der Aktivitäten hinsichtlich ihres zeitlichen Verlaufs). Erst dann werden darauf aufbauend die Prozesse organisatorischen Einheiten zugeordnet (vgl. Jones und Bouncken 2008, S. 266 ff.; Kummer et al. 2013, S. 54 f.; Schulte-Zurhausen 2010, S. 47 ff.). In Abb. 5.3 ist eine Vorgehensweise dargestellt, wie eine prozessorientierte Organisation entwickelt werden kann.

In einem ersten Schritt sind die **Claims abzustecken**. Dabei ist neben der Frage, welche Ziele bei der Einführung einer Prozessorganisation verfolgt werden sollen, auch die Frage, in welchen Teilen der Organisation eine prozessorientierte Arbeitsweise eingeführt werden soll, zu klären. Denn nicht immer ist eine prozessorientierte Arbeitsweise sinnvoll.

Prozessorientierte Organisationsformen haben Vorteile bei Flexibilität und Kundenorientierung, allerdings können Nachteile in der Produktivität entstehen, wenn dadurch unausgeglichene Arbeitsvolumen oder eine Unterauslastung entstehen (vgl. Prinzip Stabilisieren/Leveling). So kann es im Bereich des Travel-Managements bei einer dezentralen Ansiedlung nicht nur zu Engpässen kommen, sondern auch dazu, dass Buchungen erst

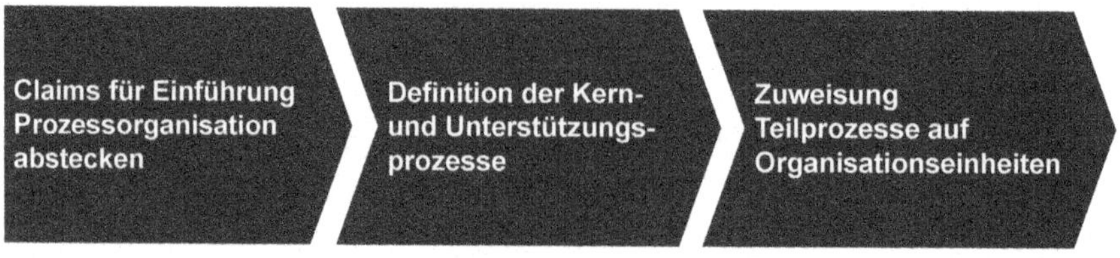

Abb. 5.3 Vorgehen zur Implementierung einer Prozessorganisation (Quelle: Eigene Darstellung in Anlehnung an Jones und Bouncken 2008, S. 268)

verspätet bearbeitet werden können. Deshalb ist für jede Organisationseinheit zu prüfen, ob die Vorteile in der Kundenorientierung die Produktivitätsvorteile einer funktionalen Organisation übersteigen, und dann festzulegen, für welche Einheiten eine prozessorientierte Organisation eingeführt wird.

Ein mögliches beispielhaftes Ergebnis kann z. B. für ein Maschinenbau-Unternehmen mit verschiedenen Produktlinien lauten, dass die Prozesse Vertrieb, Produktion und Forschung & Entwicklung prozessorientiert für jede Produktlinie separat organisiert werden, während der Einkauf als Funktion zentralisiert (und damit funktional organisiert) bleibt, da dort Bündelungseffekte erzielt werden können.

Der zweite Schritt besteht in der **Identifikation der Kernprozesse** und der Zusammenstellung eines Prozessmodells der Organisation. Dabei existieren verschiedene Arten:

- Nutzung von Referenzprozessen (z. B. SCOR-Modell) mit anschließender Anpassung auf das spezifische Unternehmen
- Bottom-up Ansatz, bei dem spezifische Prozesse einzelner Organisationseinheiten definiert bzw. modelliert werden
- Top-down-Ansatz (Greenfield-Approach), bei dem abhängig von den Zielsetzungen erforderliche Aktivitäten definiert und sukzessive heruntergebrochen werden

Es können auch alle drei Möglichkeiten parallel genutzt werden. So kann z. B. für die Prozesse in der Logistik das SCOR-Modell genutzt werden, während für die operativen Einkaufsprozesse ein Bottom-up-Ansatz gewählt wird und für einen eventuell neu aufzubauenden strategischen Einkauf ein Greenfield-Approach angewendet wird. In Kap. 2 wurden verschiedene Ebenen von Prozessen und verschiedene Möglichkeiten zur Modellierung von Prozessen vorgestellt.

Schließlich sind in einem dritten Schritt die Prozesse bzw. **Teilprozesse Organisationseinheiten zuzuweisen**. Dabei stehen folgende Fragen im Vordergrund:

- Wie sollen Aktivitätenbündel zu homogenen Gruppen zusammengestellt werden? Dabei ist auf einen ausgewogenen Qualifikationsmix zu achten. So könnte beispielsweise in einer Einkaufsorganisation, die für mehrere Warengruppen zuständig ist, neben Warengruppenspezialisten auch jeweils ein Facheinkäufer tätig sein, um Systeme zu betreuen und eine allgemeine Einkaufsstrategie warengruppenspezifisch auszugestalten.
- Wie muss die Gruppe dimensioniert werden? Eine zu kleine Dimensionierung ermöglicht beispielsweise keine ausreichende Vertretungsregelung. Andererseits sollten die Einheiten auch nicht zu groß dimensioniert werden, um eine geeignete Führungsspanne zu gewährleisten, die je nach Aufgabentyp in der Regel bei etwa 1 zu 7–10 liegt.
- Wie müssen Weisungsbefugnisse und Kompetenzen vergeben werden, um ein stringentes Prozessmanagement durchführen zu können? Dabei ist auf die Forderung nach End-to-End-Prozessen zu achten. Jeder Prozess sollte also idealerweise in der Lage sein, über alle Ressourcen zu verfügen, die notwendig sind, um eine Anfrage oder einen Auftrag von einem Kunden vollumfänglich zu bearbeiten.

Erst nachdem die oben genannten Fragen geklärt sind, können die Definition von Process-Ownern und die Erstellung eines Organigramms der Organisationseinheiten, die die Prozesse ausführen, erfolgen.

Während die oben dargestellte Vorgehensweise einem Greenfield-Approach entspricht, werden aber in den meisten Fällen bereits (funktionale) Strukturen existieren. Deshalb ist es sinnvoll, zu überlegen, durch welche Elemente ein Übergang von einer funktionalen zu einer Prozessorganisation gestaltet werden kann. Möglichkeiten, Prozesselemente in eine grundsätzlich funktionsorientierte Struktur einzubringen, sind beispielsweise (vgl. Gesellschaft für Organisation 2014, S. 300 ff.; Picot et al. 2003; Schmelzer et al. 2010, S. 176 ff.): Prozessteams aus funktionalen Spezialisten wie z. B. ein Supply Chain Council, das sich um die gesamte Supply Chain für eine Produktlinie kümmert, oder ein Case-Management für den Projekteinkauf, das Zugriff auf funktionale Stabstellen hat.

Eine solche Veränderung wird in der Regel mit einem Veränderungs- oder Change Management begleitet werden müssen, worauf an dieser Stelle aber nicht näher eingegangen wird.

Aber auch, wenn eine Organisation bereits prozessorientiert aufgestellt ist, entstehen Koordinationsbedarfe. Beispielsweise entstehen aus dem Umfeld neue Anforderungen an einzelne Prozesse oder die Abgrenzung zwischen verschiedenen Prozessen ist nicht eindeutig oder muss koordiniert werden (z. B. die Umstellung einer Montagelinie auf ein neues Produkt im laufenden Betrieb). Mögliche Koordinationsformen könnten dann sein (vgl. Gesellschaft für Organisation 2014, S. 301 ff.):

- ein Process Council, das sich aus verschiedenen Mitgliedern der Organisation zusammensetzt und unbürokratisch um Belage von Prozessen kümmert,
- ein BPM-Office, das Standards, Tools und Techniken sammelt und diese in Schulungen und Austauschformaten weitergibt, oder
- funktionale Center of Excellence, die wie Lead Buyer (vgl. Abschn. 5.2) spezialisiertes Fachwissen bündeln oder betriebliche Standards entwickeln und überwachen.

5.2 Gestaltung einer prozessorientierten Beschaffungsorganisation

Nachdem im vorherigen Kapitel die grundlegenden Zusammenhänge zur Gestaltung von Organisationsstrukturen vorgestellt wurden, soll in diesem Kapitel ein Beispiel zur Anwendung für die Gestaltung einer Einkaufsorganisation erläutert werden. Gerade Einkaufsorganisationen in großen, global tätigen und hoch diversifizierten Unternehmen stehen vor der Herausforderung, eine hohe Anzahl an Einkaufseinheiten, die in verschiedenen Märkten und Warengruppen mit verschiedenen Lieferanten und internen Kunden arbeiten, koordinieren zu müssen. Eine besondere Herausforderung besteht in dem Spannungsfeld, dass einerseits ein guter Service für die internen Kunden geboten werden muss, während andererseits Standards eingehalten werden müssen und Bündelungseffekte erzielt werden sollen.

Heß 2010, S. 351 ff. schlägt zur Lösung der Schnittstellenprobleme, die bei der vertikalen Integration (zur Implementierung einer Supply-Strategie von der Geschäftsleitung über die Geschäftsbereiche und Organisationseinheiten), der horizontalen Integration (Abstimmung der Supply-Strategien gleichrangiger Geschäftsbereiche) sowie der funktionalen Integration (Vernetzung der Einkaufsaktivitäten innerhalb eines Geschäftsbereichs mit anderen Funktionen wie z. B. Produktion, Forschung & Entwicklung, Logistik) im Rahmen der Implementierung von Supply-Strategien auftreten, unter anderem folgende (klassische) Ansätze zur organisatorischen Integration vor:

- Zentralisierung: Ein Zentraleinkauf stärkt die vertikale und horizontale Integration durch die Möglichkeit, eindeutige, aufeinander abgestimmte Vorgaben machen zu können. Es können neben einer klaren strategischen Ausrichtung auch Bündelungseffekte genutzt werden, Bestände optimiert werden und eine Spezialisierung auf Objekte oder Verrichtungen (z. B. e-Procurement) vorgenommen werden. Nachteile liegen allerdings darin, dass keine Ergebnisverantwortung durch die dezentralen Geschäftseinheiten für den Einkauf übernommen werden können, das Anwendungs-Know-how geringer ausgeprägt sein kann, die Reaktionsfähigkeit kleiner sein kann oder Schwierigkeiten beim Einbinden lokaler Lieferanten bestehen können. Ein Zentraleinkauf erscheint sinnvoll, wenn grundsätzlich eine funktionale Unternehmensstruktur existiert, das Produktionsprogramm aus einfach-statischen Produkten, die in Massenfertigung hergestellt werden, besteht und dafür homogene Beschaffungsobjekte benötigt werden, homogene Absatz- und Beschaffungsmärkte vorliegen und ein geringes Einkaufs-Know-how, aber eine hohe IT-Verarbeitungskapazität nötig ist (vgl. Schifferer 2001, S. 183 ff.).
- Lead Buyer-Konzept: Bei einem Lead Buyer-Konzept übernimmt bei einer grundsätzlich dezentral ausgerichteten Einkaufsorganisation für eine bestimmte Warengruppe die Einkaufseinheit die Führung, die das größte Einkaufsvolumen in dieser Warengruppe aufweist oder das höchste Einkaufs-Know-how hat. Dazu gehören Aufgaben wie die Definition der Warengruppenstrategie oder die Verhandlung und Überwachung von Rahmenverträgen. Damit können die Vorteile einer Zentralisierung genutzt werden, ohne eine wirkliche organisatorische Zentralisierung vornehmen zu müssen.
- Shared-Services: Shared Service Center sind Organisationseinheiten, die unterstützende Prozesse als Dienstleistungen für andere Organisationseinheiten bündeln und eigenständig abwickeln. Neben typischen Leistungen wie Rechnungswesen oder IT-Dienstleistungen sind auch Einkaufsdienstleistungen für einfache Commodities oder Logistik-Dienstleistungen denkbar. Ein Beispiel wäre, dass ein Konzern mit verteilten Business Units den Einkauf von Lagerflächen bei Logistik-Dienstleistern in einer eigenen Organisationseinheit bündelt und diese den Business-Units weiter vermietet.

Schifferer 2001, S. 213 ff. schlägt darüber hinausgehend zur Gestaltung von Einkaufsorganisationen ein abgestimmtes Set an Leitlinien vor, die auf Grundlage der organisationstheoretischen Grundlagen als ökonomisch sinnvoll anzusehen sind (Abb. 5.4).

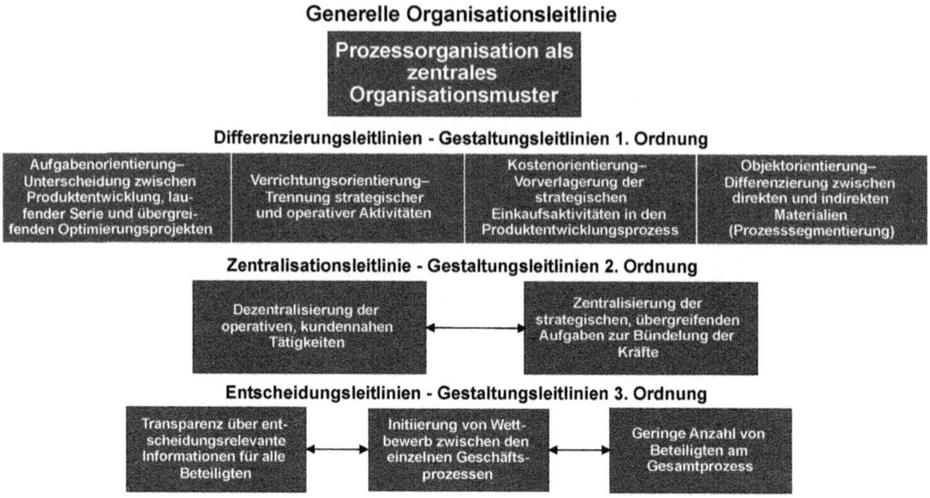

Abb. 5.4 Leitlinien zur Gestaltung der Einkaufsorganisation (Quelle: Eigene Darstellung in Anlehnung an Schifferer 2001, S. 215)

Die oberste Leitlinie ist, dass eine **Prozessorganisation als zentrales Organisationsmuster** eingerichtet werden sollte. Bezogen auf die Einkaufsaktivitäten bedeutet das, dass diese möglichst eng in die wertschöpfenden Unternehmens(kern)prozesse eingebunden werden sollten. Damit würde jedoch grundsätzlich die Gefahr bestehen, dass sich keine Standards für Prozesse herausbilden können und Bündelungseffekte verloren gehen. Deshalb ist, wie oben im Schritt Claims abstecken geschildert, zu prüfen, wo evtl. Bündelungseffekte durch eine Zentralisierung gehoben werden können. Dazu gibt die Zentralisierungsleitlinie auf der dritten Ebene Hinweise.

Die Differenzierungsleitlinien auf der zweiten Ebene sind als Konkretisierung der Aufgabenanalyse zu verstehen. Da sich bestimmte Aufgaben anhand ihrer Komplexität, Konstanz, Determiniertheit oder Wiederholhäufigkeit stark voneinander unterscheiden (vgl. Schifferer 2001, S. 164 ff.), ist es nicht sinnvoll, dass eine Person bzw. eine Stelle ein stark gemischtes Aufgabenbündel durchführt.

Eine wesentliche Differenzierungsleitlinie besteht in der **Trennung strategischer und operativer Einkaufsaktivitäten**. Während sich strategische Einkaufsaktivitäten insbesondere bei großen Einkaufsorganisationen auf das gesamte Unternehmen beziehen und häufig sehr projektbezogen sind, weisen die operativen Einkaufsaktivitäten (mengen-, termin- und zeitgerechte Versorgung der wertschöpfenden Prozesse mit direkten und indirekten Materialien oder Dienstleistungen) einen starken Bezug zu den wertschöpfenden Prozessen auf. Das bedeutet, dass eine andere zeitliche Abhängigkeit besteht als in den strategischen Prozessen. Wenn eine Stelle beides verantwortet, kann es zu Konflikten kommen und die Ausführung beider Aufgabentypen leidet darunter. Darüber hinaus sollten **strategische Einkaufsaktivitäten in den Produktentwicklungsprozess vorverlagert** werden, um Entscheidungen, die dort getroffen werden, noch mitgestalten zu können. Dies betrifft z. B. die Verwendung von Standardteilen oder Ausnutzung von Bündelungsmöglichkeiten,

Planung der Beschaffungslogistik oder auch die Spezifikation von Teilen, so dass bei der Beschaffung ein Wettbewerb möglich wird.

Als Ausfluss der Objektorientierung bei der Aufgabenanalyse kann die **Differenzierung von Einkaufsaktivitäten zwischen direkten und indirekten Materialien** gesehen werden. Hier greift eine ähnliche Erklärung, die bereits bei der Differenzierung zwischen strategischen und operativen Einkaufsaktivitäten gegeben wurde: Da die direkten Materialien einen engen Bezug zu den wertschöpfenden Prozessen aufweisen, ist es sinnvoll, die dazugehörigen Einkaufsprozesse auch eng an diese zu koppeln. Indirekte Materialien wie z. B. Büromöbel oder -materialien oder Beratungsleistungen haben einen weniger starken Bezug zu den wertschöpfenden Prozessen und haben meist andere Charakteristika hinsichtlich der Komplexität oder Wiederholhäufigkeit, sodass eine gemeinsame Bearbeitung mit den direkten Materialien nicht sinnvoll erscheint. Als weitere Differenzierung könnte darüber hinaus noch eine Spezialisierung nach einzelnen Warengruppen innerhalb der direkten Materialien diskutiert werde, wobei hier zu beachten ist, dass dies wiederum das Prinzip der Prozessorientierung durchbrechen könnte.

Weiterhin sollten Einkaufsaufgaben **differenziert werden, die in der Produktentwicklung, laufenden Serie und übergreifenden Optimierungsprojekten** ablaufen, da diese ebenfalls ein sehr differenziertes Profil hinsichtlich der Aspekte Komplexität, Konstanz, Determiniertheit oder Wiederholhäufigkeit aufweisen.

Schifferer 2001, S. 213 weist darauf hin, dass nie alle Leitlinien gleichzeitig umgesetzt werden können. Das gilt insbesondere für die Differenzierungsleitlinien. Wie schließlich die Einkaufsaktivitäten tatsächlich differenziert werden können, hängt neben der Unternehmensgröße auch von der Unternehmensorganisation, dem Produktprogramm sowie den Beschaffungsobjekten und -märkten, auf denen das Unternehmen tätig ist, ab (vgl. Schifferer 2001, S. 125 ff.).

Auf der nächsten Ebene wird im Rahmen der Zentralisationsleitlinien **eine Zentralisierung strategischer und Dezentralisierung operativer Einkaufsaktivitäten** empfohlen. Da strategische Einkaufsaktivitäten mit der Entwicklung von Strategien, Standards oder der Hebung von Bündelungseffekten Aktivitäten umfassen, die übergreifende Bedeutung haben, kann durch eine Zentralisation der höchste Grad an Effektivität erzielt werden. Gleichzeitig können durch eine Dezentralisierung operativer Einkaufsaktivitäten die (ggf. sehr unterschiedlichen) Bedürfnisse der einzelnen Wertschöpfungsprozesse am besten gedeckt werden.

Schließlich können noch drei Entscheidungsleitlinien formuliert werden, die Entscheidungen unterstützen sollen und Konflikte vermeiden bzw. schneller lösen sollen:

- Grundsätzlich sollte **Transparenz über die entscheidungsrelevanten Informationen für alle Beteiligten** hergestellt werden. Dies ist eine Grundvoraussetzung für das treffen „guter“, objektiver und evidenzbasierter Entscheidungen (vgl. zu evidenzbasierten Entscheidungen: Pfeffer und Sutton 2006) und reduziert Informationsasymmetrien. Wichtige Informationen, über die z. B. im Rahmen der Spend-Analysis Transparenz hergestellt werden sollte, sind Kosten, Preise, Lieferanten, Vertragskonditionen, Lieferantenbewertungen und potenzielle Beschaffungsquellen.

- Bei der Gestaltung von Prozessen ist darauf zu achten, dass die **Anzahl der Beteiligten bei Beschaffungsentscheidungen möglichst gering** sein sollte. Ziele sind eine hohe Handlungsfähigkeit und Flexibilität sowie eine hohe Prozesseffizienz. Um Unstimmigkeiten und gegenläufige Effekte einzelner Entscheidungen zu vermeiden, ist darauf zu achten, dass eine hohe Transparenz über Entscheidungsgrundlagen und ein konsistentes Ziel- und Anreizsystem existieren.
- Durch einen **Wettbewerb zwischen Einkaufsprozessen und Einkäufern** können zusätzliche Anreize für effizientes Einkaufen geschaffen werden. Erreicht werden kann das durch das Setzen von Zielvorgaben oder Überschneidungen bei der Identifizierung von technischen Lösungen oder Beschaffungsquellen. Bei der Definition ist im Sinne eines End-to-End-Prozesses jedoch darauf zu achten, dass nicht nur der Einkaufspreis im Vordergrund steht, sondern Zielvorgaben gefunden werden, die den gesamten Prozess bis zum Kunden umfassen. Bei der bewussten Definition von Überschneidung bei Verantwortlichkeiten ist zu beachten, dass die Anzahl der Beteiligten erhöht wird und dies somit der vorherigen Leitlinie widerspricht.

5.3 Schaffung flexibler und widerstandsfähiger Supply Chains[1]

In diesem Kapitel soll mit der Schaffung flexibler und resilienter Supply Chains ein anderer Gestaltungsaspekt der Prozessorganisation beleuchtet werden, der erst seit Kurzem verstärkt im Supply Chain -Umfeld diskutiert wird. Denn in der bisherigen Diskussion zum Supply Chain Management war Effizienz die hauptsächliche Zielsetzung. Durch den zunehmenden Abbau von Puffern in Form von Beständen (z. B. durch Just-in-Time) rückt jedoch im Zusammenhang mit der Diskussion der Auswirkungen von Naturkatastrophen oder um Rohstoffknappheit zunehmend die Vermeidung von Versorgungsabrissen als Risiken bzw. Nachteile eng verketteter Supply Chains in den Mittelpunkt der Aufmerksamkeit.

Im einleitenden Kapitel (vgl. Abschn. 1.3) wurden bereits Trends in der globalen Wirtschaft wie Globalisierung und die Verkürzung von Innovationszyklen technischer Entwicklungen und deren Auswirkungen auf Einkauf und Logistik diskutiert. Für das Supply Chain Management bedeutet das immer höhere Anforderungen im Umgang mit Volatilität und Risiken: So steigt zum Beispiel die Unsicherheit von Prognosen durch immer kürzer werdende Innovationszyklen und zunehmenden globalen Wettbewerb. Gleichzeitig erhöht sich durch die zunehmende Internationalisierung der Supply Chains die Komplexität massiv. Verhältnismäßig kleine Risiken in der Supply Chain können so zu dramatischen Problemen führen. Diese Risiken reichen von physischer Bedrohung von Transporten durch Piraten oder die bereits angesprochenen Naturkatastrophen über die Zunahme der Gefahr von Datenunsicherheiten durch Cyber-Angriffe bis hin zu Risiken aus dem Ausfall von Lieferanten durch Insolvenzen im Zuge der Wirtschafts- und Finanzkrise. Daneben kön-

[1] Dieser Abschnitt basiert auf Liebetruth 2006.

nen weitere Auswirkungen identifiziert werden, die ebenfalls wichtige Einflussfaktoren für die zukünftige Ausrichtung des Supply Chain Management sind wie beispielsweise CO^2-Reduzierung oder Knappheit von SCM-Know-how.

Die aktuell hohe Medienpräsenz von Schäden in Supply Chains lässt vermuten, dass solche Phänomene mit zunehmender Häufigkeit und größerer Schadenshöhe auftreten. Deshalb wird zunächst die quantitative Dimension solcher Störungen untersucht und die Ursachen dieser Schäden beleuchtet (vgl. Abschn. 5.3.1). Anschließend wird – auch anhand von Praxisbeispielen – diskutiert, wie Unternehmen den Risiken in Supply Chains durch die Schaffung von flexibler und resilienter Supply Chains (vgl. Abschn. 5.3.2) und im Rahmen eines Supply Chain Risk Managements (vgl. Abschn. 5.3.3) begegnen können.

5.3.1 Supply Chain-Risiken

In einer Studie des Business Continuity Instititute aus dem Jahr 2012 gaben 73 % der befragten Unternehmen an, mindestens eine Störung in ihrer Supply Chain erfahren zu haben (vgl. The Business Continuity Institute 2012). Prominente Beispiele für Störungen waren die Folgen des Tsunamis in Fukushima oder des Vulkanausbruchs in Island. Dabei ermittelte das Business Continuity Institute bzw. die Weltbank nach dem Vulkanausbruch 2010 auf Island eine Schadenshöhe zwischen 1,5 und 2,5 Mrd. Euro bei 10 Mio. betroffenen Personen und 100.000 gestrichenen Flügen. Ungleich größer waren die Schäden, die der Tsunami 2010 in Japan verursachte. Die geschätzte Schadenshöhe lag zwischen 165 Mrd. Euro nach Schätzungen der Weltbank und 220 Mrd. Euro nach Schätzungen der japanischen Regierung. Die Flut in Thailand hat 15.000 Unternehmen betroffen, darunter viele, die Elektronikkomponenten für verschiedene Industriezweige herstellen. Aber auch die Probleme bei Boeings 787, dem Dreamliner, bei dem der Outsourcing-Anteil bereits im Bereich der Entwicklung von 50 auf 70 % erhöht wurde und sich die Lieferantenbasis auf 20 Länder erstreckt, können als ein Beispiel für Risiken in der Supply Chain gesehen werden (vgl. Chacon et al. 2012; Langley 2012; Meier und Chan 2012).

Schon diese wenigen Beispiele zeigen, dass das aktive Management von Risiken in Supply Chains, die zu Störungen führen können, eine wichtige Aufgabe ist. Einige erfolgreiche Unternehmen haben sich bereits auf die gestiegene Risikosituation eingestellt und entsprechende Maßnahmen getroffen. Durch eine hohe Visibilität in der Supply Chain hat es beispielsweise Caterpillar geschafft, sich schon wenige Stunden nach dem Tsunami in Japan einen Überblick über den Status potenziell betroffener Aufträge zu machen und Produktionspläne den Gegebenheiten anzupassen. Eine Rückkehr zu einer normal funktionierenden Supply Chain war bereits innerhalb kurzer Zeit möglich, während Wettbewerber ihre Produktionsstätten partiell schließen mussten. Aber auch Ericsson hat nach einem Unfall bei einem Unterzulieferer ein geeignetes Risikomanagement für Supply Chains entwickelt (vgl. Norrman und Jansson 2004).

Jedoch nicht jedes Unternehmen ist so gut vorbereitet. So belegt beispielsweise eine Studie der WHU zum Thema Logistik-Kennzahlen, dass Unternehmen Risikokennzahlen

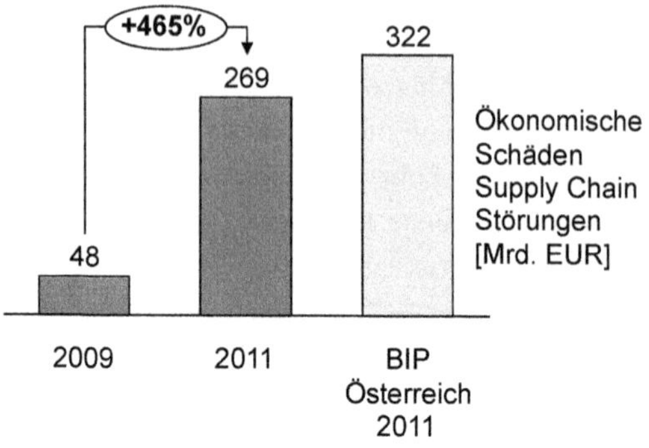

Abb. 5.5 Ausmaß Supply-Störungen (Quelle: Langley 2012; The Business Continuity Institute 2012)

allgemein eine geringe Bedeutung zukommen lassen und somit die Voraussetzungen für eine schnelle Reaktionsfähigkeit nicht gegeben sind (vgl. Weber et al. 2012, S. 32 ff.).

In Summe traten 2011 nach Schätzung der Weltbank Schäden von insgesamt 269 Mrd. Euro auf. Um die Dimension deutlich zu machen, ist in Abb. 5.5 daneben das Bruttoinlandsprodukt von Österreich (322 Mrd. Euro) dargestellt. Außerdem weisen die Schäden in den letzten Jahren eine enorme Dynamik auf: Im Zeitraum von 2009 bis 2011 wuchsen die Gesamtschäden nach Angaben der Weltbank um 465 %.

In den Statistiken der Weltbank und von Versicherungsunternehmen werden allerdings in der Regel nur Schäden hinterlegt, die nicht im Rahmen des Tagesgeschäfts auftreten und in der Regel unvorhergesehen sind. Daneben können aber auch im Tagesgeschäft vielfältige Risiken lauern, die zu kleineren Schäden führen. So kann beispielsweise eine Lieferverzögerung eines Zulieferers eine Umplanung im Produktionsplan nötig machen, die wiederum eine Reihe von Kommunikationsmaßnahmen und Abstimmaktivitäten in Richtung der Kunden zur Folge hat. Diese Aufwände werden im Rahmen des Tagesgeschäfts abgefangen und tauchen nicht in einer der genannten Statistiken auf. Für das Tagesgeschäft spielen sie jedoch durchaus eine große Rolle, da sie in größerer Zahl auftreten können und zu signifikanten Aufwänden und Vertrauensverlusten bei den Kunden führen können.

Ein Blick auf die Ursachen für mögliche Schäden in Supply Chains zeigt, dass Verlader und Dienstleister vielfältige Faktoren als Ursachen für Schäden angeben: In einer Befragung (vgl. Langley 2012, S. 23 ff.) sehen Unternehmen als häufigste Ursachen für Risiken in Supply Chains neben Naturkatastrophen auch eine hohe bzw. gestiegene Volatilität in den Preisen bzw. der Verfügbarkeit von geeigneten Rohstoffen, personellen Ressourcen oder Energie sowie Mängel in der physischen oder informationstechnischen Infrastruktur. Abbildung 5.6 stellt die Ursachen zusammenfassend dar und gibt Aufschluss über deren relative Bedeutung. Die Angaben beziehen sich jeweils auf die Nennungen der befragten Unternehmen in %.

An der Spitze der Liste stehen Risiken, die sich aus dem natürlichen Umfeld ergeben, wie Naturkatastrophen, Pandemien oder Extremwetterlagen. Diese Risiken können sowohl große Schäden zur Folge haben wie beispielsweise der Tsunami in Japan oder aber auch eine Vielzahl von Unternehmen über einen relativ langen Zeitraum mit einer

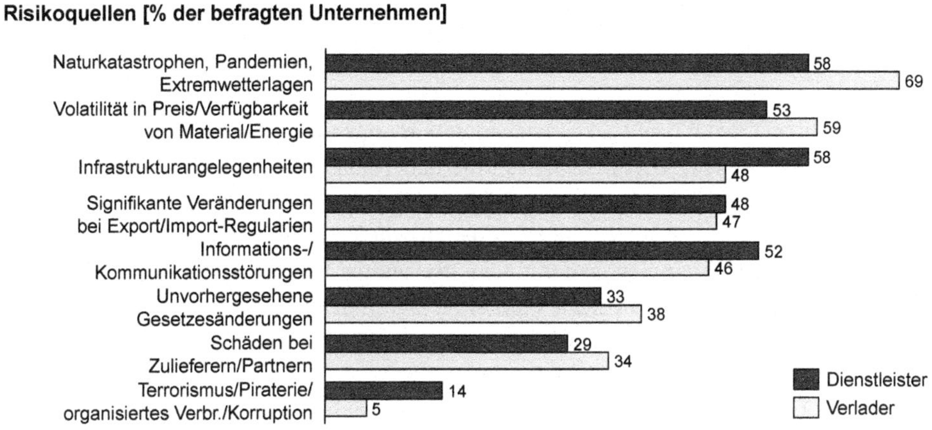

Abb. 5.6 Risikoquellen (Quelle: Langley 2012)

eher geringen Schadenshöhe betreffen. Dies können beispielsweise harte Winter in Europa sein, die zu weniger planbaren Lieferungen über alle Verkehrsträger hinweg führen können.

Eine zweite wichtige Quelle von Risiken ist Volatilität bei Rohstoffpreisen oder Verfügbarkeiten von Rohstoffen oder Energie. So weisen die Indikatoren für Rohstoffpreise seit einigen Jahren größere Schwankungen auf. Das Beispiel der Knappheit von seltenen Erden in den vergangenen Jahren dokumentiert – sicherlich sehr drastisch, aber dennoch im Rahmen der Realität –, welche Auswirkungen die Abhängigkeit von einzelnen Rohstoffen haben kann. Und weiterhin zeigt die Diskussion um alternative Energien und Antriebe die nach wie vor große Wichtigkeit der Preise und Verfügbarkeit von Energien.

Verschiedene Arten von Infrastrukturausfällen wie beispielsweise der Ausfall des Stromnetzes in Indien im Juli 2012 können ebenfalls gravierende Auswirkungen auf Supply Chains in Form von Produktionsausfällen betroffener Unternehmen haben. Ebenfalls ist durch die wachsenden Handelsvolumina die Transportinfrastruktur Chinas ein wesentlicher „Enabler" für global verteilte Wertschöpfung und die Erschließung von Absatz- und Beschaffungsmärkten, der nicht frei von Risiken ist. So ist beispielsweise das Eisenbahnnetz von China, das insbesondere für Ferntransporte von Schüttgütern wie Kohle und Erz wichtig ist, mittlerweile das drittlängste weltweit und gehört zu den am meisten ausgelasteten. Im Jahr 2010 hatte das chinesische Eisenbahnnetz eine Gesamtlänge von 91.000 km, darin ist ein Schienennetz für Hochgeschwindigkeitszüge von knapp 7000 km enthalten. Dies ist zwar im internationalen Vergleich ein relativ großes Netz, jedoch ist aufgrund der Größe des Landes die Netzflächendichte sehr gering. Zudem ist das Netz sehr ungleichmäßig über das Land verteilt: Im Osten sind die Eisenbahnverbindungen viel dichter als im sehr dünn besiedelten Westen. Deshalb wird bis 2020 in den Ausbau investiert. Nach dem „Mittel- und langfristigen Plan für die Entwicklung des wichtigsten Langstreckenverkehrsmittels Chinas bis 2020" soll das Netz bis 2020 auf 120.000 km und die Länge des Hochgeschwindigkeitsschienennetzes auf etwa 16.000 km ausgebaut werden. In Kombination mit politischen Risiken über die Investitionspläne kann die Infrastruktur so schnell zu einem schwer kalkulierbaren Flaschenhals für lokale wie internationale Transporte werden.

Eine weitere Quelle von Risiken können unvorhergesehene Veränderungen in Export-/Import-Regularien sein. Beispiele hierfür, die in der jüngeren Vergangenheit zu größeren Veränderungen geführt haben, sind Maßnahmen zur CO^2-Reduzierung, die eine Diskussion über Transportmodi oder Sourcing-Quellen zur Folge hatten, oder die Einführung von Regularien in Zusammenhang mit dem „Bekannten Versender" oder „Reglementierter Beauftragter" für die Luftfracht führten zu signifikanten Erhöhungen des Aufwands und bisher schwer abschätzbaren mittel- bis langfristigen Auswirkungen für den Einsatz von Zulieferern und Logistikdienstleistern.

Eine große Rolle bei den Ursachen für Störungen spielen auch Informations- und Kommunikationsstörungen. Gerade in Zeiten zunehmender Möglichkeiten der Datengenerierung durch Sensoren und Verarbeitung durch leistungsfähige Rechner und IT-Systeme wächst die Verletzbarkeit durch einen Ausfall dieser Systeme oder aber auch durch eine bewusste Störung von externen Parteien. So wird in diesem Zusammenhang auch häufig der Begriff „Cyber-Kriminalität" gebraucht.

Andere Risiken werden zwar gesehen, sie machen jedoch im Vergleich zu den oben genannten einen kleineren Anteil aus. Dies kann sich allerdings mit jedem neuen größeren Schadensereignis schnell ändern.

Erklärungsversuche und Ursachen für zunehmende Schäden in Supply Chains

Die genannten Ursachen oder Schadensereignisse sind alle nicht neu. Sie alle sind bereits seit langer Zeit bekannt. Daher ist die Frage zu stellen, warum gerade jetzt die Anfälligkeit von Supply Chains für diese Schadensereignisse gestiegen ist.

Insbesondere drei mögliche Ursachen für die zunehmende Verletzbarkeit von Supply Chains werden in verschiedenen Studien genannt. Diese sind in der folgenden Abbildung dargestellt. Neben einer zunehmenden Globalisierung in der Form von Global Sourcing und mehrstufigen Supply Chains fallen darunter auch Lean-Initiativen sowie die höher werdende Volatilität aus kürzer werdenden Produktlebenszyklen (vgl. Langley 2012, S. 24; Wright 2012, S. 28 ff.) (Abb. 5.7).

Durch die zunehmenden Handelsbeziehungen, die aus der globalen Beschaffung von Zuliefermaterialien resultieren, entstehen Risiken, die bei einer lokalen Beschaffung nicht existieren würden. So ist allein der Seetransport von Gütern mit vielfältigen Schnittstellen im Prozess verbunden und auf See lauern auch besondere Gefahren durch Unwetter oder Piraten. Aber auch ein langer Transport über Land kann mit Gefahren versehen sein. So können beispielsweise Ländergrenzen ebenso eine Verzögerung verursachen wie ungünstige Wettersituationen oder schlechte Straßeninfrastruktur. Weiterhin spielen in diesem Zusammenhang auch die zunehmende Anzahl beteiligter Partner und deren teilweise divergierenden Interessen eine große Rolle. Je mehr Glieder in einer Kette beteiligt sind, desto schwieriger ist es, einen Überblick über alle Produktionsstätten zu behalten. Woher

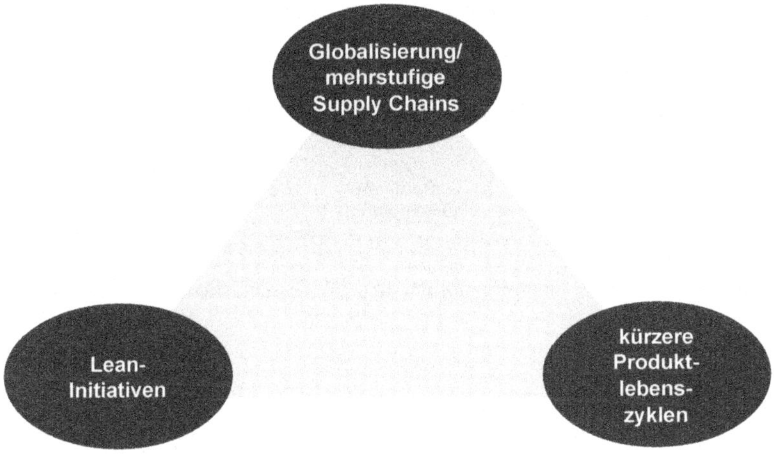

Abb. 5.7 Treiberfaktoren für Supply Chain-Risiken (Quelle: Eigene Darstellung)

soll ein Unternehmen beispielsweise wissen, ob ein Zulieferer seine Produktion nicht nach Thailand verlagert hat oder wiederum dort einen Sublieferanten beauftragt hat? Begrenzte Durchgriffsmöglichkeiten aufgrund fehlender hierarchischer Kontrollmöglichkeiten verschärfen diese Problematik noch.

Ein anderer wichtiger Faktor, der dazu beiträgt, dass die Verletzbarkeit von Supply Chains steigt, sind die ohne Frage erfolgreichen Ergebnisse von Lean-Initiativen. So angenehm auch unter dem Aspekt der Vermeidung von Verschwendung der Abbau von Lagerstufen sein mag, so ungünstig sind fehlende Materialien im Falle einer Störung in der Supply Chain. Die Herausforderung für Unternehmen besteht deshalb darin, eine gute Mischung aus Vorsorge, Lean und Flexibilität zu erzielen. Weiter unten wird dargestellt, welche Maßnahmen die Flexibilität in Supply Chains erhöhen können.

Ein dritter Faktor, der zu einer höheren Verletzbarkeit beiträgt, sind kürzer werdende Produktlebenszyklen. Dadurch steigt die Anzahl von Produktneuanläufen, die erfahrungsgemäß mit einer hohen Unsicherheit und hohen Fehlermöglichkeiten und Abstimmproblemen verbunden sind. Die in der Regel sowieso schon hohe Volatilität am Absatz- und Beschaffungsmarkt ist in dieser Phase noch einmal höher, da nicht bekannt ist, ob die geplanten Stückzahlen auch tatsächlich erreicht werden, alle Zulieferer planmäßig in die Prozesse integriert werden können und die Koordination mit den Marketing-Maßnahmen tatsächlich zielgerichtet geleistet werden kann.

Jeder Faktor allein stellt bereits eine zunehmende Gefahr für Supply Chains dar. Durch das Zusammenspiel der drei genannten Faktoren potenziert sich jedoch die Verletzbarkeit von Supply Chains nochmals. Insofern müssen beim Treffen von strategischen Entscheidungen über die Gestaltung von Lieferketten die drei genannten Faktoren sehr genau untersucht werden und bei der Formulierung von Gegenmaßnahmen genau geprüft werden, wie diese auf die genannten Faktoren wirken.

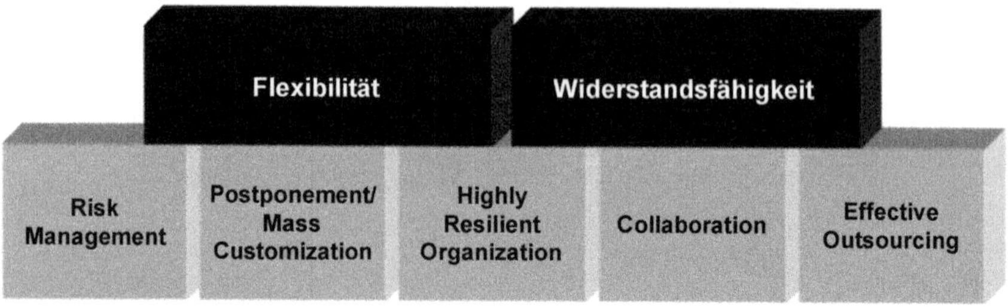

Abb. 5.8 Leitlinien Supply Chain-Flexibilität und -Widerstandsfähigkeit (Quelle: Eigene Darstellung)

5.3.2 Supply Chain Flexibility und Resilience

Wie können Unternehmen nun auf steigende Volatilität und Risiken reagieren bzw. sich die diskutierten Trends sogar zunutze machen, um sich einen Wettbewerbsvorteil gegenüber anderen Unternehmen zu verschaffen? Gerade dieser positive Aspekt wird in vielen Medien häufig vernachlässigt und nur auf die Gefahren für Unternehmen und Gesellschaft verwiesen. Es finden sich, wie in Kap. 4 erläutert, traditionelle Ansätze wie z. B. Postponement, aber auch neue Ansätze wie jener der Cloud Logistics in Anlehnung an Cloud Computing (vgl. Delfmann und Jaekel 2012). In diesem Kapitel werden deshalb Strategien vorgestellt, um im Rahmen des Supply Chain Management auf diese Trends zu reagieren. Besonderer Fokus wird dabei auf die Flexibilität und Widerstandsfähigkeit von Supply Chains gelegt.

Allgemeine Leitlinien zur Reaktion auf die steigende Volatilität und erhöhte Risiken in der Supply Chain sind eine Erhöhung der Flexibilität, um sich schnell an neue Gegebenheiten anzupassen, und eine Erhöhung der Widerstandsfähigkeit (vgl. Peck 2003), um mögliche Schocks besser verkraften zu können. Auf dieser Basis werden anschließend einige – teilweise durchaus auch schon ältere und bekannte – Konzepte vorgestellt, die diese Leitlinien herunterbrechen und mit konkreteren Maßnahmen hinterlegen (Abb. 5.8).

Grundsätzlich ist Flexibilität das „Änderungsvermögen eines Systems, das das System in die Lage versetzt, unter wechselnden Bedingungen sowie bei inneren und äußeren Störungen ein vorgegebenes Ziel zu realisieren oder neue Ziele zu setzen“ (Corsten und Gössinger 2009, S. 16). Eine Erhöhung der Flexibilität kann sich in Anlehnung an eine Fraunhofer-Studie (vgl. Kinkel et al. 2012, S. 3) in drei verschiedenen Aspekten bemerkbar machen:

1. Anpassung eines Systems in bestehenden Strukturen: Damit ist gemeint, dass das System in gewissen festzulegenden Grenzen Veränderungen im Volumen- und Variantenmix abfedern kann. Hierzu können beispielsweise Konzepte wie Arbeitszeitkonten, flexible Produktionsanlagen etc. beitragen.
2. Fähigkeit, Strukturveränderungen herbeizuführen: Damit ist die Fähigkeit gemeint, das System an Umweltveränderungen anzupassen. Dabei geht es um die Fähigkeit, neue

Produkte herzustellen oder die Produktion an einem neuen Standort mit anderen Rahmenbedingungen (anderes Qualifikationsniveau, neue Zulieferer etc.) aufzubauen
3. Zeit, um auf Änderungen zu reagieren: Schließlich kommt es darauf an, wie schnell sich ein System an die Veränderungen anpassen kann. Damit ist die Zeit zwischen dem Auftreten eines Ereignisses, das zu einer Veränderung führt, über das Erkennen, die Auswahl und Durchführung einer Maßnahme bis hin zum Wirksamwerden der Maßnahme gemeint.

Die zweite wichtige und zunehmend diskutierte Leitlinie ist die Erhöhung der Widerstandsfähigkeit oder „Resilience" eines Systems. Einige Autoren nehmen sogar in Anspruch, dass Resilience das führende Schlagwort in der Diskussion im Supply Chain Management werden kann. Mit Resilience bezeichnet man die Fähigkeiten von Unternehmen, negativen externen Einwirkung vorzubeugen, nach einer negativen Einwirkung kurzfristig wieder zur definierten Ausgangssituation zurückzukehren und sogar ökonomische Vorteile aus sich verändernden Umweltbedingungen in Form von Innovationen zu ziehen (vgl. Peck 2003, S. 14; Glendon 2012, S. 2).

Widerstandsfähige (Produktions- und Logistik-)Strukturen zeichnen sich häufig insbesondere durch Redundanz aus. Da Redundanz als Widerspruch zu einer durch hohe Effizienz getriebenen Abwicklung steht, ist ein intelligentes und bewusst gewähltes Gleichgewicht zwischen Effizienz und Redundanz zu finden. Wie anfällig für Schocks rein auf Effizienz ausgelegte Systeme sind, haben die Schockwellen gezeigt, die nach den Katastrophen von Fukushima oder den Vulkanausbruch auf Island in den engmaschig vernetzten, durch Just-in-Time-Lieferungen verknüpften Supply Chains um die Welt gingen.

Im Folgenden werden nun einige – teilweise durchaus auch schon ältere und bekannte – Konzepte vorgestellt und diskutiert, wie diese dazu beitragen, die Flexibilität und Widerstandsfähigkeit von Produktions- und Logistiksystemen zu erhöhen.

Zunächst ist im Rahmen von Supply Chain Risk Management nach einer Bewertung von (bekannten) Risiken anhand deren Auswirkung und Eintrittswahrscheinlichkeit der grundsätzliche Umgang mit Risiken bzw. den Herausforderungen, die daraus entstehen, festzulegen. Wesentliche Strategien sind: Vermeiden/Verringern/Begrenzen, Überwälzen und Auffangen (vgl. Abschn. 5.3.2).

Ein wichtiges Konzept ist Mass Customization bzw. Postponement. Bereits vor fast zwanzig Jahren wurde ein Beitrag veröffentlicht, der dieses Konzept aufgreift (vgl. Feitzinger und Lee 1997). Die Idee dahinter stammt aus dem Lean Management. Dabei wurde der Grundsatz geprägt, dass grundsätzlich immer nur auf Basis eines Kundenauftrags produziert werden soll. Das ist jedoch aufgrund zweier Tatsachen nicht immer möglich: Erstens kann aufgrund der häufig hohen Anforderungen an eine kurze Lieferzeit mit der Produktion nicht erst mit Eingang des Kundenauftrags begonnen werden und zweitens bedeuten häufig besondere Kundenwünsche eine Abweichung von einem standardisierten Produkt. Deshalb bewegen Unternehmen sich häufig im Spannungsfeld zwischen hohen Lagerbeständen (und damit verbundener hoher Lieferzeit) sofern von jeder Variante eine ausreichende Menge für eine sofortige Lieferung vorgehalten wird (je höher die Anzahl der Varianten ist, desto größer wird ggf. auch der Platzbedarf für die Produkte), und einem schlechteren Lieferservice, sofern man sich doch dazu entscheidet, kundenauftragsbezogen zu produzieren.

Die mit dem Postponement vorgeschlagene Lösungsstrategie für dieses Dilemma besteht darin, möglichst lange standardisierte Komponenten vorzufertigen und die kundenspezifische Konfiguration oder Bereitstellung im Prozess möglichst lange hinauszuzögern (zu postponen), um die Vorteile einer kundenspezifischen Produktion mit denen einer standardisierten Produktion bestmöglich zu kombinieren. Elemente des Postponement sind die modulare Produkt- und Prozessgestaltung sowie agile Logistiknetze. (vgl. Werner 2002, S. 84 ff.)

Modulare Produktgestaltung bedeutet, die Bauteile eines Produkts in möglichst viele für alle Varianten gleiche Module einerseits und möglichst wenige kundenspezifische Module andererseits zu unterteilen, wobei kundenspezifische Produkte auch durch eine unterschiedliche Kombination der Standardmodule hergestellt werden können.

Durch die Erhöhung der Verwendbarkeit kann neben der Teilekomplexität auch die komponentenspezifische Bedarfsschwankung deutlich reduziert und gleichzeitig die für Skaleneffekte wichtige Stückzahl pro Bauteil erhöht werden. Weiterhin kann durch eine parallele Vorfertigung der verschiedenen Bauteile die Durchlaufzeit des Endprodukts deutlich reduziert werden. Durch die geringere Anzahl an verschiedenen Bauteilen ergeben sich nicht zuletzt auch Vorteile bei der Fehlerdiagnose und -behebung.

Der kürzlich bei Volkswagen vorgestellte „Modulare Querbaukasten (MQB)“ zeigt die Aktualität des Konzepts. Dabei wird ein einheitlicher, aber trotzdem variabler Baukasten für den vorderen Teil der Fahrzeuge, bei dem lediglich der Zwischenraum zwischen Pedalen und Vorderachse sowie der Einbauwinkel des Motors von 12 Grad festgelegt sind, für bis zu 40 in den nächsten Jahren auf den Markt kommende Modelle bzw. Varianten wie Polo, Golf, Scirocco, Tiguan, Touran, Sharan oder Passat eingesetzt (vgl. Waltl 2012, S. 14 ff.).

Hauptziel des zweiten Elements, der modularen Prozessgestaltung, ist die Reduktion der Reaktionszeit, um auf Nachfrage(-veränderungen) zu reagieren. So sollten in Verbindung mit dem ersten Element, der modularen Produktgestaltung, die für alle Varianten gleichen Prozessschritte oder die Vormontage von Modulen an den Anfang des Prozesses gestellt werden und die Montage varianten- oder kundenspezifischer Teile erst möglichst spät und auch möglichst erst bei Vorliegen eines konkreten Kundenauftrags erfolgen, sodass die Variantenbildung erst möglichst spät erfolgt und Lagerstufen mit mehrfach verwendbaren Modulen und möglichst wenigen Varianten erreicht werden. Ein Instrument, mit dem die Voraussetzungen für solche Prozesse geschaffen werden können, ist die Wertstromanalyse, mit der die Durchlaufzeit und die Bestände sowie die Reaktionsfähigkeit auf Nachfrageänderungen deutlich verbessert werden kann.

Insbesondere zum Thema Reduzierung der Response-Zeit oder Time-to-Market ist für spezielle Vorgänge ein Querverweis zu Referenzprozessen zu ziehen: Auch hier ist die Idee, dass das Rad nicht jedes Mal komplett neu erfunden werden muss, sondern nur die Adaption auf die spezielle Situation erfolgen sollte, somit wertvolle Planungszeit eingespart werden kann und trotzdem an die wichtigsten Dinge gedacht werden kann. So wurde beispielsweise bei einem Unternehmen, das die Auftragsfertigung für elektronische Bauteile übernimmt und das aufgrund steigenden Geschäftsvolumens und kürzerer Produktlaufzeiten zunehmend mit Produktionsan- und -ausläufen konfrontiert wurde, ein Referenzprozess für die Logistikplanung erarbeitet, in dem wesentliche Inhalte wie Behälter- und Losgrößenplanung sowie die grundsätzliche Zusammenarbeit zwischen verschiedenen Stellen im Unternehmen wie der zentralen Logistikplanung und der Werkslogistik im Rahmen eines standardisierten Projektplanes festgelegt wurden. Bei einem Produktionsneuanlauf müssen nun nur noch der Projektplan und die Templates für die konkrete Planungssituation maßgeschneidert werden.

Grundsätzlich ist unter agilen Logistiknetzen eine intelligente Gestaltung im Spannungsfeld zwischen einer kostenoptimierten Belieferung aus einem Zentrallager und einer lieferzeitoptimierten Versorgung aus kundennahen dezentralen Lägern zu verstehen (vgl. Lee 2004). Die Gestaltung hängt auch von Faktoren wie

- Lieferzeitanforderungen seitens der Kunden,
- Wertbeitrag der Unterhaltung eines Standortes vor Ort,
- Zollabwicklungsformalitäten,
- Verfügbarkeit lokaler Zulieferer,
- Transportzeit- und Kosten,
- lokalen Arbeitskosten,
- Replizierbarkeit bzw. Investitionskosten von speziellem Anlagevermögen ab.

Insbesondere zum letzten Punkt ist darauf hinzuweisen, dass eine übergreifende Standardisierung von Lagerprozessen und Einrichtungen und die Verwendung auch überbetrieblich genormter Infrastruktur (Verwendung von Normpaletten statt spezifischer Ladungsträger, Verwendung von standardisierten Schnittstellen und Standardprozessen) die Agilität von Logistiknetzwerken erheblich erhöhen kann. So kann beispielsweise bei standardisierten Prozessen wesentlich schneller ein Lager aufgebaut bzw. gewechselt werden. Ein exzellentes Beispiel hierfür ist die eng mit dem Vertriebsprozess verknüpfte Logistikstrategie eines großen Büroartikelhändlers zu nennen. Wenn in einem ersten Schritt ein neuer Großkunde in einem Vertriebsgebiet akquiriert wird, dann wird ein neues dezentrales Lager in dieser Region mit kurzfristigen Mietverträgen angemietet und mit einer standardisierten Lager- und Distributionsstruktur ausgestattet. Anschließend werden in der betreffenden Region weitere (kleinere) Kunden aufgebaut, um die Infrastruktur besser auszulasten. Aufgrund der kurzen Vertragslaufzeiten kann bei einer Veränderung der regionalen Entwicklung der Kundenvolumina die Logistikinfrastruktur sehr schnell verändert werden, um die Distributionskosten und den Kundenservice in Abhängigkeit der Veränderung im Kundenstamm aufgrund der Vertriebsaktivitäten zu optimieren.

In Kombination mit der modularen Produkt- und Prozessgestaltung werden insbesondere in der Automobilindustrie Lösungen eingesetzt, die eine flexible Anpassung des Logistiknetzwerkes an veränderte Nachfragestrukturen und auch Faktorkosten ermöglichen.

So können durch Produktionsstandorte, in denen (erleichtert durch einen hohen Anteil an standardisierten Modulen) auf einer Produktionslinie mehrere Produkte hergestellt werden können, flexibel modellspezifische Kapazitäten an veränderte Nachfragestrukturen angepasst werden. Außerdem existieren Lösungen wie SKD oder CKD, bei denen Teile der Produktions- bzw. Wertschöpfungsprozesse kundennah an Standorte verlegt werden können, die sich zusätzlich durch niedrige Lohnkosten auszeichnen. Weitere Elemente, die zu einer Flexibilisierung des Netzwerks beitragen können, sind flexible Automatisierungstechnik und Produktionsgebäude sowie eine teilweise im industriellen Bereich erkennbare selektive „Re-Manualisierung" von Fertigungsaufgaben, d. h., dass einige Fertigungstätigkeiten nicht mehr durch Roboter durchgeführt werden, sondern aufgrund höherer Flexibilität bewusst wieder von Menschen.

Besonders deutlich wird das Spannungsfeld zwischen Effizienz und Redundanz auch in der Organisationsstruktur. Die Frage, welche Organisationsstrukturen besonders widerstandsfähig auf externe Schocks reagieren, beantworten einige Organisationsforscher mit einer Kombination aus dezentralen und zentral gesteuerten Systemen. Ein Beispiel für so funktionierende Systeme sind nach Ansicht von verschiedenen Autoren Mafia-Strukturen, da sie klare Hierarchien effektiv mit dezentralen netzwerkartigen Strukturen kombinieren (vgl. Horx und Friebe 2012, S. 22).

Einerseits ist es im Falle von großen strukturellen Bedrohungen auf die Organisation wichtig, alle Kräfte mobilisieren zu können und mit hoher Durchschlagskraft darauf reagieren zu können. Klare hierarchische Befugnisse garantieren eine hohe Durchsetzungsfähigkeit. Auf Konsens gerichtete Organisationen mit langen Entscheidungsprozessen, die viele Mitglieder einbinden müssen, sind häufig nicht geeignet, um schnell auf existenzielle Bedrohungen zu reagieren.

Andererseits sollten effektive Organisationen gerade auch in „Friedenszeiten" dezentrale Strukturen ausbilden, um in Form von beispielsweise Projektorganisationen das Wissen über Zusammenhänge aufbauen, in Krisenzeiten schnell die Dimension von Problemen erkennen und angemessene Lösungen entwickeln zu können. Außerdem bieten solche Strukturen im Sinne einer lernenden Organisation den besten Rahmen für die Entwicklung eines Gespürs für Zusammenhänge in der Organisation, die Weiterbildung von Mitarbeitern (z. B. auch, um die gestiegenen Anforderungen international verteilter Supply Chains wie Sprach- und kulturelle Kenntnisse zu vertiefen) sowie die Entwicklung von innovativen Lösungen auf Basis neuer verfügbarer Technologien.

Weiterhin bieten dezentrale, selbst steuernde Strukturen eine (redundante) Entkopplung, um auf dezentrale Einwirkungen schnell und unabhängig von Entscheidungen anderer Einheiten reagieren zu können und zu vermeiden, dass Probleme auf andere Organisationseinheiten übergreifen. Solche Steuerungsprinzipien sind auch im Rahmen des Lean Managements erkennbar, wenn es um eine kundenbedarfsgerechte Pull-Steuerung der Fertigungsstufen durch Kanban-Regelkreise geht. Hierbei werden auch ohne aufwendige und fehleranfällige zentrale Steuerung die Impulse des Kunden durch mehrere lose miteinander gekoppelte Fertigungsstufen geleitet.

Die Herausforderungen von Organisation bestehen nun darin – ähnlich wie im Sport –, schnell von einem Modus in den anderen Modus umschalten zu können und die Wandlungs- und Widerstandsfähigkeit nachhaltig in der Organisation zu verankern.

Ein weiteres wesentliches Element, um mit Volatilität umzugehen, ist die Erhöhung der Planungsqualität bzw., die Auswirkungen von Entwicklungen bzw. Veränderungen des Bedarfs frühzeitig mit einer höheren Sicherheit zu erkennen, um mehr Zeit für die Entwicklung von Gegenmaßnahmen zu haben. Somit kann insbesondere die Zeit zwischen Erkennen eines Veränderungsbedarfs und der Umsetzung der Maßnahme reduziert werden. In Literatur und Praxis werden solche Maßnahmen unter dem Schlagwort Collaboration subsumiert. Damit ist eine engere Zusammenarbeit mit den Partnern in der Supply Chain hinsichtlich der Planung der tatsächlichen Beständen oder Lieferungen gemeint. Ziel ist es dabei auch, Aufschaukelungseffekte aufgrund von falschen Annahmen über Bedarfe zu verhindern und eine Glättung der Lieferungen sicherzustellen (vgl. Lee 2004).

Klassischerweise geht es dabei in einem ersten Schritt um den Austausch von Bedarfs- oder Bestandsdaten, die direkt am Point-of-Sale entstehen, aber auch andere Möglichkeiten gewinnen zunehmend an Substanz. Ein Beispiel für eine Initiative zur Verbesserung der Zusammenarbeit ist das eines großen First-Tier-Automotive-Zulieferers, der auf der Beschaffungsseite die Zusammenarbeit mit seinen wichtigsten Lieferanten hinsichtlich der Planung verbessert und Transparenz in der Supply Chain schafft. Hierzu gleicht er über eine Beschaffungsplattform Daten über seine Bestellungen und voraussichtliche Bedarfe mit den Lieferzusagen der Lieferanten ab und macht damit frühzeitig Engpässe oder Überbestände, die teilweise mehrere Wochen oder Monate in der Zukunft liegen, sichtbar. Damit bleibt mehr Zeit, um gemeinsam mit den Lieferanten Lösungen für die Engpasssituationen zu entwickeln.

Eine andere, aber im Zuge eines global verteilten Produktions- und Logistiknetzwerkes ebenso wichtige Art der Collaboration ist die interne Funktionsintegration. Gerade in größeren funktional differenzierten oder global tätigen Unternehmen ist häufig die interne Abstimmung ein Problem; manchmal auch mangelndem Wissen über logistische Zusammenhänge oder unterschiedlichen Funktionalinteressen geschuldet. Ein klassischer Konflikt tritt zwischen dem Vertrieb und der Logistik bzw. Produktion dann auf, wenn der Vertrieb, um seine Verkaufsziele am Jahresende übererfüllen oder um eine für sich günstige Entwicklung einstellen zu können, den voraussichtlichen Bedarf in den Planungssystemen zu gering oder zu hoch ansetzt. Die Logistik muss dann mit den Folgen – entweder Fehlteilsituationen oder zu hohe Bestände – umgehen, wenn kurzfristig eine aktualisierte Planung oder sogar erst der tatsächliche Kundenbedarf eintritt. Möglichkeiten, um diesem Problem entgegenzuwirken, sind regelmäßige Abstimmungen der betreffenden Einheiten im Rahmen von Gremien bzw. Jour-Fixen oder noch besser eine möglichst übergreifende und prozessorientierte Verantwortung für den ganzen Supply Chain-Management-Prozess (In Abgrenzung dazu können beispielsweise neben allgemeinen Management- und Supportprozessen der Product-Lifecycle-Management- und der Customer-Relationship-Management-Prozess unterschieden werden).

Ein weiteres Element, das Wertschöpfungsnetzwerke flexibler und auch widerstandsfähiger machen kann, ist ein flexibles In- bzw. Outsourcing. Damit kann ggf. auch die Entscheidung verbunden sein, Produktionstätigkeiten wieder in eigene Standorte zu verlegen, statt durch Zulieferer fertigen zu lassen, oder Fertigungsstandorte aus einem Niedriglohnland wieder ins Inland bzw. nach Deutschland zurückzuholen (Reverse Offshoring) (vgl. Fernandes und Akono 2011; Bottler 2012; Dachs et al. 2006).

Klassischerweise werden folgende Vorteile von Outsourcing (ggf. in Kombination mit Offshoring) genannt:

- Nutzung günstigerer Faktorkosten des Outsourcers
- Verteilung von Gemeinkosten auf andere Kunden des Outsourcers und Variabilisierung von Fixkosten
- Konzentration auf die Kernkompetenzen und Reduzierung der Komplexität
- Nutzung von Schutzrechten des Outsourcers
- Abwälzung von (z. B. Auslastungs- oder Faktorpreis-)Risiken auf den Outsourcer

Als Nachteile werden diskutiert:

- Anfall von Transaktionskosten für Anbahnung und Implementierung
- Anfall von Transportzeiten, -kosten und Gewinnmargen beim Outsourcer
- Entstehen von Qualitätsrisiken beim Outsourcer und geringere Durchgriffsrechte
- Geeignete Kompetenzen sind am Markt nicht verfügbar bzw. müssen erst aufgebaut werden

Unter der Zielsetzung einer Erhöhung der Flexibilität und der Widerstandsfähigkeit sind weniger die Faktorkosteneffekte oder Fixkostenvariabilisierung zu berücksichtigen, sondern eher Aspekte, wie am sinnvollsten redundante Strukturen geschaffen werden können bzw. Risiken aus Sicht der gesamten Supply Chain unter Kontrolle gebracht werden können.

Zur Herstellung von Redundanz sollte grundsätzlich bei einem möglichen Outsourcing eine Single-Source-Strategie hinterfragt werden und wo es möglich und sinnvoll erscheint ein zweiter Lieferant aufgebaut werden oder sogar eigene Strukturen so ausgelegt werden, dass Teile der Produktion schnell wieder zurückgeholt werden können. Dies gilt insbesondere bei möglichen Qualitätsrisiken, die in der Regel in eigenen Werken besser beseitigt werden können als bei Zulieferern, auf die man lediglich ein begrenztes Durchgriffsrecht hat. Durch eine Rückverlagerung von Fertigungsschritten nach Deutschland können zudem Transportrisiken und -kosten vermieden werden und flexiblere Strukturen hinsichtlich einer besseren Reaktionsfähigkeit erreicht werden.[2]

Insbesondere bei der Verwendung von Logistikleistungen kann auch ein Einsatz von Logistikdienstleistern einen Mehrwert bieten, da typischerweise Logistikdienstleister

[2] Aktuelle Studien zeigen in diesem Zusammenhang auch, dass ein Rückgang der Offshoring-Aktivitäten stattfindet und auch ein stabiler Trend zur Rückverlagerung nach Deutschland erkennbar ist (vgl. Kinkel und Maloca 2010).

durch Synergieeffekte mit anderen Kunden redundante Strukturen vorhalten und auch besser Personal von einem zum anderen Standort shiften können. Ein Beispiel hierfür ist bei einem Kontraktlogistikdienstleister zu finden, der für die Begleitung von Neuanläufen extra speziell geschulte Mitarbeiter vorhält, die für eine Zeitdauer von mehreren Monaten einen Neuanlauf begleiten können und dann wieder an ihre „normale" Position zurückkehren können.

Bei der Konzeption der Vertragsbeziehung zu (Logistik-)Outsourcing-Partnern ist ebenfalls auf die besonderen Anforderungen einer höheren Flexibilität und Widerstandsfähigkeit zu achten (vgl. Bretzke 2007, S. 173 ff.):

- Möglichst keine bzw. geringe spezifische Investitionen in die Beziehung zum Outsourcer wie z. B. Entwicklung eigener Softwareanbindung, Einsatz von Spezialladungsträgern oder Schulungsmaßnahmen für Mitarbeiter
- Möglichst einfache und transparente Abrechnungsmodelle, die auf definierten Transaktionen basieren
- Berücksichtigung von Prozeduren für die Beendigung der Beziehung, wie beispielsweise Übertragung von Know-how

In diesem Zusammenhang wird speziell für Logistikdienstleistungen von der Bundesvereinigung Logistik (BVL) ein Konzept diskutiert, das sich an das Cloud Computing, die flexible Nutzung von IT-Leistungen als Dienstleistung (Infrastructure, Platform und Software as a Service), anlehnt: Cloud Logistics (Logistics as a Service). Dabei sollten gebündelte Ressourcen (z. B. die Ressourcen eines Dienstleisters oder die mehrerer Dienstleister in einem Verbund wie ELVIS, de, …) eines Logistiksystems bzw. abstrakter dessen virtuelle Dienstleistungen ebenfalls in Anlehnung an Cloud Computing möglichst schnell und leicht über eine standardisierte EDI- oder Internetschnittstelle buchbar sein, flexibel skalierbar sein und möglichst anhand einfacher Leistungszähler abrechenbar sein. Für Transportdienstleistungen existiert mit mehr oder weniger flexibel über Frachtbörsen buchbaren Kapazitätspaketen für Frachtlinien (anstatt Kapazitäten direkt auf einem bestimmten Schiff zu buchen) bereits ein System, das der Idee von Cloud Logistics nahekommt: Die Kapazitäten können online gebucht werden, das zugrundeliegende Ressourcennetzwerk besteht aus der Flotte mehrerer Anbieter und der Abrechnungsmodus ist pro Standard-Container. Für Lagerleistungen ist insbesondere die flexible und skalierbare Leistung aus gebündelten Ressourcen noch nicht durchgehend sichergestellt, sodass noch Anstrengungen unternommen werden müssen, um eine flexible Vernetzung entlang von standardisierten Schnittstellen zu entwickeln (vgl. Delfmann und Jaekel 2012).

5.3.3 Supply Chain Risk Management

Supply Chain Risk Management ist ein wesentlicher Baustein zur Schaffung von Flexibilität und Resilienz in einer Supply Chain. Es schafft die Voraussetzung für ein schnelles Erkennen und Reagieren auf den Eintritt von Risiken. In der Literatur und in der Unter-

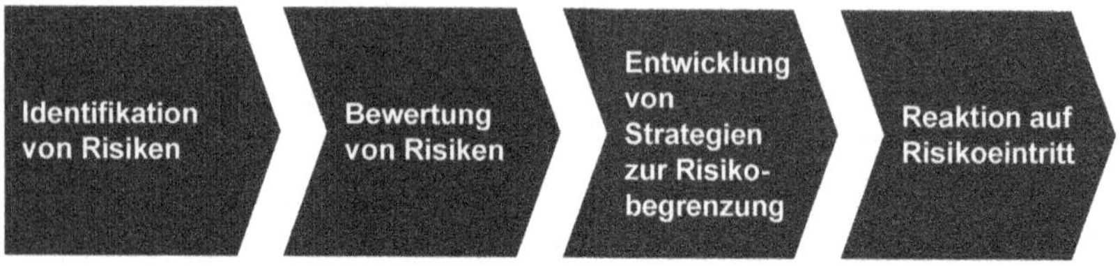

Abb. 5.9 Allgemeine Vorgehensweise Risikomanagement (Quelle: Eigene Darstellung)

nehmenspraxis sind viele Vorgehensweisen zum Risikomanagement vertreten. In Abb. 5.9 wird zunächst eine allgemeine Vorgehensweise zum Umgang mit Risiken vorgestellt und erläutert (vgl. Sodhi und Tang 2012, S. 10; Kersten et al. 2012, S. 411 f.). Anschließend wird das Ergebnis einer Studie vorgestellt, woran Unternehmen im Moment tatsächlich arbeiten, um ihr Risikomanagement für Supply Chains zu verbessern.

Der erste Schritt ist die Identifikation und Strukturierung von Risiken. Dabei ist es hilfreich, wenn sich die Strukturierung der Risiken größtenteils an bestehenden Strukturen im Unternehmen orientiert. Dies macht die spätere Zuordnung leichter. Eine Möglichkeit ist z. B. die Strukturierung der Hauptrisikokategorien nach den Hauptprozessen „Source", „Make", „Deliver" und „Return". So können dem „Source"-Prozess Risiken wie Lieferantenausfall, Preisschwankungen bei Zuliefermaterialen oder unzuverlässige Lieferungen durch lange Transportwege zugeordnet werden. Unter den „Make"-Prozess fallen beispielsweise Risiken wie Maschinenausfall, Qualitätsprobleme in der Produktion, zu geringe oder unflexible Produktionskapazitäten oder aber auch Probleme, die aus Fehlern im Produktentwicklungsprozess resultieren. In den kundenorientierten „Deliver"-Prozess können falsche Nachfrageprognosen oder nicht erkannte Änderungen im Kundenverhalten bzw. -bedarf eingeordnet werden. Trotzdem sollten auch übergreifende Risiken wie z. B. finanzielle Risiken auf der Ebene des Gesamtunternehmens oder mögliche Ausfälle des ERP-Systems, die sich nicht einem speziellen Bereich zuordnen lassen, gesondert überprüft werden.

Im Rahmen dieses Schrittes sollte auch bereits darauf eingegangen werden, dass eine saubere Trennung von Ursache und Wirkung bzw. Treibern und deren Konsequenzen vorgenommen wird, sodass später nicht nur an Symptomen gearbeitet wird, sondern die Ursachen frühzeitig bekämpft werden können. Die beiden Phasen werden in der Regel logisch durch den Eintritt eines Risikoereignisses voneinander unterschieden: Die Ursachen eines Risikos (z. B. geringer Bestand eines Artikels) haben zur Folge, dass der Eintritt eines Risikoereignisses (z. B. Ausfall einer Lieferung) zu einer schadhaften Wirkung (z. B. Ausfall von Verkäufen oder Zahlung von Pönalen) führt.

Das Schmetterling-Modell ist im Risiko-Management eine gute Möglichkeit, diese Zusammenhänge darzustellen (vgl. Sodhi und Tang 2012, S. 15 ff.) (Abb. 5.10).

Dabei stellt der Körper das eintretende Risikoereignis bzw. die -ereignisse (häufig sind gerade größere Katastrophen nicht auf ein singuläres Ereignis, sondern auf eine Aneinanderreihung von Effekten zurückzuführen) dar. Das Risikoereignis trennt die Ursachen auf der linken Seite von den Auswirkungen auf der rechten Seite. Die X-Achse stellt dabei

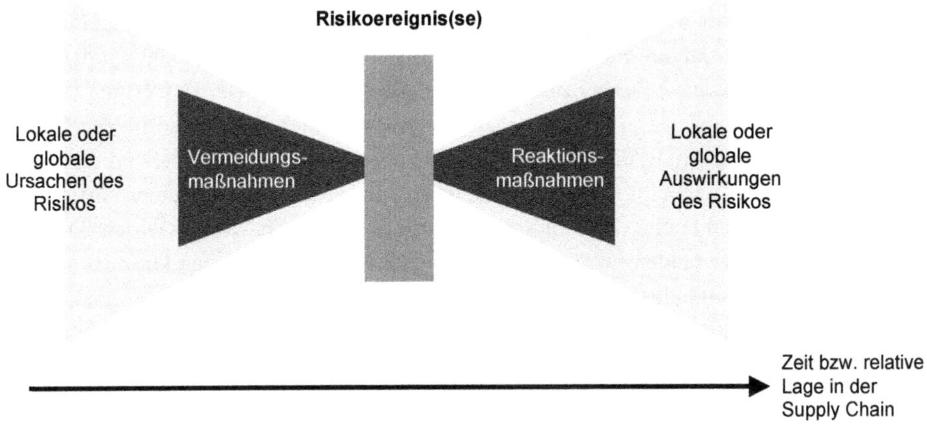

Abb. 5.10 Schmetterling-Modell (Quelle: Sodhi und Tang 2012)

zum einen die Zeit dar, kann aber zum anderen auch ein Indikator für die relative Lage der Ursachen bzw. Auswirkungen in der Supply Chain sein.

Der linke Flügel repräsentiert die sich zuspitzenden Ursachen im Vorfeld eines Risikoereignisses. Häufig tritt ein Risikoereignis nicht plötzlich ein, sondern kündigt sich anhand von Signalen an. Diese gilt es zum einen zu erkennen und bereits im Vorfeld den Eintritt des Ereignisses zu verhindern oder zumindest daraus entstehende Schäden zu verringern. So kann z. B. ein gravierender Lieferausfall eines Lieferanten durch eine kontinuierliche Lieferantenbewertung frühzeitig entdeckt werden und ein Lieferantenentwicklungsprogramm aufgesetzt werden oder ein Alternativlieferant aufgebaut werden. Zum anderen sollten – wenn ein frühzeitiges Erkennen der Signale nicht möglich ist – für die wichtigsten Risiken Notfallpläne entwickelt werden.

Der rechte Flügel stellt die Auswirkungen eines eingetretenen Risikoereignisses dar. Im unmittelbaren Anschluss an das Risikoereignis sollten jetzt die ausgearbeiteten Pläne umgesetzt werden und die wichtigsten Gegenmaßnahmen so schnell wie möglich eingeleitet werden und die wichtigsten Partner informiert werden. Der sich nach rechts hin öffnende Flügel deutet an, dass das Risikoereignis sowohl über die Zeit als auch über die Anzahl der betroffenen Partner in weiter entfernten Gliedern der Kette Auswirkungen haben kann, die nur schwer kontrollierbar sind. Deshalb sollten sich die Notfallpläne auf die wichtigsten Partner beziehen und einen höheren Detaillierungsgrad aufweisen, je näher sie am Risikoereignis liegen.

Insofern kann dieses Modell sehr schön für die Analyse vergangener Schäden aufgrund von Risikoereignissen herangezogen werden. Weiterhin veranschaulicht das Modell, dass insbesondere, wenn es darum geht, auf eine Risikoereignis schnell zu reagieren, angemessene Vorbereitungsmaßnahmen z. B. in Form von Notfallplänen ausgearbeitet werden müssen. Denn wenn die Planung und Entscheidung über die Maßnahmen erst nach dem Eintritt des Risikoereignisses erfolgen, kann es häufig bereits zu spät sein.

Im zweiten Schritt werden die Risiken bewertet. Dies geschieht in der Regel anhand einer Risk Map, die sich als ein Portfolio aus der Eintrittswahrscheinlichkeit auf der einen Achse und der Schadenshöhe bei Eintritt des Schadens darstellt. Die Bewertung der beiden Aspekte kann zunächst in Form einer Bewertung auf einer Skala von 1 bis 5 erfolgen, um die relative Bedeutung einzelner Risiken zu kennen, bevor anschließend die wichtigsten Risiken auch absolut anhand der Eintrittswahrscheinlichkeit in einer bestimmten Periode (z. B. ein Jahr) und des möglichen Schadens in Euro bewertet werden. Die sich aus dem Produkt der beiden Schätzungen ergebende Summe gibt einen Hinweis auf den Aufwand, der für mögliche Maßnahmen zur Risikobegrenzung betrieben werden kann.

Da jedoch eine möglichst objektive Schätzung für beide Aspekte (Eintrittswahrscheinlichkeit und Schadenshöhe) beliebig schwierig ist, bietet es sich an, auf Daten aus vergangenen Perioden zurückzugreifen oder andere, ähnliche Vergleichsmaßstäbe heranzuziehen. Die Schadenshöhe könnte beispielsweise in Prozent des Jahresgewinnes geschätzt werden, um einen Vergleichsmaßstab zu haben.

Nach einer Bewertung der (bekannten) Risiken anhand deren Auswirkung und Eintrittswahrscheinlichkeit sollte eine grundsätzliche Strategie zum Umgang mit den jeweiligen Risiken entwickelt werden (Risk Mitigation). Wesentliche mögliche Strategien sind:

- Vermeiden/Verringern/Begrenzen – Risikovermeidung bedeutet, dass man sich bewusst dafür entscheidet, Aktivitäten zu vermeiden oder seltener (Verringerung) durchzuführen, bei denen spezifische Risiken auftreten können, oder Technologien einsetzt, die einen Eintritt eines Risikoereignisses unmöglich bzw. sehr unwahrscheinlich machen. Die Risikobegrenzung kann z. B. durch eine Diversifizierung stattfinden. Dies könnte z. B. der Fall sein, wenn statt eines Kunden mit schwankenden Bedarfen versucht wird, weitere Kunden mit schwankenden Bedarfen zu akquirieren, in der Hoffnung, dass sich die Schwankungen gegenseitig aufheben. Das ist auch das Prinzip in portfoliotechnischen Überlegungen aus der Finanzwirtschaft. Eine andere Möglichkeit, (insbesondere Transport-)Risiken in Supply Chains zu vermeiden, ist, den Global Sourcing-Anteil zurückzufahren oder ausländische Produktionsstandorte wieder nach Deutschland zu verlegen. Dies hat neben einer kürzeren Lieferzeit auch den Vorteil, dass Transportrisiken durch Schwund und Beschädigung reduziert werden können. Ein weiteres Beispiel für die Vermeidung ist z. B. der Einsatz von sensorbasierten Prüfmechanismen beim Kommissionieren. Hierbei werden z. B. durch die Erfassung des Gewichts oder optische Erkennung einer Sendung bereits mögliche Fehllieferungen ausgeschlossen und so mögliche Schadensfälle vermieden (allerdings könnte dann der Ausfall eines solchen Systems ein Risiko darstellen).
- Überwälzen – Risikoüberwälzung: Manche Risiken können an Dritte überwälzt werden. Dabei verschwindet das Risiko nicht, sondern das Risiko wird durch einen Dritten getragen, der entweder eine Prämie dafür verlangt oder bessere Diversifikationsmöglichkeiten hat (siehe Risikobegrenzung). Dazu gehört z. B., Versicherungen gegen spezielle Risiken abzuschließen, oder im Rahmen von Kontraktlogistikvereinbarungen als Verlader Risiken, wie z. B. Auslastungsrisiken, durch eine Vereinbarung von

Klickverträgen (Bezahlung des Dienstleisters ausschließlich anhand von ausgeführten Leistungszählern wie z. B. vereinnahmter Palette oder belegter Lagerplatz pro Monat) an einen Logistikdienstleister abzuwälzen oder Produktionssysteme darauf auszulegen, dass sie in einer speziellen Bandbreite Volumenschwankungen abdecken können.

- Auffangen/Akzeptieren: Während die ersten beiden Strategien keine wesentlichen Änderungen an den Geschehnissen vornehmen, verlangt die dritte Option, Risikoakzeptanz, den Partnern das Finden von intelligenten Lösungen im Umgang mit den Risikoereignissen ab. Dabei werden gewisse (bewusste) Risiken akzeptiert und in einem zweiten Schritt intern Vorkehrungen (wie z. B. Notfallkonzepte erarbeitet oder redundante Strukturen aufgebaut) getroffen, um im Falle eines Eintritts der Risiken darauf vorbereitet zu sein. In der englischsprachigen Literatur wird das mit dem Begriff „Risk Mitigation" beschrieben. Diese Form betrifft auch insbesondere Risiken, die nicht von vornherein bekannt sind bzw. an die im Rahmen der Risikoinventur nicht gedacht wurde. Ein Autor nennt Ereignisse, die zu solchen Risiken führen „Schwarze-Schwan-Ereignisse", da sie mit dem Auftreten von schwarzen Schwänen vergleichbar sind: Lange dachte man, dass keine schwarzen Schwäne existieren, bis im 17. Jahrhundert in Australien tatsächlich schwarze Schwäne entdeckt wurden. Ähnlich verhält es sich auch mit kürzlich auftretenden Ereignissen, wie z. B. der Lehman-Pleite oder dem Tsunami in Japan. Deshalb sollte grundsätzlich (und das ist die Idee der Diskussion über Resilience) die Organisation widerstandsfähig gegen das Eintreten unvorhergesehener Ereignisse, wie z. B. strukturelle Brüche wie der „Arabische Frühling", gemacht werden.

Lee 2004, S. 102 ff. schlägt hierzu, wie in Abb. 5.11 dargestellt, den Aufbau einer Triple-A-Supply Chain mit den drei Elementen Agilität, Anpassungsfähigkeit (Adaptability) und einheitliche Ausrichtung (Alignment) vor:

Eine hohe Agilität von Supply Chains hilft schnell, auf kurzfristige Änderungen wie z. B. Änderungen in der Kundennachfrage, aber auch Lieferengpässe von wichtigen Zuliefermaterialien oder andere Störungen in der Lieferkette zu reagieren. Methoden, eine agile Supply Chain zu erreichen, sind:

Abb. 5.11 Risk Mitigation durch Triple-A-Supply Chains (Quelle: Lee 2004)

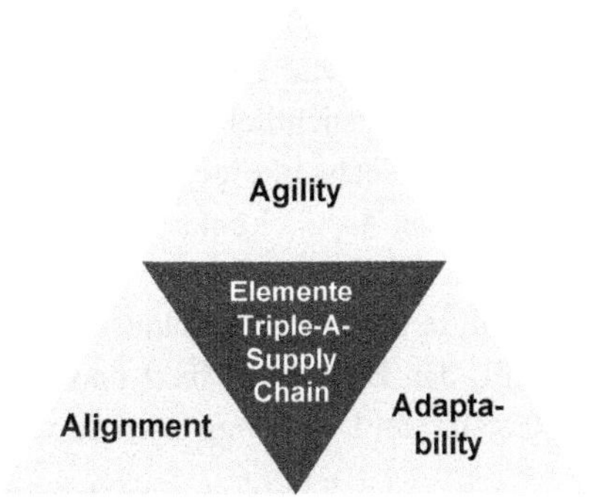

- Herstellung von Informationstransparenz mit den wichtigsten Supply Chain-Partnern. So kann beispielsweise ein Internet-basiertes Informationshub bereitgestellt werden, auf dem sowohl Kunden als auch Lieferanten wichtige Informationen über Nachfragedaten oder Produktneuanläufe einstellen und einsehen können.
- Entwicklung einer engen Zusammenarbeit (Collaboration) mit den wichtigsten Partnern, um präventiv mögliche Gefahren zu umgehen und im Ernstfall schnell reagieren zu können. So konnte beispielsweise Nokia 2000 einen Brand in einem Philips-Chip-Werk kompensieren, da eine Belieferung aus einem anderen Werk vereinbart wurde. Im Gegensatz dazu hatte Ericsson eine Single-Source-Vereinbarung und musste Umsatzausfälle hinnehmen.
- Ermöglichen eines Produktdesigns, mit dem möglichst lange standardisierte Komponenten vorgefertigt werden können und die kundenspezifische Konfiguration oder Bereitstellung im Prozess möglichst lange hinausgezögert werden kann (Postponement), um so die Vorteile einer kundenspezifischen Produktion mit denen einer standardisierten Produktion bestmöglich zu kombinieren. So statteten Druckerhersteller vorgefertigte Drucker erst unmittelbar vor Eingang der Kundenaufträge mit länderspezifischen Stromkabeln aus.
- Vorhalten kleiner Puffer mit kritischen, aber günstigen Materialien (wie z. B. Knöpfen, Reißverschlüssen bei Kleidungsherstellern) an verschiedenen Stellen in der Supply Chain, um im Schadensfall auf Ausfälle reagieren zu können.
- Nutzung von Synergieeffekten und Flexibilität von Logistik-Dienstleistern, um ein zuverlässiges aber gleichzeitig agiles Logistiknetzwerk zu gestalten, das über den gesamten Globus reicht, ohne eigene Investition vornehmen zu müssen.
- Aufbau von Notfallplänen und Krisenmanagement-Teams, um schnell auf Risikoereignisse reagieren zu können.

Der Aspekt Anpassungsfähigkeit (Adapability) umfasst neben der Fähigkeit, Trends möglichst frühzeitig aufzudecken, insbesondere die Fähigkeit, Lieferketten strukturell so zu designen, dass diese schnell an die veränderten Rahmenbedingungen hinsichtlich Nachfrage angepasst werden können. Ein gutes Beispiel für eine sehr anpassungsfähige Supply Chain ist Gap mit den Marken Gap für modebewusste Käufer, Banana Republic für hochwertige Wäsche und Old Navy für preisorientierte Kunden: Um die unterschiedlichen Bedürfnisse der drei Käufergruppen möglichst gut abzudecken, hat Gap ein separates Liefernetzwerk für jede der drei Marken aufgebaut und kann so auf die unterschiedlichen Anforderungen hinsichtlich Verfügbarkeit und Kosten reagieren. Gleichzeitig können sich im Notfall die Netzwerke gegenseitig aushelfen. Die nachfolgend dargestellten Richtlinien sollen diesen Aspekt konkretisieren:

- Analyse der Bedarfsstrukturen der Endkunden (nicht nur der direkten Kunden). Dies hilft, den Bullwhip-Effekt und damit starke Fluktuationen in der Nachfrage und die Gefahr von Lieferengpässen zu vermeiden.

- Stetige Überprüfung der Produkte hinsichtlich der Phase im Lebenszyklus. Dies gibt Aufschluss über mögliche anstehende Nachfrageveränderungen oder kann sogar Anlass für eine proaktive Gestaltung des Produktportfolios sein.
- Überprüfung der Möglichkeit, Teile der Produktion outzusourcen und so Vorteile bei den Faktorkosten und bei Flexibilität zu erzielen. In diesem Zusammenhang sind insbesondere Schwellenländer interessant, da sich dort einerseits eine hohe Nachfrage entwickeln kann und andererseits ein günstiges Verhältnis aus Qualifikation und Faktorkosten entstehen kann.
- Ständige Suche nach geeigneten Partnern, um die Vorteile nutzen zu können. So bieten Unternehmen im Bereich der Auftragsfertigung von Elektronikbauteilen wie Flextronics, aber auch Zollner Electronics AG in Deutschland die Möglichkeit, mit einer Produktion an verschiedenen Standorten Potenziale zu heben.
- Gestaltung möglichst „flexibler" Produkte durch Modularisierung. So kann die Möglichkeit des Outsourcings besser genutzt werden und besser auf verschiedene Kundenbedürfnisse eingegangen werden.

Schließlich gewährleistet eine einheitliche Ausrichtung (Alignment) der Ziele der Supply Chain-Partner eine gemeinsame Interessenlage und schafft damit die Basis für den Erfolg der gesamten Kette. Ein Beispiel für eine uneinheitliche Ausrichtung kann sein, wenn ein Zulieferer aufgrund höherer Finanzierungskonditionen und zulasten der Lieferflexibilität des Kunden seine Bestände (an Fertigwaren) so gering wie möglich hält. In einem solchen Fall wäre es ggf. sinnvoller, wenn der Zulieferer höhere Bestände an Fertigwaren (vielleicht sogar auch in Form eines Konsignationslagers) vorhält, um es dem Kunden zu ermöglichen, sehr schnell und flexibel auf die Bedürfnisse des Endkunden zu reagieren. Eine Möglichkeit in diesem Fall kann auch das Einschalten von Dritten im Rahmen eines „Supply Chain Financings" sein, der die Finanzierung von Beständen in der gesamten Supply Chain zu günstigeren Konditionen übernehmen kann, als es die einzelnen Partner können. Um eine einheitliche Ausrichtung zu erreichen, sind folgende Maßnahmen nötig:

- Teilen einer gemeinsamen Informationsbasis über die relevanten Zielgrößen in der Supply Chain (z. B. Liefertreue oder Bestände)
- Abstimmung von möglichst komplementären Rollen (wie im genannten Beispiel die Einschaltung eines Finanzierers) über die gesamte Supply Chain
- Schaffung eines einheitlichen Anreizsystems, das insbesondere die Zulieferer am Erfolg des OEMs teilhaben lässt

Die Diskussion zu Risiken in Supply Chains ist nicht vollständig neu. Deshalb soll – nachdem im vorhergehenden Abschnitt eine allgemeine Vorgehensweise vorgestellt wurde – der Blick auf den aktuellen Stand der Unternehmen zum Thema Supply Chain Risk Management gerichtet werden. Woran arbeiten Unternehmen (Verlader und Logistik-Dienstleister) aktuell und was sind aus deren Sicht die drängendsten Themen?

Abb. 5.12 Umgang mit Risiken (Quelle: Langley 2012)

Abbildung 5.12 zeigt, wie Unternehmen in der Vergangenheit (linke Seite) auf die Risiken reagiert haben und wie sie zukünftig planen, dies zu tun (rechte Seite).[3] Dabei sind in der Grafik jeweils die Prozentzahlen der befragten Unternehmen angegeben.

Als wichtigstes Instrument geben sowohl Verlader als auch Dienstleister eine verbesserte Partnerschaftliche Zusammenarbeit an. Dies dient insbesondere dazu, Risiken aus Volatilität besser abzufedern, da diese in der Regel nicht über standardisierte IT-Schnittstellen abgedeckt werden können. Vielmehr ist es in vielen Fällen wichtig, durch eine eng abgestimmte Vorgehensweise sowohl stabilere Prozesse zu gestalten als auch „schwache Signale" des Partners zu empfangen und in den Ausbau der Beziehung einfließen zu lassen. Weitere mögliche Gebiete einer „Collaboration" sind aber auch:

- Teilen von Informationen über wichtige Sachverhalte wie z. B. die Lage und Reichweite von Beständen in der Supply Chain
- Harmonisierung von IT-Systemen oder Schnittstellen und Planungssystematiken in der Supply Chain

Ein wesentliches Ziel der partnerschaftlichen Zusammenarbeit muss dabei die Erhöhung der Flexibilität in der Lieferkette sein. Denn durch eine hohe Flexibilität kann sowohl das Ziel der Vermeidung von Verschwendung als auch eine hohe Lieferbereitschaft erreicht werden.

[3] Vgl. Langley 2012, S. 24 ff. In eine ähnliche Richtung gehen die Werte nach einer Umfrage des World Economic Forum aus dem Jahr 2011; als wichtigste Maßnahmen wurden angegeben: Einsatz von Kennzahlen zur Risikoquantifizierung, Szenarioplanung, Business-Continuity-Pläne, Teilen von Daten und Information sowie zentral überwachte Risikomanagement-Programme.

Ein weiteres wichtiges Instrument sind sogenannte Business-Continuity-Pläne. Darunter werden Notfallpläne verstanden. Diese dienen dazu – ähnlich wie FMEAs[4] in der Produktentwicklung oder strategische Szenario-Analysen –, im Vorhinein, also bevor die Risiken entstehen, mögliche Maßnahmen im Falle des Eintritts der Risiken zu definieren. Dies spart Planungs- und Entscheidungszeit, wenn die Risiken eintreten, und ermöglicht eine schnellere Rückkehr zur Normalität. Ein kleines aber sehr konkretes Beispiel hierfür wären vordefinierte Alternativrouten für einen JIT/JIS-Verkehr im Falle eines Staus auf der Stammstrecke in Kombination mit einer frühzeitigen Warnung eines Kollegen, der gerade auf der anderen Seite der Straße an der Störungsstelle vorbeigefahren ist. Weitere Möglichkeiten sind die Definition von Informations- und Entscheidungswegen bzw. Eskalationswegen bei Störungen in der Supply Chain, damit rechtzeitig die betroffenen Stellen, Abteilungen und Partner informiert sind und schnell Gegenmaßnahmen einleiten können. Ein wichtiger Aspekt bei solchen Initiativen ist, dass diese Pläne nicht einmalig im Zuge einer Schädigung erstellt werden und dann in der Schublade verschwinden, sondern vielmehr regelmäßig einem Review unterzogen werden, diese Pläne auch für den Ernstfall getestet werden und diese Aufgaben in die Risiko-Management-Organisation eingesteuert werden.

Die Herstellung von mehr Transparenz in der Supply Chain ist eine weitere Maßnahme, die von Unternehmen als wichtig eingestuft wird. Dies wird insbesondere wichtig, da mittlerweile auch bei mittelständischen Unternehmen der Firmensitz und die Produktionsstätten örtlich auseinanderfallen. So kann beispielsweise ein Unternehmen, das in Deutschland seinen (rechtlichen) Sitz hat und als Vertragspartner für die administrative Abwicklung des Geschäfts verantwortlich ist, die Produkte in einem osteuropäischen Land oder gar in Asien fertigen lassen oder wichtige Zulieferteile von einem Unterlieferanten aus einem der genannten Regionen beziehen. Als Kunde besteht manchmal nur bedingt Transparenz über diese Verhältnisse. Ein weiterer Aspekt, über den nicht in jedem Fall Transparenz herrscht, sind Bestände. Häufig werden Sicherheitsbestände an verschiedenen Stellen bzw. auf verschiedenen Wertschöpfungsstufen gelagert, es ist aber nicht immer durchgängig und für jeden Partner transparent, wo sich diese Risikopuffer befinden. Insofern arbeiten insbesondere einige OEMs oder größere Tier-1-Zulieferer gerade daran, diese Netzwerke transparent zu machen, um spezielle Risiken (z. B. Länderrisiken) frühzeitig erkennen zu können und ggf. eine breitere Streuung von Risiken zu erreichen. Oder auch Tools wie beispielsweise der Reichweitenmonitor von SAP oder SupplyOn können dazu beitragen, die Transparenz in der Supply Chain zu erhöhen und frühzeitig Versorgungsengpässe aufzuzeigen.

Viele Unternehmen sehen auch noch Mitarbeiterschulungen bzw. Talent-Management als ein wichtiges Instrument an. Dessen Wichtigkeit kann auf zwei Aspekte zurückgeführt werden. Zum einen ist es wichtig, dass Mitarbeiter in der gesamten Supply Chain möglichst frühzeitig für Risiken sensibilisiert werden. Denn nur, wenn möglichst viele

---

[4] Failure Mode and Effects Analysis bzw. „Fehlermöglichkeits- und -Einflussanalyse" oder kurz „Auswirkungsanalyse".

Verantwortliche einen Blick für Zusammenhänge in Supply Chains haben, können Risiken erkannt und vermieden werden bzw. Gegenmaßnahmen eingeleitet werden. So kann es sein, dass sich bereits durch einen anderen Transportmodus (Luftfracht statt Land- oder Seefracht), der in der Logistik festgelegt wird, das Risikoprofil und die Anforderungen in der Supply Chain wesentlich verändern. Ein Vertriebsmitarbeiter, der nicht für diese Probleme sensibilisiert ist, wird dies zur Kenntnis nehmen, aber keine entsprechenden Regelungen mit seinem Kunden vereinbaren. Zum anderen ist bereits das Finden von Mitarbeitern mit entsprechenden Qualifikationen im Bereich Logistik oder Supply Chain Management in einigen Regionen ein Engpass, der vom World Economic Forum sogar als ein Hemmnis für internationalen Handel gesehen wird. Insofern können zum Beispiel interne Schulungsangebote helfen, für Risiken in der Supply Chain zu sensibilisieren oder fehlende Kompetenzen, die am Markt nicht durchgehend verfügbar sind, im Unternehmen verfügbar zu machen. Ein Beispiel ist ein großes Industrieunternehmen, das ein breites Angebot an internen Seminaren im Bereich Supply Chain Management auf verschiedenen Mitarbeiter- und Managementebenen vorhält.

Eine weitere Möglichkeit ist, in die Lieferantenbewertung noch stärker Risikoaspekte einzubeziehen. So können neben der klassischen Bewertung von finanziellen Risiken wie z. B. die Zahlungsunfähigkeit eines Lieferanten auch die nicht-finanziellen Risikoquellen von Lieferanten bewertet werden. Hierunter können neben einer Prozessbewertung auch die Technologieposition, die mittelfristige Management-Qualität (insbesondere bei Familienunternehmen, bei denen eine Unternehmensnachfolge ansteht relevant) sowie gewisse für Lieferanten teilweise exogene Risiken aus der Lage der Produktionsstandorte oder Schutzrechte auf spezielles Know-how fallen.

Außerdem sollten die oben genannten Einzelmaßnahmen noch durch eine leistungsfähige Risikomanagement-Organisation im Bereich des Supply Chain Management unterstützt werden. Häufig ist das Risikomanagement in Unternehmen nur auf finanzielle Risiken gerichtet oder wurde mit der Aufgabe betraut, die Compliance sicherzustellen. Im Zuge eines Supply Chain Risk Managements sollte es aber auch auf wesentliche Aspekte des Supply Chain Management, insbesondere Einkauf und Logistik ausgeweitet werden. Denn in diesen Bereichen sind Unternehmen häufig besonders anfällig für Schäden. Ein Erfolgsfaktor für ein gut funktionierendes Risikomanagement im Bereich Supply Chains ist, dass es hauptsächlich von direkt beteiligten Managern anstatt von auf Risikomanagement spezialisierten Fachkräften getragen wird, da die direkt beteiligten Manager zum einen eine größere Nähe zu den Schadensursachen besitzen und zum anderen auch schneller und effektiver die Implementierung von Gegenmaßnahmen vorantreiben können.

Daneben werden noch Faktoren wie Versicherungen, Entscheidungsunterstützungshilfen oder Disruption News Feeds genannt. Letztere können in Kombination mit den oben genannten Instrumenten helfen, frühzeitig von einem eingetretenen Risikoereignis Kenntnis zu erlangen und so die Reaktionszeit zu reduzieren.

Die Betrachtung zeigt, dass Unternehmen an verschiedenen Punkten im Risikomanagement ansetzen, um auf die Risiken in ihren Supply Chains und die gestiegene Verletzbarkeit zu reagieren. Jedoch reichen punktuell aufgesetzte Maßnahmen in der Regel nicht aus; nur im Zusammenspiel aller Aspekte kann ein gutes Risikomanagement-System seine volle Wirkung entfalten. Aber auch internationale Organisationen haben die Bedeutung von Schäden in Supply Chains für den internationalen Handel erkannt und arbeiten daran, Lösungen für eine partnerschaftliche Zusammenarbeit von staatlichen Organisationen und Unternehmen zu erarbeiten (vgl. Wright 2012, S. 30). Es bleibt abzuwarten, welche Auswirkungen das auf die Schäden in Supply Chains haben wird und wann diese Effekte sichtbar sein werden.

Zusammenfassung Kap. 5

Im Unterschied zu einer klassischen funktionalen Organisation(-sstruktur), orientiert sich eine Prozessorganisation konsequent an den Geschäftsprozessen und ordnet erst nach einer zielführenden Gestaltung diesen Organisationseinheiten als Träger zu.

Eine prozessorientierte Beschaffungsorganisation stellt aufgrund der zahlreichen internen und externen Schnittstellen eine besondere Herausforderung dar. Leitlinien sind:

- Grundsätzlich prozessorientierte Ausrichtung der Beschaffungsorganisation
- Geeignete Differenzierung anhand der Prozesscharakeristika unterschiedlicher Aufgaben
- Sinnvolle Zentralisierung übergreifender und strategischer Aufgaben
- Schaffung von Wettbewerb und Bereitstellung quantitativer Entscheidungsgrundlagen als unterstützende Leitlinien

Vor dem Hintergrund einer gestiegenen Volatilität und Unsicherheit als Auswirkungen der Megatrends auf Einkauf und Logistik ist es wichtig, widerstandsfähige und flexible Supply Chains zu gestalten. Risiko-Management ist ein wichtiger Baustein dabei.

Literatur

Bottler, S. (2012). Wenn Unternehmen nach Deutschland zurückkehren. Handelsblatt, 04.02.2012.

Bretzke, W.-R. (2007). Bindung an Logistikdienstleister - Chance oder Gefahr durch Abhängigkeit. In W. Stölzle, J. Weber, E. Hofmann, & C. M. Wallenburg (Hrsg.), *Handbuch Kontraktlogistik. Management komplexer Logistikdienstleistungen.* (1. Aufl., S. 167–179). Weinheim: Wiley-VCH.

Chacon, N., Doherty, S., Hayashi, C., Green, R., & Lever, I. (2012). *New models for addressing supply chain and transport risk.* Genf: World Economic Forum.

Corsten, H., & Gössinger, R. (2009). Produktionswirtschaft. Einführung in das industrielle Produktionsmanagement. 12. Auflage, München: Oldenbourg.

Dachs, B., Ebersberger, B., Kinkel S., & Waser, B. R. (2006). *Offshoring of production – a European perspective: Frequency, target regions and motives.* (Unter Mitarbeit von A. Avadykian, P. Llerena, A. Nasisi, D. Tipuric, I. Palcic, C. Roveda et al.). Fraunhofer ISI. Karlsruhe.

Delfmann, W., & Jaekel, F. (2012). The cloud – logistics for the future. Diskussionspapier. Bundesvereinigung Logistik.

Feitzinger, E., & Lee, H. L. (1997). Mass customization at hewlett-packard. The power of postponement. *Harvard Business Review, 1–2,* 116–121.

Fernandes, V., & Akono, D. (2011). Impact du développement durable sur les choix de relocalisation: une approche exploratoire. *Revue Française de Gestion Industrielle, 30*(4), 9–23.
Gesellschaft für Organisation. (2014). *Business process management. BPM common body of knowledge – BPM CBOK; Leitfaden für das Prozessmanagement; Version 3.0. 2., überarb., deutschsprachige Ausg.* Gießen: Schmidt (Schriftenreihe der EABPM, Bd. 1).
Glendon, L. (2012). Global supply chain resilience: Lessons learned from the 2011 earthquakes. A report based on interviews with organizations whose supply chains were disrupted by the Great East Japan and Christchurch earthquakes in 2011. The Business Continuity Instritute.
Heß, G. (2010). *Supply-Strategien in Einkauf und Beschaffung. Systematischer Ansatz und Praxisfälle* (2. aktualisierte und überarb. Aufl.). Wiesbaden: Gabler (Gabler-Lehrbuch).
Horx, M., & Friebe, H. (2012). Like firefighters. What marks out organizations that succeed under unforeseeable conditions? They are diverse and flexible – and not too efficient. In T. Rinn & M. Erharter (Hrsg.), *think:act BUSINESS – COO Insights* (S. 18–23).
Jones, G. R., & Bouncken, R. B. (2008). *Organisation. Theorie, Design und Wandel* (5. aktualisierte Aufl.) [der amerikan. Aufl.]. München: Pearson Studium (wi – Wirtschaft). http://www.pearson-studium.de/media_remote/katalog/bsp/9783827373014bsp.pdf.
Kersten, W., Feser, M., & Klotzbach, M. (2012). Supply Chain Risk Management – Konzept und Implementierung in der Praxis. In T. Wimmer & J. Fontius (Hrsg.), *Exzellent vernetzt – Networks of excellence. Kongressband 29. Deutscher Logistik-Kongress* (S. 405–431). Hamburg: DVV Media Group Deutscher Verkehrs-Verl.
Kinkel, S., Kleine, O., & Maloca, S. (2012). *Wandlungsfähigkeit der deutschen High-Tech-Industrie – Potenziale, Befähiger und Benchmarking. Modernisierung der Produktion – Mitteilungen aus der ISI-Erhebung.* Karlsruhe: Fraunhofer ISI.
Kinkel, S., & Maloca, S. (2010). Verlagerungsverhalten im Zeichen der Wirtschaftskrise. Produktions- und Rückverlagerungen der Deutschen Industrie. *Zeitschrift für wirtschaftlichen Fabrikbetrieb, 105*(4), 362–368.
Kummer, S., Grün, O., & Jammernegg, W. (Hrsg.). (2013). *Grundzüge der Beschaffung, Produktion und Logistik* (2. aktualisierte Aufl.) [Nachdr.]. München: Pearson Studium (wi – Wirtschaft).
Langley, J. (2012). 2013 third-party logistics study – the state of logistics outsourcing. University Park.
Lee, H. L. (2004). The triple-a supply chain. *Harvard Business Review, 82*(10), 102–112.
Liebetruth, T. (2006). Supply Chain Flexibility und Resilience. Ergänzungslieferung 2013. In U. Fröhling (Hrsg.), *Materialwirtschaft und Logistik. Auf einen Blick.* Augsburg: WEKA Media.
Meier, A., & Chan, M. (2012). A country submerged. *Munich Re Topics Schadensspiegel, 2,* 20–29.
Norrman, A., & Jansson, U. (2004). Ericsson's proactive supply chain risk management approach after a serious sub-supplier accident. *International Journal of Physical Distribution and Logistics Management, 34*(5), 434–456.
Peck, H. (2003). *Creating resilient supply chains: A practical guide.* Cranfield.
Pfeffer, J., & Sutton, R. I. (2006). Management by Fakten. *Harvard Business Manager, 4,* 44–63.
Picot, A., Reichwald, R., & Wigand, R. T. (2003). *Die grenzenlose Unternehmung. Information, Organisation und Management; Lehrbuch zur Unternehmensführung im Informationszeitalter.* (5. aktualisierte Aufl.). Wiesbaden: Gabler. (Gabler-Lehrbuch). Online verfügbar unter http://www.gbv.de/dms/faz-rez/F19970324BONUS-100.pdf.
Schifferer, S. (2001). *Prozessorientierte Gestaltung der Einkaufsorganisation. Techn. Univ., Diss-München* (1. Aufl.). München: TCW-Transfer-Centrum. (Wissenschaft und Praxis, 10).
Schmelzer, H. J., & Sesselmann, W.. (2010). *Geschäftsprozessmanagement in der Praxis. Kunden zufriedenstellen, Produktivität steigern, Wert erhöhen; [das Standardwerk].* (7. überarb. und erw. Aufl.). München: Hanser. http://www.socialnet.de/rezensionen/isbn.php?isbn=978-3-446-42185-1.

Schulte-Zurhausen, M. (2010). *Organisation.* (5. überarb. und aktualisierte Aufl.). München: Vahlen. (Vahlens Handbücher der Wirtschafts- und Sozialwissenschaften).

Sodhi, M. S., Tang, C. S. (2012). *Managing supply chain risk.* New York: Springer.

The Business Continuity Institute. (Hrsg.). (2012). Supply Chain Resilience 2012.

Waltl, H. (2012). Hubris? I don't think that's a danger. In T. Rinn & M. Erharter (Hrsg.). *think:act BUSINESS – COO Insights* (S. 12–17). München.

Weber, J., Wallenburg, C. M., Bühler, A., & Singh, M. (2012). *Logistik-Controlling mit Kennzahlensystemen.* Koblenz: Görres-Druckerei und Verlag GmbH.

Werner, H. (2002). *Supply Chain Management. Grundlagen, Strategien, Instrumente und Controlling.* (2. vollständig überarbeitete und erweiterte Aufl.). Wiesbaden: Gabler Verlag. http://dx.doi.org/10.1007/978-3-663-01507-9.

Wright, J. (2012). Supply chain risk: New insights on recognizing and responding. In Global Agenda Council on Logistics and Supply Chains 2011–2012 (Hrsg.), *Outlook on the logistics & supply chain industry 2012* (S. 28–30). Genf: World Economic Forum.

Wöhe, G., & Döring, U. (2008). *Einführung in die allgemeine Betriebswirtschaftslehre.* (23. vollst. neu bearb. Aufl.). München: Vahlen. (Vahlens Handbücher der Wirtschafts- und Sozialwissenschaften). Online verfügbar unter http://fox.leuphana.de/portal/de/publications/einfuhrung-in-die-allgemeine-betriebswirtschaftslehre(1a544824-bb30-4ad9-9d19-13bfa3a7c863).html.

6 Supply Chain Controlling

Controlling als spezielle Führungs- und Managementfunktion ist eine wichtige Aufgabe im Unternehmen, denn sie soll das Management mit Informationen versorgen, ergebniszielorientiert steuern, als Metaführungssystem das Führungssystem koordinieren bzw. als Rationalitätssicherung der Führung fungieren (vgl. Weber et al. 2008, S. 1 ff.; Internationaler Controller Verein 2013, S. 10). Auch für das Supply Chain Management können diese Funktionen hilfreich sein (vgl. Stölzle 2002, S. 10). Dieses Kapitel soll deshalb aufbauend auf dem einleitend diskutierten Supply Chain-Verständnis einen strukturierten Überblick über Ziele und Aufgaben sowie mögliche Themenfelder des Supply Chain Controlling geben. Damit soll eine Anregung für die Implementierung eines Supply Chain Controlling erreicht werden. Leitfragen dieses Kapitels sind:

- Welche Ziele und Aufgaben hat Controlling allgemein und Supply Chain Controlling speziell?
- Bei welchen Themen und Aspekten sollte das Supply Chain Controlling tätig werden, um das Supply Chain Management effektiv zu unterstützen?
- Welche Instrumente kann der Supply Chain Controller einsetzen, um die an ihn gestellten Aufgaben zu erfüllen?

6.1 Grundlagen Controlling

Nach der praxisorientierten Controlling-Definition des Internationalen Controller-Vereins verkörpert Controlling den „zielorientierten Steuerungsprozess, der nur im Zusammenwirken von Controllern und Managern seine Wirkung entfalten kann" (Internationaler

Dieses Kapitel basiert auf Liebetruth 2006 bzw. Liebetruth 2005

T. Liebetruth, *Prozessmanagement in Einkauf und Logistik*,
DOI 10.1007/978-3-658-09759-2_6

Controller-Verein 2015). Das Ziel des Controllings, ist es also, das Management so zu unterstützen, dass es die bestmöglichen Entscheidungsgrundlagen für eine gute Entscheidung zur Verfügung hat bzw. allgemein seine Entscheidungen unter der größtmöglichen Rationalität treffen kann (vgl. Weber und Schäffer 2008, S. 33 ff.).

Weiterhin formulieren der Internationale Controller Verein und die International Group of Controlling die Kernelemente des Controllings, also die Leitlinien der Controllerarbeit wie folgt:

► „Controlling ist Führungsarbeit. Es bedeutet, vom Ziel her zu denken und alle Entscheidungen an ihren Erfolgswirkungen auszurichten. Damit kommt den Aktivitäten des Planens und Kalkulierens (international: „calculative practices") sowie der Kontrolle und Steuerung eine zentrale Bedeutung zu. Dies gilt für jede einzelne Führungsentscheidung wie auch für die Führung des Unternehmens insgesamt (Unternehmenssteuerung). Im letztgenannten Fall gilt es sicherzustellen, dass Informationsversorgung, Planung und Kontrolle im Rahmen der Unternehmenssteuerung ineinander greifen". (Gänßlein et al. 2012, S. 2)

Aus Kernelementen können folgende Aufgaben für das Controlling abgeleitet werden:

- Schaffung von Transparenz über das Controllingobjekt
- Erarbeitung von Optionen zur Entscheidungsvorbereitung über die Gestaltung des Controllingobjekts
- Identifikation von Themen für das Management (Agenda Setting) und Koordination des Planungs- und Budgetierungsprozesses
- Inhaltliche Ausgestaltung der Planungsgrundlagen und Bereitstellung von Informationen zur Kontrolle (z. B. in Form von Kennzahlen oder Berichten)

Diese allgemein-funktional abgeleiteten Aufgaben des Controllers bzw. des Controllings werden in der weiteren Ausarbeitung als Aufsatzpunkt für die Aufgaben des Controllers im Rahmen eines Supply Chain Controlling herangezogen.

6.2 Kernaufgaben des Supply Chain Controlling

Aus den Aufgaben des Controllings in Verbindung mit den Besonderheiten einer Supply Chain als Controlling-Objekt können ausgewählte Kernaufgaben des Supply Chain Controlling abgeleitet werden. In den nachfolgenden Kapiteln werden diese Kernaufgaben näher beschrieben. Abbildung 6.1 verdeutlicht die Vorgehensweise und skizziert die Kernaufgaben. So steuern die Ergebnisse des vorangegangenen Kapitels die allgemein-funktional abgeleiteten Aufgaben des Controllers bei, die mit den besonderen inhaltlichen Aspekten aus der Diskussion über die Supply Chain als Controlling-Objekt verknüpft werden.

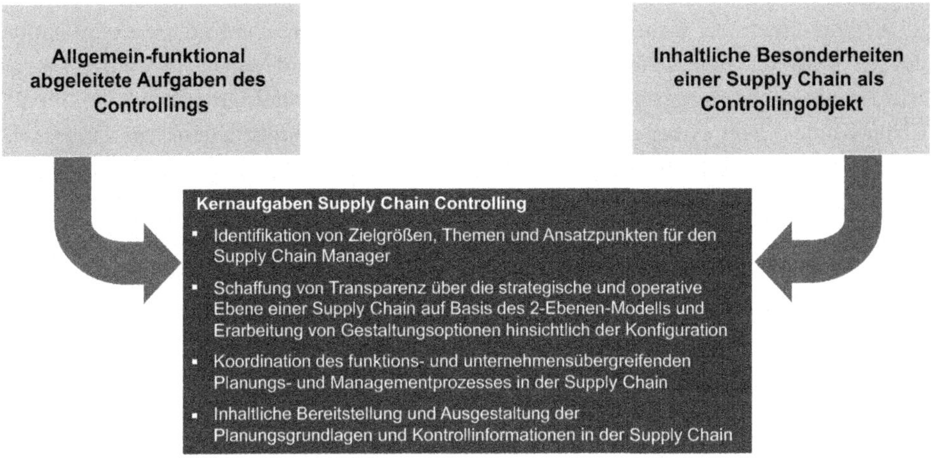

Abb. 6.1 Kernaufgaben Supply Chain Controlling (Quelle: Eigene Darstellung)

Beispielsweise ist eine allgemeine Aufgabe des Controllings die Schaffung von Transparenz über das Controlling-Objekt. Bezogen auf die inhaltlichen Aspekte einer Supply Chain bedeutet das, dass der Controller Transparenz über die Struktur der Supply Chain schaffen sollte. Als besondere inhaltliche Aspekte wurden die mehrschichtigen, funktions- und unternehmensübergreifenden Aspekte herausgearbeitet. Diese Aspekte sind bei der Schaffung der Transparenz aufzugreifen und zu berücksichtigen. Im Besonderen bedeutet das, dass z. B. Transparenz über die an der Supply Chain beteiligten Institutionen und vertraglichen Beziehungen zu schaffen ist, während gleichermaßen die Prozesse des Warenflusses informatorisch abzubilden sind.

Die dargestellten Kernaufgaben des Supply Chain Controlling können gleichzeitig als eine priorisierte Reihenfolge aufgefasst werden. So sollte in einem ersten Schritt die Agenda des Supply Chain Managers bestimmt werden. Aufgabe des Supply Chain Controlling ist es, hierzu die Zielgrößen und Themenfelder für das Supply Chain Management zu identifizieren, die für den Supply Chain Manager relevant sein könnten. Aus dieser Übersicht – und deshalb ist dieser Schritt auch grundlegend – können anschließend die wichtigsten und dringlichsten Themen herausgearbeitet werden. Mögliche Zielgrößen, Themenfelder und Ansatzpunkte sind in Abschn. 6.3 zu finden.

Als nächster Schritt erscheint es für das Supply Chain Controlling sinnvoll, sich mit der instrumentengestützten Gestaltung der strategischen und operativen Ebene der Supply Chain zu beschäftigen. Die Basis dafür besteht in der Schaffung von Transparenz in der Supply Chain. Dieser Schritt ist gleichzeitig die Grundlage für die Erarbeitung von Entscheidungsgrundlagen für die Konfiguration der Supply Chain. Dabei geht es z. B. um die Frage, in welcher Form mit welchem Supply Chain -Partner zusammengearbeitet wird. Dazu werden in Abschn. 6.4 ein Instrument zur Bewertung der Supply Chain -Beziehungen und ein integriertes Konzept für ein aktives Lieferantenmanagement vorgestellt, das wertvolle Hinweise für die Ausgestaltung der Beziehung zu den Supply Chain -Partnern gibt.

Weitere – hier aber nicht näher behandelte – Aufgabenbereiche sind die Koordination des funktions- und unternehmensübergreifenden Planungs- und Managementprozesses sowie die inhaltliche Ausgestaltung und Bereitstellung der Planungsgrundlagen. Im Supply Chain-Kontext geht es bei ersterem insbesondere um die bereits angerissene Frage, wie bzw. an welcher Stelle die Steuerungsinstanz einer Supply Chain am besten positioniert sein sollte und mit welchen Kompetenzen sie ausgestattet sein sollte. Um Anregungen zur Beantwortung dieser Frage zu finden, sei auf das vorhergehende Kapitel verwiesen. Bei der inhaltlichen Ausgestaltung der Planungsgrundlagen sowie der Bereitstellung von Kontroll-Informationen geht es darum, die Themenfelder und Gestaltungsansätze in quantitativ messbarer Form bereitzustellen. Da die inhaltlichen Aspekte sehr stark einzelfallbezogen sind, wird an dieser Stelle nicht näher darauf eingegangen.

6.3 Zielgrößen und Themenfelder für das Supply Chain Controlling

Grundlegend für das Supply Chain Controlling ist die Identifikation möglicher Themenfelder für das Management der Supply Chain. Ein wichtiger Aspekt ist dabei insbesondere die Diskussion über die Zielgrößen des Supply Chain Management. Diese Identifikation von Zielen und Themenfeldern kann auch als Setzen der Agenda für das Supply Chain Management (Agenda Setting) bezeichnet werden. Der Supply Chain Controller kann den Manager dabei unterstützen, indem er eine Liste vorschlägt und gemeinsam mit dem Manager eine Priorisierung vornimmt. In diesem Kapitel wird eine aus dem in Abb. 6.2 dargestellten Zwei-Ebenen-Modell einer Supply Chain abgeleitete strukturierte Liste möglicher Themenfelder vorgestellt, die als Grundlage für eine Priorisierung dienen kann. Dabei wird insbesondere auf den Zusammenhang der beiden Ebenen mit dem finanziellen Erfolg eingegangen.

Das Zwei-Ebenen-Modell der Supply Chain (Liebetruth 2005, S. 25 ff.) stellt eine Supply Chain als ein Gebilde aus zwei Ebenen dar. Die erste Ebene zeigt die operative Ebene der Supply Chain. Unter operativer Ebene soll hier die Gestaltung der physischen Aktivitäten verstanden werden. Darin sind alle Ressourcenknoten zur Güterproduktion

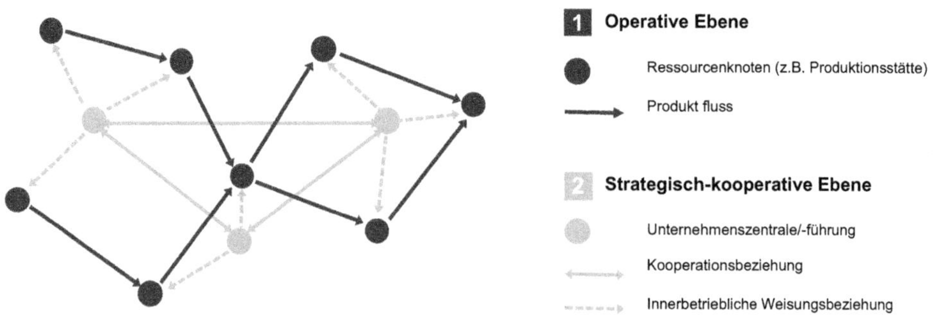

Abb. 6.2 Zwei-Ebenen-Modell einer Supply Chain (Quelle: Eigene Darstellung)

sowie die logistischen Aktivitäten in und zwischen den Knoten zusammengefasst. Um den unternehmensübergreifenden Charakter einer Supply Chain abzubilden, sind die Knoten verschiedenen Unternehmen zugeordnet. Die Beziehungen zwischen den operativen Ressourcenknoten fokussieren größtenteils auf den Austausch von Leistungen und leistungsbezogenen Informationen (z. B. Lieferschein). Deshalb spielt es für die Analyse und Gestaltung der physischen Prozesse auf der operativen Ebene (z. B. Warenannahme, Einlagerung, Versand etc.) eine untergeordnete Rolle, ob es sich bei der Beziehung um eine unternehmensinterne oder -externe Beziehung handelt. Denn die Prozesse laufen im Wesentlichen gleich ab, egal ob es sich bei der Lieferung an eine Betriebsstätte bzw. ein Konzernunternehmen um eine Lieferung aus einer anderen Betriebsstätte bzw. einem Konzernunternehmen aus dem gleichen Verbund oder eine Lieferung eines verbundfremden Unternehmens handelt. Weiterhin weisen die Aktivitäten auf dieser Ebene auch durch ihre im Regelfallfall hohe Wiederholhäufigkeit einen starken Prozessbezug auf.

Auf der zweiten Ebene, der strategisch-kooperativen Ebene, sind alle strategischen, kooperationsorientierten Aktivitäten zwischen den in der Supply Chain beteiligten Unternehmen zusammengefasst, die Einfluss auf die Gestaltung des operativen Systems haben. Darunter können mehrere Aspekte subsumiert werden: die strategische Ebene, welche die Grenzen der Supply Chain bestimmt, die Daten-/Planungsinfrastruktur, die die Herstellung der Datentransparenz zum Ziel hat, die institutionelle Ebene, die die Reduktion der Unsicherheit zum Ziel hat, sowie die soziale Ebene, die die Förderung der Kooperationsqualität zum Ziel hat. Im Gegensatz zur Ebene des operativen Systems sind die dort behandelten Themen qualitativer, „weicher“ und können deshalb schwerer in messbare Größen gefasst werden und weisen eine geringere Wiederholhäufigkeit auf. Gleichzeitig bilden diese Größen auch eines der Hauptspezifika des Supply Chain Controlling. Wegen der hohen inhaltlichen Überschneidung liefern Aspekte des Managements von Kooperationsbeziehungen wichtige Impulse. Die im Modell als gestrichelte Pfeile gekennzeichneten Verbindungen zwischen der operativen Ebene und der strategisch-kooperativen Ebene, die als innerbetriebliche Weisungsbeziehungen interpretiert werden können, sind für den Zweck dieses Kapitels von untergeordnetem Interesse und werden deshalb nicht näher beleuchtet.

Das Zwei-Ebenen-Modell betrachtend, wird zunächst angenommen, dass der finanzielle, operative Erfolg einer Supply Chain von der Gestaltung der operativen Ebene der Supply Chain abhängt, denn dort werden die Produkte hergestellt, welche die Wertschöpfung für den Endkunden generieren. Dabei liegt ein starker Fokus auf der prozessualen Sichtweise. In einem zweiten Schritt ist der Zusammenhang zwischen der operativen und der strategisch-kooperativen Ebene herzustellen. So wird die Gestaltung der operativen Ebene durch Entscheidungen auf der strategischen Ebene bestimmt. So determiniert beispielsweise die Qualität der Kooperationsbeziehungen zwischen den Supply Chain-Partnern, wie gut die operative Ebene der Supply Chain konfiguriert und mobilisiert wird. Wichtige Aspekte dabei sind die Gestaltung der unternehmensübergreifenden Planungsinfrastruktur (z. B. hinsichtlich der Informationsoffenlegung), die institutionelle (z. B. die Anzahl und Qualität der Partner) und die soziale Ebene (z. B. das Vertrauen zwischen den Partnern).

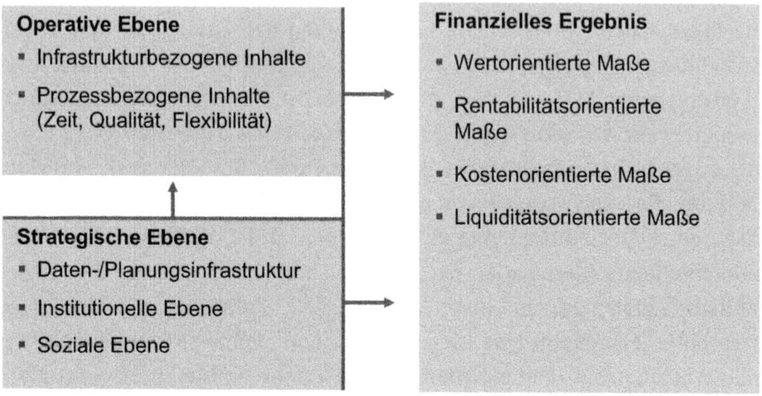

Abb. 6.3 Aspekte Supply Chain Controlling (Quelle: Eigene Darstellung)

Die strategische Ebene hat daneben auch direkten Einfluss auf den finanziellen Erfolg einer Supply Chain, wenn es z. B. um die Durchführung und Finanzierung von Investitionen in der Supply Chain geht.

Zusammenfassend kann also festgehalten werden, dass der finanzielle Erfolg einer Supply Chain sowohl durch die Gestaltung der operativen Ebene als auch durch die strategische Ebene determiniert wird. Dabei besitzt die strategische Ebene einen direkten und über ihre Einwirkung auf die Gestaltung der operativen Ebene einen indirekten Einfluss auf den finanziellen Erfolg einer Supply Chain. Abbildung 6.3 gibt einen Überblick über die Zusammenhänge.

In den folgenden Abschnitten werden nun für diese Struktur mögliche Zielgrößen und Themenfelder vorgestellt. Dabei werden einzelne Aspekte nur kurz diskutiert, eine ausführliche Diskussion ist in der einschlägigen Literatur nachzulesen. Der Wert der folgenden Ausführungen liegt in einem umfassenden Überblick über mögliche Themen, die das Supply Chain Controlling auf die Agenda das Supply Chain Managers setzen kann.

6.3.1 Finanzielle Aspekte als Zielgrößen des Supply Chain Management

Mit den finanziellen Aspekten werden die finanziellen Zielgrößen des Handelns auf der operativen und der strategisch-kooperativen Ebene beschrieben. Die Auswahl der finanziellen Zielgrößen legt für den Supply Chain Manager die Grundlagen für die Auswahl der Managementthemen. Wenn beispielsweise ein kapital- bzw. liquiditätsorientiertes Maß als Führungsmaßstab ausgewählt wurde, würde auf der operativen Ebene das Management der Bestände einen wesentlichen Raum einnehmen. Dagegen würde ein kostenorientiertes Maß ggf. einen stärkeren Fokus auf prozessuale Themen nach sich ziehen. Die verschiedenen Aspekte können, wie in Tab. 6.1 zusammengefasst, in wertorientierte, rentabilitätsorientierte, kostenorientierte und liquiditätsorientierte Aspekte eingeteilt werden.

Tab. 6.1 Überblick finanzielle Aspekte (Quelle: Liebetruth 2005, S. 55)

Gruppe	Aspekte
Wertorientierte und rentabilitätsorientierte Aspekte	Shareholder Value/Cash-Flow
	Economic Value Added (EVA)
	Wertbeitrag von Supply Chain-Projekten
	Kapitalrentabilität
	Return on Assets (ROA)
	Return on Investment (ROI)
	Profit Margin
	Wertschöpfung je Mitarbeiter
Kostenorientierte Aspekte	Supply Chain-Prozesskosten
	Anteil der realisierten Zielkosten
	Kundenbezogene Verkaufsvolumen- und Gewinnmargenentwicklung
	Customer Value Ratio
Liquiditätsorientierte Aspekte	Cash-to-cash-Zyklus
	Finanzieller Spielraum

Zur Messung des finanziellen Ergebnisses, das eine Supply Chain erzielt bzw. die einzelnen Unternehmen in einer Supply Chain erzielen, stehen verschiedene wert- und rentabilitätsorientierte Maße, wie z. B. Kapitalrentabilität, Return on Assets (ROA), Return on Investment (ROI), Profit Margin (rentabilitätsorientierte Kennzahlen) sowie Shareholder Value/Cash-Flow, Economic Value Added (EVA) und Wertbeitrag von Supply Chain-Projekten (wertorientierte Kennzahlen) zur Verfügung.

Eine Diskussion der Vor- und Nachteile der genannten rentabilitäts- und wertorientierten Kennzahlen wird an dieser Stelle nicht geführt. Von Bedeutung ist jedoch der Hinweis, dass mit der Auswahl des Führungsmaßes eine bewusste Entscheidung über die Erhebung der Kennzahlen für die gesamte Supply Chain, wie z. B. Return on Assets der gesamten Supply Chain, EVA für die gesamte Supply Chain oder Wertbeitrag von Supply Chain Management-Projekten, und in Kennzahlen, die die Ergebnisse auf ein einzelnes Unternehmen herunterbrechen, getroffen wird. Dies ist wichtig, um von vornherein die Verteilung des Ergebnisses feststellen zu können.

Ebenfalls unter diese Gruppe kann der Aspekt Wertschöpfung je Mitarbeiter subsumiert werden, der als Rohertrag geteilt durch die Anzahl der Mitarbeiterkapazitäten definiert wird. Er gibt Aufschluss über die Verteilung der Wertschöpfung in einer Supply Chain.

Ein weiterer herausragender Themenbereich im Rahmen des Supply Chain Controlling bzw. Supply Chain Management ist das Kostenmanagement in der Supply Chain. Hierzu existiert eine Fülle an Beiträgen, die sich mit Kosten im Rahmen des Supply Chain Management befassen. Wesentliche Themenfelder bzw. Schlagworte sind dabei Supply Chain Costing, Prozesskostenrechnung/Activity Based Costing, Target Costing etc. (vgl. Lalonde und Pohlen 1996; Pampel 2002). Da analog der Analyse der wert- bzw. rentabilitätsorientierten Kennzahlen eine intensive Analyse dieser Beiträge zu tief gehen würde, beschränkt sich die Diskussion im Bezug auf Kosten an dieser Stelle auf die Kennzahlen Prozesskosten der Supply Chain, Anteil der realisierten Zielkosten, Kundenbezogene Verkaufsvolumen- und Gewinnmargenentwicklung sowie Customer Value Ratio.

Grundsätzliches Ziel der Supply Chain-Prozesskostenrechnung ist die Verringerung der Ungenauigkeiten bei der Zurechnung von Gemeinkosten im Rahmen der Kostenträgerrechnung (vgl. Weber 2002, S. 212). Dazu sollen die Kosten je Prozessschritt der Supply Chain erhoben werden. In der Literatur finden sich sowohl Vorschläge, die sich allgemein mit der Erhebung von Supply Chain-Prozesskosten beschäftigen, als auch Vorschläge, die sich auf spezielle Aspekte der gesamten Supply Chain-Kosten beziehen.[1] Dabei werden als Gründe für die Erhebung der Supply Chain-Prozesskosten hauptsächlich die Messung der Prozesseffizienz und die Unterstützung von Entscheidungen angegeben. Daneben werden aber auch eine Standardisierung der Definitionen zum Datenaustausch bezüglich der Kostendaten sowie die Kosten der Datenerhebung und -speicherung als Einflussfaktor für die Datentransparenz genannt.

In Zusammenhang mit den Prozesskosten definiert sich der Anteil der realisierten Zielkosten durch die Ist-Prozesskosten geteilt durch die vorher festgelegten Soll-Prozesskosten (Zielkosten). Das damit verfolgte Ziel ist die Sicherstellung, dass Prozessverbesserungen bezüglich Zeit, Qualität und Flexibilität in geplante und dann auch realisierte Kostenreduzierungen umgesetzt werden.

Bezogen auf die Kundenperspektive wird in der Literatur die kundenbezogene Verkaufsvolumen- und Gewinnmargenentwicklung als Managementaspekt vorgeschlagen. Da dieser Aspekt im weitesten Sinne auf die Kostenseite abzielt, kann sie am ehesten den kostenorientierten Kennzahlen zugerechnet werden. Sie dient der Fundierung von Entscheidungen auf der Kunden- bzw. Auftragsebene über die Annahme eines Auftrages bzw. eines Kunden (vgl. Brewer und Speh 2000, S. 90). Außerdem wird die Erhebung eines Customer Value Ratio vorgeschlagen. Das Customer Value Ratio definiert sich als die Kundenwahrnehmung der Supply Chain-Leistung bezüglich Qualität, Zeit und Flexibilität im Verhältnis zu den Kosten, die diese Leistung verursacht (z. B. Umfrageergebnis bzgl. eines Merkmals wie 24-Stundenlieferservice geteilt durch die Kosten pro Auftrag). Diese Kennzahl dient dem Monitoring der Kostenallokation zu den Leistungen einer Supply Chain (vgl. Brewer und Speh 2000, S. 87).

Schließlich umfassen die Vorschläge zu den liquiditätsorientierten Aspekten den Cash-to-cash-Zyklus sowie den finanziellen Spielraum der Partnerunternehmen.[2] Unter dem

---

[1] Z. B. zu Betriebskosten des Lagers und externen Transportkosten; zu umfassenden Distributionskosten; zu fixen Kosten eines Knotens einer Supply Chain, zu den Transportkosten einer Transporteinheit und zu den Kosten der Einspeisung und Speicherung je Datenfeld; zu den Kosten je Bestellung. Als Grundlage für die Ermittlung der Prozesskosten können die Mitarbeiterkapazitäten (MAK) in den verschiedenen Bereichen der Supply Chain genutzt werden.

[2] Daneben können weitere sehr operative Liquiditäts- und Finanzierungskennzahlen wie Liquidität 1./2. Grades, Anlagendeckung A/B etc. herangezogen werden.

am häufigsten genannten Cash-to-cash-Zyklus (vgl. Brewer und Speh 2000, S. 90; Weber et al. 2002, S. 159 (Cash-Flow-Cycle); Gunasekaran et al. 2001, S. 80 (Total Cash Flow Time)) wird die Dauer verstanden, „bis investiertes Geld, das z. B. für Rohstoffe ausgegeben wurde, wieder zum Hersteller zurückfließt" (Weber et al. 2002, S. 166). Diese Kennzahl gibt Aufschluss über die Effizienz des Produkt- und Informationsflusses in der Supply Chain und ist ein Maß für die Kapitalbindung in einer Supply Chain. Daneben wird der finanzielle Spielraum der in einer Supply Chain tätigen Unternehmen zur Erhebung vorgeschlagen. Dieser Aspekt kann allgemein als bereitstehende Ressourcen für den Kooperationsprozess oder präziser als die Liquidität der beteiligten Unternehmen, um idiosynkratische Investitionen durchzuführen, verstanden werden. Dieser Aspekt bildet damit eine Determinante der Kooperationsintensität ab. Je höher der finanzielle Spielraum ist, desto weniger Hindernisse stehen einer intensiven Kooperation im Weg (vgl. Otto 2002, S. 306).

6.3.2 Aspekte zur operativen Ebene

Die Aspekte der operativen Ebene können weiter unterteilt werden in Aspekte zur operativen Infrastruktur, Qualität sowie Zeit. Die der operativen Ebene zugeordneten Aspekte beziehen sich im Wesentlichen auf bereits aus den Bereichen Logistik oder Produktion bekannte (insbesondere auch prozessuale) Aspekte. Diese wurden in der Vergangenheit bereits umfangreich in der Literatur behandelt und sind bereits gut operationalisiert. Die Herausforderung auf der operativen Ebene besteht allerdings darin, die aus dem traditionellen Controlling der unternehmensinternen Logistik stammenden Aspekte an die unternehmensübergreifende Supply Chain-Umwelt anzupassen. Beispielsweise reicht es für Zwecke des Supply Chain Controlling nicht aus, die Bestandshöhe eines einzelnen Unternehmens zu managen. Es ist vielmehr geboten, die Bestandshöhe kumuliert über alle an der Supply Chain teilnehmenden Unternehmen zu betrachten, um eine Grundlage für unternehmensübergreifende Entscheidungen zu liefern.[3]

Operative Infrastruktur

Der Überbegriff der operativen Infrastruktur beinhaltet die Konfiguration der Supply Chain hinsichtlich der Knoten und Kanten sowie deren Attribute.[4] Die flexibilitätsorientierten Aspekte werden anschließend in einer separaten Sektion behandelt, um der in jün-

---

[3] Vgl. dazu die Darstellung einer Supply Chain Map bei Scott und Westbrook 1991, S. 24 f., die insbesondere die Verteilung der Bestände auf die beteiligten Unternehmen beschreibt.

[4] Diese Darstellung basiert auf der Sichtweise einer Supply Chain als ein Netzwerk aus (Ressourcen-)Knoten für die Ausführung von Wertschöpfungsaktivitäten und Kanten als verschiedenartige Beziehungen zwischen den Knoten (vgl. dazu auch das einleitend dargestellte Logistik-Verständnis der BVL sowie Klaus 1994, S. 336 ff.).

Tab. 6.2 Aspekte zur operativen Infrastruktur (Quelle: Liebetruth 2005, S. 58)

Gruppe	Aspekte
Knotenbezogene Aspekte	Anzahl der Knoten
	Kapazität
	Kapazitätsauslastung
	Bestände
	Durchsatz
	Umschlagshäufigkeit
	Lagerfläche
	Lagerplatzanzahl
	Lagerauslastungsgrad
	Lagerumschlag
Kantenbezogene Aspekte	Anzahl der Schnittstellen
	Anzahl der Kundenkontaktstellen
	Festigkeit der Knotenverknüpfungen
	Summe der Distanzen zwischen den Knoten
Flexibilitätsbezogene Aspekte	Netzwerk- und Betriebsmittelflexibilität
	Postponement
	Sortimentsbreite/Anzahl SKU
	Umsatzanteil Neuprodukte

gerer Vergangenheit wieder gestiegenen Bedeutung dieses Themas Rechnung zu tragen,[5] obwohl eine trennscharfe Einordnung nicht möglich ist. Tabelle 6.2 zeigt die Zuordnung der Aspekte.

Mit der Anzahl der Knoten in einer Supply Chain soll die Forderung nach einem möglichst schlanken Netzwerk unterlegt werden. Unter Knoten werden im Rahmen der operativen Ebene alle Betriebsstätten oder untergeordnete Organisationseinheiten der an einer Supply Chain beteiligten Unternehmen verstanden. Beispielhaft können Lieferanten, Einzelhändler, aber auch Regionalläger oder Anlieferungs- bzw. Abholungsdestinationen, Produktionsstandorte und Lagerstandorte genannt werden. Ein aktives Management des operativen Netzwerks kann beispielsweise mit Advanced Planning Systems oder Tools zur Entscheidungsunterstützung im logistischen Kontext durchgeführt werden.

Als wichtigste Aspekte zur Beschreibung der Attribute der Knoten werden Kapazität und Kapazitätsauslastung, Bestände[6], Durchsatz sowie Umschlagshäufigkeit genannt. Die anzuführende Wirkungsweise ist, dass eine gleichmäßig höhere Kapazitätsauslastung die

[5] Dies wird insbesondere an der Diskussion über „supraadaptive Logistiksysteme" deutlich. Vgl. auch Abschn. 5.3.2.

[6] Die Bestände können sowohl in ihrer absoluten Höhe als auch in Form einer Bestandsreichweite sowie unterteilt nach verschiedenen Bereichen, wie z. B. Zwischen- und Endlagerbestände, gemessen werden.

Reaktionszeit in der Supply Chain verbessert und dass durch einen höheren Durchsatz bzw. höhere Umschlagshäufigkeit bewirkte niedrigere Bestände positive Auswirkungen auf die Durchlaufzeit, die Kosten und die Kapitalbindung der Supply Chain haben. Besondere Bedeutung in der Supply Chain besitzen Läger. Deshalb können die oben genannten Aspekte explizit auf die Knotenart Lager bezogen werden und die Aspekte Lagerfläche, Lagerplatzanzahl, Lagerauslastungsgrad sowie Lagerumschlag berücksichtigt werden.

Die vorgeschlagene Anzahl der Schnittstellen kann auch als Anzahl der Kanten interpretiert werden. Eine besonders prominente Art von Kanten in einer Supply Chain sind Kundenkontaktstellen. Somit besitzt die Anzahl der Kundenkontaktstellen, operationalisiert als die Anzahl der Personen bzw. Stellen, die ein Kunde kontaktieren muss, bis er bedient wird, eine besonders hohe Bedeutung bei der Beurteilung einer Supply Chain. Hier gilt ebenfalls, dass eine geringere Anzahl von Vorteil sowohl für die Profitabilität als auch für die Servicequalität ist. Darüber hinaus ist die Festigkeit der Knotenverknüpfungen als die Anzahl der Verknüpfungen zwischen den Knoten ein Maß für die Durchflusssicherheit. Je mehr alternative Verknüpfungen bestehen, desto eher kann der Güterfluss über eine andere Kante umgeleitet werden und desto stabiler ist das System.

Als wesentliches Attribut der Kanten wird die Summe der Distanzen zwischen den Knoten vorgeschlagen. Eine räumliche Kompression des Netzes, ausgedrückt durch kurze Distanzen, könnte positive Effekte auf die Kosten und die Durchlaufzeiten haben.

Im Kontext der Flexibilität als Eigenschaft des Netzwerks kann Netzwerk- bzw. Betriebsmittelflexibilität über die Menge der bedienbaren Kundenbedarfe, die Zeit und Kosten der Anpassung an neue Kundenbedarfe sowie das Volumen der anpassungsinduzierten Störungen operationalisiert werden.[7] Flexibilität kann auch dann gesehen werden, wenn in der Supply Chain moderne (Fertigungs-) Technologien und -methoden eingesetzt werden.[8]

Ein weiteres wichtiges Thema im Rahmen der Flexibilität der operativen Ebene, das nach der Literaturmeinung im Supply Chain Controlling abgebildet werden sollte, ist Postponement (vgl. zu den Prinzipien des Postponements Pagh und Cooper 1998, S. 13 f.). Mit Postponement ist die Verzögerung von Fertigungs- und Logistikaktivitäten an dem zu erstellenden Produkt solange, bis ein Kundenauftrag vorliegt, gemeint. Dadurch werden Kosten wie z. B. Kapitalbindungs- oder Lagerhaltungskosten vermieden, die durch Spekulation hinsichtlich der Varianten, des (Lager-)Orts und der Lieferzeit entstehen würden.[9] Uneinigkeit herrscht hinsichtlich der Operationalisierung und Benennung der vorgeschlagenen Themen. So wird mit dem Product Finalization Point die Messung der

[7] Vgl. Otto 2002, S. 284 f.; ähnlich schlagen Kaufmann und Germer 2001, S. 186 vor, die materialflussbezogene Robustheit und die damit verbundene Prozessstabilität über die kapazitative Flexibilität definiert als die quantitative und qualitative Beherrschung einer plötzlichen oder dauerhaften Mehr- oder Mindernachfrage sowie die dazu notwendige Zeit zu erheben.

[8] In diesem Zusammenhang sind insbesondere Flexible Manufacturing Systems, Group Technology, Computer Integrated Manufacturing (CIM), Single Minute Exchange of Die (SMED), Information Technology und Communication Systems zu nennen.

[9] Entscheidungen in diesem Bereich werden umso wichtiger, je innovativer das betreffende Produkt ist, da dort strategische Läger aufgebaut werden müssen, um die volatile Nachfrage zu befriedigen.

Zeit zwischen der Finalisierung des Produkts und der Auslieferung an den Kunden vorgeschlagen. Weber/Bacher/Groll nennen dagegen den Anteil auftragsbezogener Fertigung und den Freezing Point als prozentualen Anteil der gesamten Durchlaufzeit als Maß für die Messung des Postponements (vgl. Weber et al. 2002, S. 160). Schließlich unterscheidet Otto 2002, S. 289 ff. zwischen Produktpostponement, das er mit der Position des Spezifikationszeitpunktes auf das Produkt misst, und dem räumlichen Postponement, welches er über die Position des Lagerortes mit Ausprägungen bezüglich der Zentralität misst.

Darüber hinaus wird ein ebenfalls dem Flexibilitätsaspekt zuordenbarer negativer Zusammenhang zwischen der Sortimentsbreite der SC bzw. der Anzahl der Stock Keeping Units und der Durchlaufzeit sowie der Lieferzuverlässigkeit vermutet. Dies erscheint plausibel, denn je mehr unterschiedliche Produkte durch die Supply Chain fließen, desto höher werden die Komplexität und damit die Fehleranfälligkeit. Der Umsatzanteil von Neuprodukten spiegelt ferner die Flexibilitätsanforderungen an die Supply Chain wieder. Denn je höher dieser Aspekt ist, desto höher ist die Wahrscheinlichkeit, dass auch die Supply Chain angepasst werden muss.

Qualität

Nach DIN ist Qualität der „Grad, in dem ein Satz inhärenter Merkmale eines Objekts Anforderungen erfüllt.“ (DIN EN ISO 9000:2015, S. 39). Für das Supply Chain Controlling bedeutet das, dass alle Aspekte, die Eigenschaften und Merkmale von Produkten und Prozessen einer Supply Chain beschreiben, als qualitätsbezogene Aspekte zusammengefasst werden können. Dabei könnten auch zeit- und die flexibilitätsbezogene Aspekte gemeinsam unter dieser Überschrift behandelt werden. Da es aber, Bretzke 1992, S. 79 folgend, sinnvoll erscheint, „Qualität als das Ergebnis einer von subjektiven Nutzenerwartungen geprägten Bewertung, also als Ausdruck einer Subjekt-Objekt-Beziehung zu verstehen“, und da insbesondere zeitbezogene Aspekte eine hohe Bedeutung haben, sollen in diesem Unterabschnitt lediglich Aspekte diskutiert werden, die in engem Zusammenhang mit der Kundenschnittstelle in einer Supply Chain stehen. Zeitbezogene Aspekte werden nachfolgend unter einer eigenen Überschrift behandelt.

Die qualitätsbezogenen Aspekte können wie in Tab. 6.3 dargestellt analog zur Literatur der Dienstleistungstheorie in Aspekte eingeteilt werden, die die subjektiv wahrgenommene Qualität beschreiben, und solche, die die objektiv messbare Qualität beschreiben. Dabei beschreibt die erste Gruppe das Ergebnis in Form der Kundenwahrnehmung und die zweite Gruppe Einflussfaktoren, die das Ergebnis beeinflussen bzw. operationalisieren. Anzumerken ist weiterhin, dass die Aspekte für das fokale Unternehmen sowohl aus Sicht des Kunden als auch im eigenen Unternehmen zur Lieferantenbeurteilung herangezogen werden können.

Als Aspekt zur Messung der subjektiv wahrgenommenen Qualität wird häufig die Kundenzufriedenheit vorgeschlagen.[10] Die Ausprägung kann auch als Feedback für Prozess-

[10] Es wird außerdem vorgeschlagen, die Lieferantenzufriedenheit sowie die Kunden- und Lieferantentreue zu messen bzw. neben der Kundenzufriedenheit auch die damit zusammenhängende Kundenfluktuation und den Stammkundenanteil zu messen.

Tab. 6.3 Qualitätsbezogene Aspekte auf der operativen Ebene (Quelle: Liebetruth 2005, S. 62)

Gruppe	Aspekte
Aspekte zur subjektiv wahrgenommenen Qualität	Kundenzufriedenheit
	Kundenwahrnehmung der Flexibilität
	Kundenwahrnehmung des Servicegrads
Aspekte zur objektiv messbaren Qualität (des Lieferservice)	Lieferbereitschaftsgrad
	Anteil der OTIF-Aufträge/Lieferungen
	Stock-Out-Quote
	Fill-Rate
	Liefer- und Fahrerverlässlichkeit
	Qualität der Bestelldokumentation
	Servicegrad relativ zu Wettbewerbern
	Ausschussanteil
	Verhältnis Variantenanzahl zur Lieferzeit
	Reaktionszeit bei Eilbestellungen
	Lieferfrequenz

verbesserungen im Sinne eines kybernetischen Regelkreises genutzt werden. Daneben werden noch die Kundenwahrnehmung der Flexibilität sowie die Kundenwahrnehmung des Servicegrads als Aspekte genannt. Der erste Aspekt soll einerseits Aufschluss geben über die Neigung der Kunden, Sonderwünsche bezüglich Produktvarianten, Verpackungen etc. zu äußern, und andererseits die Kundenwahrnehmung der Bereitschaft und Dauer der Realisation der Sonderwünsche. Der zweite Aspekt dient zur Beurteilung der Qualität des Kundenservice und kann durch die Kundenbeschwerden wie z. B. Anzahl der Umtausche gemessen werden.

Als objektiv messbarer Einflussfaktor auf die Kundenzufriedenheit und damit der Qualität kann in erster Linie der Lieferservice genannt werden. Dieser wird insbesondere durch den Lieferbereitschaftsgrad bestimmt, der als die Anzahl termingerechter Lieferungen bezogen auf die Gesamtzahl der Bestellungen operationalisiert werden kann.[11] Weitere mögliche Operationalisierungen können die „Order aging curve" und die „Line item fill rate" sein. Eine schärfere Operationalisierung dieses Aspekts ist der Anteil OTIF-Aufträge. Damit ist der Anteil solcher Aufträge gemeint, die rechtzeitig (on time), vollständig (in full) und fehlerfrei (error free) ausgeliefert wurden. Auf der Ebene eines einzelnen Produkts kann darüber hinaus die Stock-Out-Quote (Verfügbarkeit des Produkts) und die Fill-Rate (ausreichend verfügbare Menge des Produkts) erhoben werden. Ferner werden Liefer- und Fahrerverlässlichkeit, Qualität der Bestelldokumentation sowie Servicegrad relativ zu Wettbewerbern als Bestimmungsfaktoren des Lieferservices (delivery perfor-

[11] Miller 2001, S. 233 schlägt neben dem Lieferbereitschaftsgrad auf Auftragsebene (Order Fill Rate) auch vor, einen Lieferbereitschaftsgrad auf Positionsebene (Line Fill Rate) zu erheben.

Tab. 6.4 Zeitbezogene Aspekte auf der operativen Ebene (Quelle: Liebetruth 2005, S. 64)

Gruppe	Aspekte
Operative Zeitebene	Durchlaufzeit
	Beschaffungszeit
	Liegezeit
	Wertschöpfungszeit
	Supply Chain Cycle Efficiency
	Kundenreaktionszeit
	Relative Kundenreaktionszeit
	Phase-Out-Zeit
	Warenannahmezeit
	Auftragsplanungszeit
Strategische Zeitebene	Time-to-Market/Neuproduktpenetrationsdauer

mance) genannt. Manchmal wird außerdem die Prozessqualität gemessen am Ausschussanteil als zu messender Aspekt angegeben.

Unter dem Aspekt der Flexibilität als Qualitätskomponente werden das Verhältnis der Variantenzahl zur Lieferzeit, Reaktionszeit bei Eilbestellungen und Lieferfrequenz vorgeschlagen. Das Verhältnis der Variantenzahl zur Lieferzeit misst die Fähigkeit der Supply Chain, eine hohe Anzahl möglicher Produktvarianten bzw. -konfigurationen anzubieten, ohne dass sich die benötigte Lieferzeit dadurch signifikant verlängert. Die Reaktionszeit bei Eilbestellungen sowie die Lieferfrequenz dienen der Beurteilung der Flexibilität des Liefersystems.

Zeit

Zeitorientiertes Management ist ein wichtiger Erfolgsfaktor des Supply Chain Management und hat auch positive Auswirkungen auf die Flexibilität einer Supply Chain. Somit nehmen auch Aspekte, die im Zusammenhang mit Zeit stehen, einen breiten Raum in der Diskussion zum Supply Chain Management ein. Dabei wird, wie in Tab. 6.4 dargestellt, zwischen einer operativen und einer strategischen Zeitebene unterschieden.

Im Rahmen der operativen Zeitebene ist die Durchlaufzeit eines Auftrages als der wichtigste Aspekt zu nennen.[12] Zu bestimmen bleibt dabei, aus welcher Perspektive die Durchlaufzeit betrachtet werden soll. Wenn die Durchlaufzeit aus Sicht des Endkunden im Sinne eines Kundenservices betrachtet wird, ist die Zeit zwischen der Auftragsvergabe des Endkunden und der Warenlieferung an den Endkunden relevant. Aus Sicht einer ganzheitlichen Prozessoptimierung in der Supply Chain erscheint die Summe der Durchlaufzeiten über alle Supply Chain-Teilnehmer relevant. Die Durchlaufzeit steht in einer wechselseitigen Beziehung zur Bestandshöhe. Einerseits kann eine Verringerung der Durchlaufzeit in

[12] Mit gleicher inhaltlicher Ausrichtung werden hierfür die Begriffe Order Fulfillment Cycle Time bzw. Order Fulfillment Lead Time oder Manufacturing Lead Time genannt.

einem gegebenen System eine Reduzierung der Bestände bewirken, andererseits kann in einem „Make-to-Stock-System" das Vorhalten von Beständen die Durchlaufzeit verkürzen.

Die Länge der Durchlaufzeit wird durch die Länge ihrer Teilzeiten bestimmt. Je nach Produktionssystem stellt die Beschaffungszeit (make-to-stock), die Liegezeit oder die Wertschöpfungszeit (make/engineer-to-order) die wichtigste Komponente dar. Die Beschaffungszeit (Purchase order cycle time, Supplier lead time) entspricht der Zeit zwischen der Bestellung beim Lieferanten und dem Eintreffen im bestellenden Unternehmen. Die Liegezeit (Lagerdauer, Dwell time) umfasst die Zeit, die das Material nicht wertschöpfend auf Lager liegt. Die Wertschöpfungszeit ist die Zeit, in der das Produkt einen Wertzuwachs erfährt. Aus dieser Komponente leitet sich der Aspekt Supply Chain Cyle Efficiency ab. Er definiert sich als Dauer der wertschöpfenden Aktivitäten (Wertschöpfungszeit) geteilt durch die Gesamtdurchlaufzeit der Supply Chain. Anhand dieses Aspekts lassen sich Quellen von Ineffizienzen oder Problemen identifizieren. Optimal bzw. Zielgröße wäre 1, alle Werte darunter wären „betrachtenswert", vor allem je naher sie am Wert 0 liegen. Realistischerweise ist oft ein Wert von 0,3–0,4 bereits als sehr gut einzustufen.

Darüber hinaus sind weitere Aspekte in Bezug auf die operative Zeitebene zu nennen. Dazu gehört auch die Kundenreaktionszeit. Darunter wird die Zeit verstanden, die es dauert, bis der Teilnehmer der Supply Chain den Kunden mit der benötigten Information bzw. Produkten versorgt. Eine ähnliche Ausrichtung hat auch die relative Kundenauftragsreaktionszeit. Darunter wird die Zeit verstanden, die es im Verhältnis zu einer Benchmark-Supply Chain dauert, bis das betrachtete Unternehmen auf einen Kundenauftrag reagiert. Dabei ist zu definieren, ob damit die Zeit des Eingangs der Auftragsbestätigung gemeint ist oder die Warenlieferung. Im letzteren Fall wäre eine große Nähe zur Durchlaufzeit gegeben. Beide Aspekte sollen eine Aussage über die Qualität des Lieferservices geben. Ein weiterer Aspekt ist die stark handelsbezogene Phase-Out-Zeit. Darunter wird die Zeit verstanden, die zwischen der Auslistungsentscheidung und dem letzten Verkauf eines Produkts liegt. Je kürzer diese Zeit ist, desto besser kann auf Trends reagiert werden. Dieser Aspekt hängt eng mit der Bestandshöhe und der Qualität des Bestandsplanungssystems zusammen. Ferner und noch operativerer Art sind die Warenannahmezeiten und die Auftragsplanungszeit.

Auf der strategischen Zeitebene ist insbesondere der Aspekt Time-to-Market bzw. Neuproduktpenetrationsdauer relevant. Darunter ist der „Zeitraum zwischen der fertigen Produktidee und der Verfügbarkeit der produzierten und distribuierten Produkte über alle Akteure" (Otto 2002, S. 288) zu verstehen.

6.3.3 Aspekte zur strategisch-kooperationsorientierten Ebene

Die kooperationsorientierten Aspekte gliedern sich in die Bestimmung der „Domäne" einer Supply Chain auf der strategischen Ebene und – geordnet nach abnehmendem „Härte-" und zunehmendem Innovationsgrad – Aspekte zu den Bereichen Daten-/Planungsinfrastruktur, Institutionelle Ebene und Soziale Ebene.

Tab. 6.5 Domänenwahl der Supply Chain in der strategischen Ebene (Quelle: Liebetruth 2005, S. 66)

Gruppe	Aspekte
Operationalisierung des Kooperationsbedarfs	Spezifität des Beschaffungsobjektes
	Wert des Beschaffungsobjektes
	Versorgungsrisiko des Beschaffungsobjektes
	Intensität der Einbindung des Lieferanten in den Verwendungsprozess
	Transaktionsfrequenz
	Transaktionsvolumen
Operationalisierung der Beanspruchung einer Relation	Auftragsschwankungen
	Produktkomplexität
	Verfügbarkeit von Alternativlieferanten
	Geographische und kulturelle Distanz der Partner

Domänenwahl

Hierunter werden Aspekte zusammengefasst, die der Bestimmung der „Domäne" der Supply Chain dienen. Dabei kann „Domäne" als der Umfang der in einer Supply Chain teilnehmenden Unternehmen verstanden werden. Dahinter steht die Überlegung, dass eine Kooperation neben Nutzen für die teilnehmenden Unternehmen auch Kosten verursacht. Somit muss bei der Wahl der Supply Chain als Domäne genau abgewogen werden, zwischen welchen Akteuren eine Kooperationsbeziehung bestehen sollte. Es werden damit gleichzeitig die Grenzen der Domäne Supply Chain bestimmt.[13]

Die Fragestellung der Bestimmung der Domänenwahl einer Supply Chain steht in engem Zusammenhang mit dem Ausbau eines Lieferantenmanagements zu einem differenzierten Supply Chain Management. Beispielhaft geht es bei der Reduzierung der Lieferantenzahl und dem Aufbau einer Lieferantenstruktur wie in der Automobilindustrie genau um diese Themen. Nachfolgend sind die Aspekte zur Operationalisierung des Kooperationsbedarfs und der Beanspruchung einer Beziehung in Tab. 6.5 dargestellt.

Zur Operationalisierung der Notwendigkeit einer intensiven Kooperation kann der Indikator Kooperationsbedarf herangezogen werden. Der Kooperationsbedarf wird operationalisiert durch die Treiber Spezifität, Wert und Versorgungsrisiko des Beschaffungsobjektes, Intensität der Einbindung des Lieferanten in den Verwendungsprozess sowie Transaktionsfrequenz und -volumen. Je höher die Spezifität, der Wert und das Versorgungsrisiko eines Beschaffungsobjektes sind, je höher die Intensität der Einbindung des

[13] Vgl. Otto 2002, S. 299 f. Diese Überlegung wird durch das Ergebnis einer von Göpfert und Neher 2003, S. 38 präsentierten empirischen Untersuchung bestätigt. Dort geben 42,2 % der befragten Unternehmen an, dass sich Supply Chain Controlling auf ausgewählte Kooperationspartner erstrecken sollte und nicht auf alle Wertschöpfungsstufen (32,8 %) oder lediglich auf die unmittelbar vor- oder nachgelagerte Wertschöpfungsstufe (25,0 %).

Tab. 6.6 Daten-/Planungsinfrastruktur in der strategischen Ebene (Quelle: Liebetruth 2005, S. 67)

Gruppe	Aspekte
Inhaltliche Transparenz	Transparenz
	Datenaktualität
	Datenzuverlässigkeit
	Nutzwert von Informationen
Informationstechnische Infrastruktur und Kompatibilität	Verhältnis definierter zu ausgelesener Informationseingabepunkte
	Grad der Vernetzung
	Existenz eines Entscheidungsunterstützungssystems
	Existenz eines Frühwarnsystems
	Kompatibilität der Transaktionssysteme
	Kompatibilität der Kodierungsstandards
Methodeneffektivität	Genauigkeit der Planungssysteme allgemein und bezogen auf Bestände und Fertigungssystem im Besonderen
	Effektivität von Auftragserfassungs- und Rechnungsstellungsmethoden

Lieferanten in den Verwendungsprozess ist und je höher Transaktionsvolumen und -frequenz sind, desto höher ist der Kooperationsbedarf zwischen den Partnern.

In eine ähnliche Richtung geht die durch externe Kontextfaktoren vorgegebene Beanspruchung einer Beziehung in der Supply Chain. Sie sollte herangezogen werden, um nach Ableitung der vom Supply Chain Manager gestaltbaren Belastbarkeit der Beziehung[14] die beiden Größen gegenüberzustellen und daraus Handlungsempfehlungen für die Gestaltung der Beziehung abzuleiten. Als Determinanten der Beanspruchung sehen Kaufmann und Germer 2001 Auftragsschwankungen, Produktkomplexität, Verfügbarkeit von Alternativlieferanten sowie geographische und kulturelle Distanz der Partner. Je häufiger und unvorhergesehener die Auftragsschwankungen, je höher die Produktkomplexität, je geringer die Verfügbarkeit von Alternativlieferanten und je größer die Distanz der Partner ist, desto größer ist der Managementbedarf einer Beziehung.

Daten-/Planungsinfrastruktur

Die Aspekte zur Daten-/Planungsinfrastruktur können, wie Tab. 6.6 darlegt, in Aspekte zur inhaltlichen Transparenz, informationstechnischen Infrastruktur und Kompatibilität sowie Methodeneffektivität unterteilt werden.

Die Aspekte zur inhaltlichen Transparenz haben den Charakter von Ergebniskennzahlen, denn das Ziel der Daten- und Planungsinfrastruktur ist es, Transparenz über die Datenlage in der Supply Chain herzustellen. Das Ergebnis wird unterschiedlich präzi-

---

[14] Die Belastbarkeit einer Beziehung wird nach Kaufmann und Germer 2001, S. 186 ff. durch die Faktoren kapazitative Flexibilität, Kompatibilität der verwendeten ERP-Systeme, wirtschaftliche Stabilität der Unternehmen und Vertrauen der Supply Chain-Teilnehmer bestimmt. Diese Faktoren werden in der Arbeit bei der Diskussion anderer Themengebieten behandelt.

se operationalisiert. Während in einigen Fällen eher allgemein vorgeschlagen wird, die Anzahl, Häufigkeit und Qualität ausgetauschter bzw. gemeinsamer Datensätze oder den Integrationsgrad der Datenbestände zu erheben, wird manchmal zur Operationalisierung vorgeschlagen, die Anzahl der in der Supply Chain zur Verfügung gestellten Daten im Verhältnis zu den insgesamt verfügbaren Daten zu erheben. Etwas „weicher" können unter Datentransparenz auch die vorgeschlagenen Aspekte Supply Chain-Know-how und Supply Chain-Skill sharing subsumiert werden, die die Fähigkeit und Bereitschaft, relevantes Wissen bei der Gestaltung des Netzwerks einzusetzen und weiter zu geben, messen. Die präziseste Operationalisierung ist der Grad der Verfügbarkeit von aktuellen, zuverlässigen und relevanten Datenfeldern. Dabei sind relevante Datenfelder auf der Ebene des Materialflusses Daten über Bedarf, Zugang, Bestand, Bestellung, auf Ebene der Kapazitäten Daten über Mitarbeiter, Betriebsmittel sowie auf der Ebene bedarfs- bzw. kapazitätsverändernder Aktionen Daten über Promotion-Aktionen, Neuprodukteinführungen und Auslistungen, Störungen und Investitionen (vgl. Otto 2002, S. 328 ff.). Als Datenaktualität wird „die Länge des Zeitraumes zwischen der beobachtbaren Manifestation eines Zustands und der Verfügbarkeit einer Information [...] über diesen Zustand" definiert (Otto 2002, S. 330). Die Datenzuverlässigkeit wird durch „die Übereinstimmung zwischen dem abgebildeten Original und dem erzeugten Datum in Bezug auf ein Merkmal" (Otto 2002, S. 330) erklärt. Diese beiden Aspekte bestimmen auch den darüber hinaus vorgeschlagenen Nutzwert von Informationen als Bestimmungsfaktor von Transparenz. Wenn die zur Verfügung gestellte Information für die Supply Chain-Teilnehmer keinen Nutzen bietet, dann wird die Bereitschaft gering sein, selbst Informationen zur Verfügung zu stellen (vgl. Otto 2002, S. 340 f.).

Die Aspekte zur informationstechnischen Infrastruktur sowie zur informationstechnischen Kompatibilität beinhalten – analog zur operativen Infrastruktur – Aspekte, die relevante Eigenschaften der Knoten und Kanten der Datenebene und deren Attribute beschreiben. Dabei ist das Verhältnis definierter zu ausgelesener Informationseingabepunkte relevant. Ein Informationseingabepunkt beschreibt einen logischen oder physischen Ort, an dem für das Supply Chain Management relevante Daten (Bedarfs-, Liefer-, Bestands- und Bestelldaten) entstehen. Außerdem ist der Grad der Vernetzung, als Anteil der relevanten Akteure mit Zugang zu den relevanten Daten, von Bedeutung (vgl. Otto 2002, S. 330 und 340). Beide Aspekte bilden eine Voraussetzung für die Existenz von Transparenz in der Supply Chain ab. Wenn einerseits keine Daten in das Informationssystem kommen können und andererseits die vorhandenen Daten von den relevanten Akteuren nicht genutzt werden können, bleibt die Supply Chain intransparent.

Auf einer eher strategischen Ebene sind die Aspekte Existenz eines Entscheidungsunterstützungssystems zur Ermittlung der Kooperationskonsequenzen und die Existenz eines Frühwarnsystems für die Bedrohung z. B. durch Konkurrenzprodukte als Informationen im Rahmen des Supply Chain Controlling wichtig. Sie erlauben eine Aussage, ob eine höhere Kooperationsintensität möglich ist. Ein weiteres für das Supply Chain Management wichtiges Attribut der informationstechnischen Infrastruktur ist die Kompatibilität der Transaktionssysteme und die Kompatibilität der Kodierungsstandards zur

Kodierung und Dekodierung der ausgetauschten Daten, operationalisiert über die Anzahl unterschiedlicher Standards je abgebildeter Funktion (vgl. Kaufmann und Germer 2001, S. 186 f.; Otto 2002, S. 338 ff.). Ohne diese Kompatibilitäten ist eine effiziente Kooperation nicht möglich.

Über die Kompatibilität hinaus wird vorgeschlagen, die Effektivität der eingesetzten Systeme und Methoden zu prüfen, da diese eine große Wirkung auf die Performance der Supply Chain haben. Insbesondere sollten dabei die Genauigkeit von Planungstechniken allgemein und bezogen auf Bestände und die Fertigungssysteme sowie die Effektivität von Auftragserfassungs- und Rechnungserstellungsmethoden besondere Beachtung finden.

Institutionelle Ebene

Tabelle 6.7 enthält Aspekte zur institutionellen Ebene, die die Ziele der institutionellen Ebene, die strategische Netzstruktur der Supply Chain und Instrumente zur Kooperationssteuerung beschreiben.

Ziel der Aktivitäten des Supply Chain Management auf der institutionellen Ebene ist die Reduzierung von Unsicherheit. Sie kann operationalisiert werden als Einschätzung der Entscheider über die Wahrscheinlichkeit eintretender Defekte bzw. defizienten Verhaltens des Kooperationspartners in den Verhaltensfeldern Domänen- und Dyadenkontinuität (strategische Unsicherheit) sowie kooperatives Entscheiden und offenes Kommunizieren (operative Unsicherheit) während des Amortisationszeitraumes einer Investition in einer Supply Chain zum Zeitpunkt der Entscheidungsfindung. Defizientes Verhalten – in Ab-

Tab. 6.7 Institutionelle Ebene in der strategischen Ebene (Quelle: Liebetruth 2005, S. 69)

Gruppe	Aspekte
Ziel der institutionellen Ebene	Unsicherheit
Strategische Netzstruktur	Anzahl der eingebundenen Partner
	Anteil der eingebundenen Kernkompetenzträger
	Einbindungsgrad in das Stakeholdernetzwerk
	Netzdichte
	Netzstruktur
	Existenz von Kooperationsclustern
	Räumliche und kulturelle Distanz zwischen den Partnerunternehmen
	Inklusionsumfang
Instrumente der Kooperationssteuerung	Existenz formaler Regelungen zum Beziehungsmanagement
	Existenz beziehungsorientierter Anreizsysteme
	Existent zentraler Koordinationsinstanzen/Interlocks
	Existenz von Kapitalbeteiligungen
	Existenz von Kooperationsverträgen
	Modularität einer Supply Chain
	Strukturationsgeschwindigkeit

grenzung zu altruistischem und reziprokem Verhalten – bedeutet, dass ein Kooperationspartner trotz der in Anspruch genommenen Vorteile aus der Mitgliedschaft in einer Supply Chain nicht bereit ist, eine Gegenleistung zu erbringen. Domänen- und Dyadenkontinuität bedeutet, dass ein Partner nicht kurzfristig die Supply Chain (Domäne) verlässt oder seine Position in der Supply Chain (Dyade) verändert. Eine Reduzierung der Unsicherheit macht es für die Partner in der Supply Chain attraktiver, idiosynkratische Investitionen zu tätigen, da die Planungssicherheit für die Partner zunimmt (vgl. Otto 2002, S. 348 ff.).

Aspekte, die die strategische Zugehörigkeit zu einer Supply Chain abbilden, beziehen sich auf die Gestaltung der Supply Chain als Domäne und deren Beziehungen zu ihrer Umwelt. Zunächst gibt die Anzahl der eingebundenen Partner Auskunft über die Komplexität der Koordination zwischen den Partnern. Je mehr Unternehmen teilnehmen, desto schwieriger ist die Koordination und desto höher die Unsicherheit.

Über die Anzahl der eingebundenen Partner hinaus ist auch die Qualität der eingebundenen Partner von Bedeutung. Zur Erhebung vorgeschlagen ist der Anteil der Kernkompetenzträger, die institutionell in eine Supply Chain eingebunden sind. Je höher der Anteil, desto geringer kann die Unsicherheit, die von den eingebundenen Partnern ausgeht, eingeschätzt werden (vgl. Otto 2002, S. 354 f.).

Ein weiterer Aspekt der Supply Chain bzw. der Stellung eines Unternehmens in einer Supply Chain ist der Einbindungsgrad in das Stakeholdernetzwerk. Dabei sind die Art und das Ausmaß der möglichen Einflussnahmen von Stakeholdern auf die Entscheidungen des Unternehmens bzw. der Supply Chain von entscheidender Bedeutung. Als relevante Stakeholder können beispielhaft Kunden, Lieferanten, politische Gruppen, Gewerkschaften, Fachverbände genannt werden. Einflussfaktoren auf den Einbindungsgrad sind die Dimensionen Dichte des Stakeholdernetzwerks und Zentralität des fokalen Unternehmens. So ist eine Beziehung zu einem Unternehmen, das in einem dichten Netz von Stakeholdergruppen in einer dezentralen Stellung operiert, sehr risikoreich, da das fokale Unternehmen schnell zum Ziel von Einflussnahmeversuchen werden kann. Andererseits ist eine Beziehung zu einem Unternehmen mit einer geringen Dichte des Stakeholdernetzwerkes und einer hohen Zentralität des Unternehmens als eher sicher einzustufen, da seine Machtposition im Stakeholdernetzwerk gut ausgebaut ist und das Stakeholdernetzwerk schwach ausgeprägt ist. In den beiden anderen Fällen (hohe Dichte und hohe Zentralität sowie niedrige Dichte und geringe Zentralität) ist keine präzise Aussage möglich (vgl. Otto 2002, S. 355 ff.).

Daneben sollen Netzdichte und Netzstruktur die Voraussetzungen für eine Festigung bezüglich einer intensiveren Kooperation erklären. Dabei besteht, wie im Zwei-Ebenen-Modell der Supply Chain bereits erläutert, die strategische Ebene aus einem Netzwerk von Knoten und Kanten. Die Knoten stellen die jeweilige Unternehmenszentrale bzw. -führung dar, während Kanten, die Kooperationen zwischen den Unternehmen beschreiben. Somit kann die Netzdichte, analog der Netzdichte auf der operativen Ebene, gedeutet werden als die Anzahl der tatsächlichen Kooperationen im Verhältnis zu den möglichen Kooperationen. Eine hohe Netzdichte beschleunigt einerseits die Meinungsbildung und Entscheidungsfindung in der Supply Chain, da die Zahl der Interaktionen größer ist. Damit kann jedoch noch keine Aussage darüber getroffen werden, ob das positiv oder negativ ist, da es unabhängig von der Meinung geschieht. Andererseits ist in einem Netz mit hoher Dichte die Bereitschaft zu einer initialisierenden Kontribution im Sinne einer idiosynkratischen Investition geringer, da eine idiosynkratische Investition als öffentliches Gut angesehen werden kann und kein Teilnehmer in Vorleistung treten möchte. Dieser Effekt wird gemildert durch ein sternförmiges Netzwerk, in dem auch die Netzdichte am geringsten ist. Wenn das zentral gelegene Unternehmen die initialisierende Kontribution macht, dann werden auch die dezentralen Knoten einen Beitrag leisten (vgl. Otto 2002, S. 317).

Einen weiteren Aspekt der Netzstruktur bildet das Themenfeld der Existenz von Kooperationsclustern ab. Auch wenn in einer Wertschöpfungskette noch keine Kooperationen zwischen den Unternehmen bestehen, somit auch noch keine Supply Chain vorliegt, wird in der Literatur vorgeschlagen, zu messen, ob eine „Insel" solcher Kooperationen existiert. Wie oben bereits beschrieben, reduziert die Existenz eines Kooperationsclusters die Unsicherheit zwischen den Akteuren und ist deshalb vorteilhaft. Gemessen wird das Bestehen eines Kooperationsclusters über die Höhe des Einsatzes der weiter unten beschriebenen Koordinationsinstrumente (vgl. Otto 2002, S. 365). In engem Zusammenhang dazu steht die Kennzahl der Distanz zwischen den Partnerunternehmen. Dabei ist zunächst die räumliche Distanz in der Operationalisierung der Summe der Distanzen zwischen den Partnern gemeint. Je höher diese ist, desto schwieriger bzw. aufwendiger ist es für die Partner, ein gemeinsames Treffen zu organisieren. Die räumliche Distanz kann auch als Indikator für die kulturelle Distanz angeführt werden. Sowohl eine hohe räumliche als auch eine hohe kulturelle Distanz werden die Verhaltensunsicherheit durch eine aufwendigere Koordination der Partner erhöhen (vgl. Kaufmann und Germer 2001, S. 186).

Der Inklusionsumfang gibt Auskunft über die Anzahl der Supply Chain-Mitgliedschaften des fokalen Unternehmens. Je höher die Anzahl der Supply Chain-Mitgliedschaften eines Unternehmens ist, desto geringer wird die Kooperationsintensität sein, denn eine Supply Chain-Mitgliedschaft verlangt von einem Akteur eine Anpassung verschiedener Bereiche des Unternehmens (Funktionen, Strukturen, Prozesse) an die jeweilige Supply Chain, und je höher die Zahl der Mitgliedschaften, die ein Unternehmen gestalten muss, desto unwirtschaftlicher wird eine Teilnahme für das Unternehmen (vgl. Otto 2002, S. 315 f.).

Die Aspekte zu den Kooperationsinstrumenten beschreiben im weitesten Sinne die Gestaltung der Kanten in Form der Bindungen zwischen den Unternehmen in einer Supply Chain. Zu den Instrumenten gehören formale Regelungen zum Management der Beziehungen, beziehungsorientierte Anreizsysteme, zentrale Koordinationsinstanzen bzw. Interlocks, Kapitalbeteiligungen[15] sowie Kooperationsverträge.

[15] Das Vorliegen einer zusätzlichen Koordinationsinstanz zur Lösung der komplexen Abstimmungsprobleme in einer Supply Chain soll genauso wie die Existenz von Kapitalbeteiligungen zu einer Reduzierung der Verhaltensunsicherheit durch finanzielle Vorteile der Partner führen (Vgl. Otto 2002, S. 352 und 362).

Der Grad der Durchdringung der Kooperationsbeziehungen mit den genannten Instrumenten bestimmt die Modularität einer Supply Chain. Sie gibt Auskunft über die Schnittstellengestaltung bezüglich Art der Bindungsmechanismen, Anzahl und Muster der Bindungen. Eine hohe Modularität ist gekennzeichnet durch einfache, standardisierte Schnittstellen. Dabei können sich zwei gegenläufige Wirkungsweisen gegenüber stehen. Einerseits ermöglicht eine niedrige Modularität, also das Vorliegen vieler und enger Bindungen, eine Reduzierung der Unsicherheit. Andererseits lässt eine hohe Modularität Raum für Handlungsmöglichkeiten und ist somit für eine Kooperation vorteilhaft. Letztere Ansicht kann mit dem Argument, dass ein nicht bindungswilliger Akteur sich sowieso nicht institutionell binden wird, favorisiert werden. Außerdem reduziert der Einsatz der Instrumente zur Schnittstellengestaltung die Neigung der Akteure zu defektivem Verhalten und erhöht gleichzeitig die Toleranz für defektives Verhalten (vgl. Otto 2002, S. 365 ff.).

Schließlich ist von Bedeutung, wie schnell sich ein Netzwerk aus kooperativen Bindungen zusammenfindet, da die Zuversicht der Teilnehmer in eine schnelle Verfügbarkeit einer kooperativen Infrastruktur einer Supply Chain die Unsicherheit reduziert. Die Strukturationsgeschwindigkeit wird dabei gemessen über die Intensivierung der Interaktion, die Entstehung von Strukturen, den Anstieg der Informationslast für die Teilnehmer und die Entwicklung der gegenseitigen Wahrnehmung der gemeinsamen Unternehmung (vgl. Otto 2002, S. 369 ff.).

Soziale Ebene

Die soziale Ebene als Teilaspekt der strategisch-kooperativen Ebene beleuchtet Aspekte, die mit der Interaktion von Akteuren in einer Supply Chain sowie den individuellen Einstellungen und Verhaltensweisen einzelner Akteure in einer Supply Chain zusammenhängen. Zunächst werden Aspekte beschrieben, die das Ergebnis der Kooperationsbeziehung und dessen Determinanten auf einer interaktiven Ebene beleuchten. Anschließend werden Aspekte vorgestellt, die die Determinanten einer erfolgreichen Kooperation auf der Ebene eines einzelnen Akteurs abbilden. Tabelle 6.8 fasst die Aspekte der sozialen Ebene zusammen.

Auf einer sehr allgemeinen Ebene wird die Qualität einer Kooperationsbeziehung bzw. das Niveau der partnerschaftlichen Beziehung relevant (vgl. Gunasekaran et al. 2001, S. 75 f.; Strobel 2002, S. 39). Zur Operationalisierung können die Kriterien Erreichbarkeit, Vollständigkeit von Informationen und Zusammenarbeit bei Neueinführungen herangezogen werden (vgl. Strobel 2002, S. 39). Weiterhin können dazu Kooperationsintensität und Kooperationsreziprozität als Zielindikatoren für das soziale Netzwerk herangezogen werden. Die Kooperationsintensität wird gemessen durch die Reichweite der Konsequenzen des Abstimmungsprozesses für Strukturen und/oder Prozesse der Unternehmen. Die Kooperationsreziprozität misst den Grad der Symmetrie der Kooperationsintensität. Dahinter steht die Überlegung, dass eine Kooperation, bei der die Kooperation bei beiden beteiligten Partnern ähnlich tief in die Organisation eindringt, höhere Freiheitsgrade, ein höheres Qualitätsniveau und eine längere Kontinuitätserwartung aufweist. Weiter operationalisiert werden können diese beiden Indikatoren durch die Anzahl der partnerschaft-

Tab. 6.8 Soziale Ebene in der strategischen Ebene (Quelle: Liebetruth 2005, S. 73)

Gruppe	Aspekte
Ergebnis der Kooperationsbeziehung und deren Determinanten	Qualität der Kooperation/Niveau der partnerschaftlichen Beziehung
	Kooperationsintensität
	Kooperationsreziprozität
	Beurteilung der Beziehung durch die Beteiligten
	Effizienz/Transaktionskosten
	Fairness/Verteilung des Kooperationsnutzens
	Machtverteilung
	Konflikte
	Kommunikationsblockaden
Voraussetzungen einer erfolgreichen Kooperation auf Akteursebene	Persönliche Kooperationsfähigkeit von Akteuren
	Vertrauen
	Defektneigung
	Defekttoleranz
	Commitment
	Rollenblockaden
	Kompensationsakzeptanz
	Kosten des Machtverlusts durch offene Kommunikation
	Zahlungsbereitschaft für Informationen

lichen Initiativen zur Kostensenkung, strategischen bzw. planerischen Zusammenarbeit oder gegenseitigen technischen Unterstützung. Der Aspekt Kooperationsqualität kann durch die Indikatoren Vertrauen, Art des Zielbildungsprozesses zwischen den Partnern, Verteilung der Erlöse und Risiken sowie Art der Konfliktlösung und Kooperationsintensität durch den Grad der Abstimmung der Informationssysteme zur Optimierung der Schnittstellen operationalisiert werden.

Die Beurteilung der Austauschbeziehung durch die Beteiligten ist ein weiterer wesentlicher Einflussfaktor der Kooperationsintensität und beinhaltet die beiden Aspekte Effizienz und Fairness. Dabei sind Transaktionskosten eine Operationalisierungsmöglichkeit für die Effizienz und die Verteilung des Kooperationsnutzens für die Fairness.

Darüber hinaus wird Machtverteilung als ein wichtiger Aspekt für das Supply Chain Management genannt. Bei der Wirkungsweise und Operationalisierung herrschen jedoch Unterschiede. So kann die Machtverteilung operationalisiert als Verfügbarkeit alternativer Lieferanten und anfallende Wechselkosten als Indikator für die Beanspruchung einer Kooperationsbeziehung dienen. Je weniger Alternativen vorhanden und je höher die Wechselkosten sind, desto höher ist die Beanspruchung einer Beziehung und desto mehr bedarf diese der Aufmerksamkeit des Supply Chain Managers (vgl. Kaufmann und Germer 2001, S. 186). Dagegen kann die Machtverteilung auch durch das Product Category Commitment Ratio gemessen werden. Es definiert sich als prozentualer Anteil des Liefervolumens einer Warengruppe an einen Kunden geteilt durch den prozentualen Anteil des Beschaffungsvolumens des Kunden in dieser Warengruppe durch den Lieferanten. Je näher das Verhältnis bei eins ist, desto ausgeglichener, und je näher bei 100 oder 0,01, desto riskanter ist die Beziehung bzw. desto ungleicher ist die Macht verteilt (vgl. Brewer und Speh 2000, S. 88 f.). Schließlich kann die Machtverteilung neben dem Kooperationslokus als Durchführungsort einer Kooperationsmaßnahme[16] und der oben erläuterten Verteilung des Kooperationsnutzens eine Determinante der Kooperationsreziprozität sein. Dabei wird Macht als die Fähigkeit, einen Partner zur Umsetzung einer Kooperationsmaßnahme zu zwingen, interpretiert. Es wird vorgeschlagen, diese drei Determinanten im Verbund zu betrachten, wobei die Verteilung des Kooperationsnutzens als beeinflussbare Variable betrachtet wird. Wenn beispielsweise der Kunde die Macht hat, eine Kooperationsmaßnahme, die der Lieferant durchzuführen hat und deren Nutzen dem Kunden zufließt, einzuleiten, dann sollte der Kunde den Lieferanten mit einem Anteil am Kooperationsnutzen kompensieren, um eine langfristig stabile Kooperation sicherzustellen (vgl. Otto 2002, S. 325 ff.).

Eine weitere Determinante für die Beurteilung der Kooperationsqualität bzw. -intensität sind Konflikte. Während einerseits lediglich die Anzahl der unkooperativ gelösten Konflikte als Indikator zur Messung der Kooperationsqualität vorschlagen wird, können auch die Konfliktstärke, gemessen über strukturorientierte Ursachen wie Zieldivergenz, Autonomiestreben und Ressourcenkompetenz, und verhaltensorientierte Ursachen wie Rollendefinition und -erfüllung durch die Akteure, Divergenz in Gestaltungsfragen, Beurteilung von Wettbewerbsfähigkeit und Marktentwicklung sowie Informationsverhalten berücksichtigt werden (vgl. Otto 2002, S. 318 ff.). Beide können in dem Sinne verknüpft werden, als dass grundsätzlich die erste Operationalisierung herangezogen wird und die zweite zur Festlegung verwendet wird, wann bzw. ob ein Konflikt vorliegt. Im weitesten Sinne können auch Kommunikationsblockaden zu Konflikten gezählt werden. Sie können entweder durch semantische Differenzen oder einen inkongruenten Bedeutungsraum entstehen. Mit semantischer Differenz ist gemeint, dass die Kommunikation der Kooperationspartner nicht fehlerfrei abläuft. Ursachen dafür können Fremdsprachen, technische Termini oder organisatorisch bzw. rollenbezogen spezifische Termini sein. Ein inkongruenter Bedeutungsraum entsteht durch Beurteilung von Sachverhalten mit unterschiedlichen Maßstäben wie z. B. unterschiedliche Ansichten darüber, wie Verhandlungen mit Lieferanten zu führen sind (vgl. Otto 2002, S. 321 ff.).

Neben den Aspekten, die eine Beziehung zweier Kooperationspartner beschreiben, determiniert auch die individuelle Kooperationsfähigkeit einzelner Akteure den Erfolg einer Kooperation. Allgemein kann die Kooperationsfähigkeit einzelner Kooperationspartner anhand ihrer Kontakte zum Anderen im Rahmen eine Kooperation anhand der Messung der Anzahl der gesendeten und empfangenen Kontaktanfragen sowie der Anzahl von Kontakten mit beidseitig ähnlicher Intensität beurteilt werden (vgl. Otto 2002, S. 323 f.).

[16] Der Durchführungsort als die von der Kooperationsmaßnahme betroffene Organisationseinheit kann vereinfacht der Kunde oder der Lieferant sein.

Zu spezifischeren individuellen Merkmalen zählen Vertrauen, Defektneigung, Defekttoleranz, Commitment[17], Rollenblockaden, Kompensationsakzeptanz sowie Kosten des Machtverlusts durch offene Kommunikation und Zahlungsbereitschaft für Informationen. Von diesen Merkmalen erscheinen die ersten drei besonders wichtig und werden deshalb im Folgenden näher diskutiert.

Eine besonders prominente Eigenschaft ist das Vertrauen der Akteure in die Supply Chain bzw. in die Mitglieder der Supply Chain. Hohes Vertrauen wird als eine wichtige Voraussetzung für eine hohe Kooperationsqualität gesehen. Es wird vorgeschlagen, das Vertrauen über die Wahrnehmung jedes Partners bezüglich der Merkmale Zuverlässigkeit, Kompetenz, emotionales Vertrauen, Verletzbarkeit, Loyalität bzw. über die Reliabilität der zur Verfügung gestellten Informationen und die Existenz eines Ehrenkodexes zur Vermeidung opportunistischen Verhaltens zu messen (vgl. Kaufmann und Germer 2001, S. 187 f.; Weber et al. 2002, S. 153 ff. und 165).[18]

Ferner sind die Indikatoren Defektneigung und Defekttoleranz als individuelle Eigenschaften eines Kooperationspartners von hoher Bedeutung für das Supply Chain Controlling. Unter Defektneigung wird die Neigung eines Partners zur gegenleistungslosen Vorteilsmitnahme während des Amortisationszeitraumes einer Investition in die Supply Chain verstanden, während unter Defekttoleranz die Akzeptanz von Abweichungen von der als Norm gesetzten Erwartungshaltung bzgl. des Partners verstanden wird. Die beiden Aspekte sind Determinanten der von den Akteuren wahrgenommenen Verhaltensunsicherheit. Je höher die Defektneigung eines Akteurs, desto risikoreicher werden Investitionen, die diesen Partner involvieren. Und je höher die Defekttoleranz, desto weniger risikoreich sind Investitionen, die diesen Partner involvieren, da er als Reaktion auf einen Defekt keine unerwarteten und die Stabilität der Supply Chain gefährdenden Maßnahmen ergreifen wird (vgl. Otto 2002, S. 350 f.).

6.4 Schaffung von Transparenz und Entscheidungsgrundlagen

Im Rahmen der Schaffung von Transparenz geht es insbesondere darum, den Entscheidern einen Überblick über einzelne Aspekte der Supply Chain zu geben sowie die Entscheidung über Gestaltungsmöglichkeiten hierzu zu erarbeiten. Ersteres sollte auf den im vorhergehenden Kapitel dargestellten Aspekten aufsetzen. Letzteres beinhaltet die für den Controller sehr anspruchsvolle Aufgabe des – zumindest groben – Erkennens von Gestaltungsmöglichkeiten, die Identifizierung des jeweiligen Entscheiders und das Vorstrukturieren der Entscheidungssituation für diesen Entscheider. Im Folgenden wird dieser Punkt beispielhaft, dafür jedoch sehr konkret anhand eines Aspektes der strategischen Ebene

[17] Im weitesten Sinne kann hierunter auch Mitarbeiterzufriedenheit/-fluktuation eingeordnet werden.

[18] Eine mögliche Form der Messung besteht nach Weber 2002, S. 221 darin, einen Qualitätsindex für jeden Lieferanten zu erheben.

einer Supply Chain dargestellt. Dabei wird ein Instrument und dessen Bezug zu den zuvor dargestellten Aspekten vorgestellt.

Auf der strategischen Ebene einer Supply Chain geht es bei der Schaffung von Transparenz im Wesentlichen darum, den Bereich der aktiven Gestaltung der Supply Chain zu identifizieren. Es geht also darum, die für die Supply Chain kritischen Partner zu ermitteln sowie deren Einfluss auf den Erfolg der Supply Chain darzustellen, um die Basis für ein aktives Management der Supply Chain zu schaffen. Auf der Basis des oben vorgestellten Zwei-Ebenen-Modells einer Supply Chain wird der Erfolg auch wesentlich über die Qualität der Daten- und Planungsinfrastruktur sowie die Qualität der Zusammenarbeit auf einer sozialen Ebene beeinflusst:

So zeigen Best-Practice-Beispiele aus der Automobil- und Konsumgüterindustrie, dass in diesen Fällen sehr frühzeitig Informationen über die Prognose der Endkundenbedarfe an Unternehmen der nachgelagerten Stufen in geeigneten Planungssystemen und Formaten übermittelt werden (vgl. Strobel 2002, S. 207 ff.). Ein in diesem Zusammenhang in der Konsumgüterindustrie frühzeitig vorangetriebenes und mit Erfolg angewendetes Konzept war in den 1980er- bzw. frühen 1990er-Jahren Efficient Consumer Response (ECR). Insbesondere durch das Element CPFR (Collaborative Planning and Forecasting) wurden Unternehmen in die Lage versetzt, ihrerseits die Supply Chain zu optimieren und z. B. frühzeitig Engpässe zu beseitigen oder Bestände zu reduzieren, je nachdem, ob eine Situation von Überangebot oder „Allocation" vorlag.

Die Qualität sozialer Aspekte einer Zusammenarbeit zeigt sich insbesondere darin, wie auf kritische Situationen, wie z. B. Fehlteilsituationen oder Qualitätsprobleme reagiert wird. Bei funktionierenden sozialen Kontakten und einer offenen, lösungsorientierten Zusammenarbeit zwischen Unternehmen in einer Supply Chain ist die Wahrscheinlichkeit, Probleme schnell lösen zu können, deutlich höher als bei Unternehmen, die bisher wenig Kontakt hatten bzw. bei denen „Kommunikationsstörungen" vorliegen.

Die Risiken, die durch Probleme in der Supply Chain entstehen können, sind anschaulich am Fall der Kiekert AG nachzuvollziehen: Aufgrund von Produktionsproblemen bei dem alleinigen Lieferanten für Türschlösser standen in verschiedenen Ford-Werken (u. a. in Köln) die Bänder für mehrere Tage still. Der damit verursachte Schaden wurde damals auf ca. 50 Mio. Euro beziffert. Allein in Köln, wo die Bänder 2 Tage stillstanden, entstand ein Schaden von ca. 17 Mio. Euro. Ursache für dieses Problem war neben den ganz operativen Problemen jedoch auch die Single-Sourcing-Strategie bei Türschlössern von Ford und damit die Gestaltung der Supply Chain auf der strategischen Ebene.

Für das Supply Chain Controlling ist es daher von Interesse, zum einen die wichtigsten Institutionen einer Supply Chain zu ermitteln – also eine aktive „Domänenwahl" zu treffen – und zum anderen die „Funktionsfähigkeit" der jeweiligen Verbindung zu analysieren. Ein Instrument, mit dem diese Art von Transparenz geschaffen werden kann, ist das Beanspruchungs- und Belastbarkeitsportfolio auf der Grundlage von Supply Chain Maps, mit dem eine Priorisierung sowie ein systematisches und aktives Management von Beziehungen innerhalb einer Supply Chain (statt einer undifferenzierten Betrachtung von allen Beziehungen in der Wertschöpfungskette von der Grundstoffproduktion bis zum

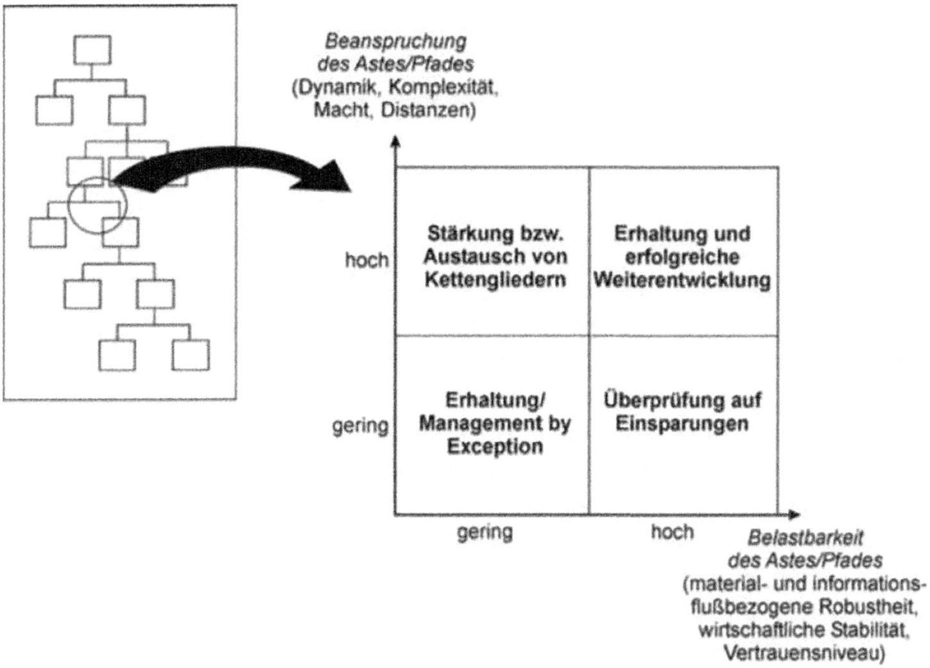

Abb. 6.4 Beanspruchungs-Belastbarkeits-Portfolio (Quelle: Kaufmann und Germer 2001)

Endkunden) vorgenommen werden kann, indem die Beziehungen handlungsorientiert auf ihre Qualität hin untersucht werden (vgl. Kaufmann und Germer 2001, S. 177 ff.). In Abb. 6.4 ist das prinzipielle Schema dieses Instruments, das im Folgenden erläutert wird, zusammengefasst.

Basis dieses Instruments ist eine sogenannte Supply Chain Map, die die komplette Kettenarchitektur abbildet und einen Überblick über alle relevanten Marktpartner gibt. Aus Sicht des einzelnen Unternehmens kann dadurch die Position in der Supply Chain analysiert werden und die Rolle aller zuliefernden und abnehmenden Ketten-„Glieder" durchleuchtet werden. Als Erhebungsmethodik kommen Fragebogen, Interviews oder Workshops in Betracht. Letztere eignen sich insbesondere für die Analyse der Beziehungen in nachgelagerten Stufen der Supply Chain.

Bei der Analyse der Ergebnisse können Aussagen über die Anzahl der zu beachtenden Stufen, die Zahl der jeweiligen Lieferanten getroffen werden. Dabei sollten weiterhin vertragliche Bindungen ebenso deutlich gemacht werden wie die Spezifität der Austauschbeziehungen und ihre strategische Bedeutung. Dazu können Produktspezifika, die Bedeutung des Produkts bzw. Materials oder ausgewählte Aspekte der Unternehmensstrategien herangezogen werden. Bereits die Ergebnisse der Analyse der Supply Chain Map geben erste Auskünfte über erfolgskritische Kettenglieder bzw. erfolgskritische Beziehungen zwischen Unternehmen.

Um ausgewählte erfolgskritische Beziehungen zwischen den jeweiligen Kettengliedern auf Handlungsbedarf hin zu untersuchen, werden in einem zweiten Schritt für die zunächst identifizierten Beziehungen die Beanspruchung und die Belastbarkeit miteinander verglichen.

Die Beanspruchung stellt einen Kontextfaktor einer Beziehung dar und wird über Aspekte wie Dynamik, Komplexität, Machtverhältnisse und Distanzen abgebildet. Die Beanspruchung einer Beziehung erklärt, wie stark die Beziehung durch die Rahmenbedingungen belastet wird bzw. wie gefährdet oder störanfällig eine Beziehung ist. Bei der Erhebung der Beanspruchung trägt eine auf die speziellen Bedürfnisse zugeschnittene Nutzwertanalyse dem hohen Individualitätsbedarf Rechnung. Folgende beispielhafte Merkmale verdeutlichen eine hohe Belastung einer Beziehung:

- Dynamik: Eine Lieferkette zwischen Unternehmen im Handelsbereich ist zeitweise besonders beansprucht, wenn hohe und vor allem schwer planbare Schwankungen in der Nachfrage nach einzelnen Produkten vorliegen. Dies kann beispielsweise bei Saison-/Aktionsware oder auch im Bereich des stark konjunkturabhängigen (Spezial-)Maschinenbaus der Fall sein. So lagen insbesondere vor dem Hintergrund der Wirtschaftskrise in einigen Segmenten des Maschinenbaus Schwankungen im Auftragseingang um bis zu 50 % in den vergangenen Jahren vor. Eine solche Situation stellt hohe Ansprüche an die Flexibilität und die Abstimmung zwischen den Supply Chain-Partnern. Das Risiko von Lieferengpässen durch fehlende Abstimmung steigt.
- Komplexität: Eine Beziehung in einer Supply Chain ist dann besonders beansprucht, wenn sie sich wie in der Automobilindustrie zwischen OEMs und 1st-Tier-Systemlieferanten auf eine Vielzahl von Produkten bzw. Komponenten bezieht (Beispiel Anzahl Teile und Varianten) oder wenn sie wie in der Chemieindustrie durch wechselseitige Lieferbeziehungen geprägt ist. Die Komplexität kann zu Supply Chain -Risiken wie Fehlern bei der Datenmigration während der Umstellung auf ein neues IT-System beim Lieferanten, unzureichender Qualität durch Testlücken bei Bauteilen, Kapazitätsproblemen durch starke Nachfrageschwankungen vom Markt führen.
- Machtverhältnisse: Supply Chain-Beziehungen sind stark beansprucht, wenn die Machtverhältnisse sehr unterschiedlich ausgeprägt sind, d. h. ein Partner stark von einem anderen abhängt, aber wenig Einfluss auf dessen Entscheidungen nehmen kann. Das ist z. B. zwischen Unternehmen der Halbleiterindustrie und Systemlieferanten der Automobilindustrie, die Halbleiter verbauen, der Fall. Obwohl die Automobilbranche ein wichtiger Industriezweig ist und der Anteil an elektronischen Komponenten im Auto immer mehr zunimmt, macht die Automobilindustrie an den Umsätzen der Halbleiterindustrie nur einen kleinen Teil aus. Dementsprechend niedrig priorisiert werden Anliegen der Automobilindustrie und umso mehr Risikovorsorge muss die Automobilindustrie z. B. in Form von Beständen treffen.
- Distanzen: Ein weiterer wichtiger Faktor für eine erhöhte Beanspruchung einer Beziehung in einer Lieferkette ist eine große physische und damit auch oft verbunden eine große kulturelle Distanz. Denn unterschiedliche Kommunikationsstandards erschwe-

ren die Abstimmung bei Problemen und unterschiedliche Wert- und auch Qualitätsverständnisse der Partner fördern Missverständnisse bei wichtigen Themenstellungen.

Weitere mögliche Bewertungskriterien zur Beanspruchung können bei den Aspekten „Flexibilität" sowie der „strategischen Zeitebene" auf der operativen Ebene einer Supply Chain sowie bei den Aspekten „Daten-/Planungsinfrastruktur" sowie „Institutionelle Aspekte" auf der strategischen Ebene einer Supply Chain gefunden werden. Bei „Flexibilität" sind z. B. Anzahl SKUs oder Umsatzanteil Neuprodukte denkbar. Bei der „strategischen Zeitebene" kann beispielsweise die vom Markt geforderte Time-to-Market im Rahmen der Neuprodukteinführung bzw. des Innovationsprozesses von großem Interesse sein. Eine besondere Rolle spielt dies beispielsweise in der Elektronikindustrie, wo die Innovationszyklen traditionell sehr kurz sind. Der Bereich „Daten-/Planungsinfrastruktur" könnte vertreten werden durch die Aspekte Kompatibilität der Transaktionssysteme oder Verwendung einheitlicher Kodierungsstandards. Schließlich könnten die institutionellen Aspekte durch Abhängigkeit von Stakeholdern deutlich gemacht werden. Eine besondere Rolle spielt hier etwa auch die Analyse der Struktur-Anteilseigner der Unternehmen. Wenn beispielsweise ein Wettbewerber einen wesentlichen Anteil der Aktien an einem Zulieferer hält, kann dies einen Hinweis auf die Belieferung in Zeiten von „Allocation" geben. Andererseits kann eine wesentliche Beteiligung eines öffentlichen Unternehmens in manchen Fällen für insbesondere finanzielle Stabilität des Zulieferers oder Kunden stehen.

Dem gegenüber steht die Belastbarkeit als Stellhebel des Supply Chain Management. Darunter werden die Ergebnisse eines aktiven Supply Chain Management subsumiert, die sich in verschiedenen Merkmalen niederschlagen. Diese Merkmale bewirken, dass die Beziehung höheren Beanspruchungen durch die oben dargestellten Faktoren standhalten kann. Aspekte, die zu einer höheren Belastbarkeit führen, sind beispielsweise materialfluss- und informationsflussbezogene Robustheit, wirtschaftliche Stabilität oder Vertrauensniveau.

- Materialflussbezogene Robustheit: Prozessstabilität und insbesondere kapazitative Flexibilität bewirken, dass eine Supply Chain auch mit schwankenden Nachfragemengen und extremen Liefersituationen gut funktioniert. Dies setzt voraus, dass Produkte und Prozesse so gestaltet sind, dass Schwankungen nicht zu stark werden (z. B. durch Baukastensysteme oder Modulbauweise) bzw. durch flexible Produktionssysteme schnell und ohne Zusatzkosten abgefangen werden können (z. B. durch flexible Arbeitszeitmodelle oder den bedarfsgerechten Einsatz von Dienstleistern als verlängerte Werkbank). So lassen sich LED-basierende Lichtsysteme wegen der winzigen Leuchtdioden besonders flexibel gestalten. In diesem Geschäftsfeld spielt deshalb die Auftragsfertigung (im Gegensatz zu einer Produktion auf Lager) eine wichtige Rolle. Folglich muss auch die Supply Chain in Form der Vorlieferanten in der Lage sein, kapazitativ sehr schnell auf spezifische Kundenanforderungen und Nachfrageschwankungen zu reagieren. Diese Flexibilität kann durch gemeinsame Optimierungsprogramme erzielt werden, die den spezifischen Wertstrom der kritischen Vormaterialien untersuchen und optimieren. Häufig haben solche Projekte für die Lieferanten auch positive Auswirkungen für andere Kunden, was bei der Verteilung der Kosten eines solchen Projekts berücksichtigt werden sollte.

- Informationsflussbezogene Robustheit: Um den mindestens genauso wichtigen stetigen Informationsfluss zu gewährleisten, ist eine gute informationstechnische Vernetzung der Partner in einer Supply Chain herzustellen. Der Nutzen liegt dabei insbesondere in der Vermeidung des sogenannten Bullwhip-Effekts, also sich in einer Supply Chain immer weiter fortpflanzende und aufschaukelnde Sicherheitsbestände. Außerdem wird eine informationstechnische Vernetzung mit zunehmend feingliedrigen Supply Chains umso wichtiger. So macht heute in der Automobilindustrie die Wertschöpfung des OEMs nur noch etwa 20% aus. 80% der Wertschöpfung eines Autos in Form von bis zu 4500 Komponenten und mehreren Tausend Einzelteilen werden kaskadenförmig von etwa 500 bis 1000 Lieferanten erbracht. Gleichzeitig ist der OEM aber derjenige Spieler, der häufig exklusiven Zugang zu Informationen der Endkunden hat. Das bedeutet, dass der OEM als „Informationsbroker" in der Lage sein muss, die Informationen zielgerichtet in der Supply Chain zu platzieren. Ein weiterer zunehmend wichtiger werdender Bereich ist das After-Sales-Geschäft, da hier wichtige Informationen über das Verbraucherverhalten genutzt werden können, um die Supply Chain zu optimieren. Heute existiert hierzu nach einer Studie des Supply Management Institutes jedoch noch großer Handlungsbedarf. So geben 80% der Teilnehmer der Studie an, dass die zur Planung verwendeten Daten nicht in einheitlichen Systemen integriert sind. Planungsverantwortliche verbringen deshalb teilweise bis zu 80% ihrer Arbeitszeit mit manueller Datenrecherche und Aufbereitung. Die oft vorherrschende mangelnde Integration von IT-Systemen kann als Hauptgrund für unzureichenden und erschwerten Datenzugriff angesehen werden. Während nach der Studie nur 16% der Teilnehmer auf Daten aus integrierten Systemen zugreifen können, sehen sich diese Unternehmen jedoch deutlich seltener mit Planungsrevisionen konfrontiert (vgl. Thoms et al. 2009).
- Wirtschaftliche Stabilität: Wie wichtig wirtschaftliche Stabilität für eine funktionierende Supply Chain ist bzw. welches Risiko fehlende wirtschaftliche Stabilität auch nur einzelner Unternehmen beinhaltet, hat die Erfahrung der Wirtschaftskrise gezeigt: Obwohl einzelne Zulieferer nur einen sehr kleinen Teil der Wertschöpfung erbringen, kann das Endprodukt nicht mehr hergestellt werden, wenn die Supply Chain an dieser Stelle unterbrochen ist. Um Risiken aus diesem Bereich frühzeitig zu erkennen, hat die Porsche AG bereits früh ein Instrumentarium zum finanzwirtschaftlichen Risikocontrolling eingeführt. Ein wichtiger Aspekt dabei ist, das Lieferantenausfallrisiko so zeitnah zu erkennen, dass noch geeignete Gegenmaßnahmen getroffen werden können. Dabei wird das Lieferantenausfallrisiko durch die Aspekte finanzwirtschaftliche Risiken, qualitativ-strategische Risiken, länderspezifische Risiken und eine qualitativ-informelle Risikoeinschätzung des Einkaufs konkretisiert (vgl. Roth und Lattwein 2008).
- Vertrauensniveau: Ein hohes Vertrauensniveau wirkt positiv auf die Belastbarkeit der Beziehung. Gleichzeitig kann das Vertrauensniveau durch vertrauensbildende Maßnah-

men aktiv gesteuert werden. So erhöht sich das Vertrauen, wenn sich die unterschiedlichsten Erwartungen beider Partner in einer Beziehung bei wiederholten Interaktionen – insbesondere in kritischen Situationen wie bei Lieferengpässen oder Lieferproblemen – erfüllt haben. Weitere Elemente, die zur Bildung von Vertrauen beitragen, sind Transparenz über Prozess- und Kostenstrukturen (Open Book) als Grundlage für gemeinsame Optimierungsprojekte oder enge und verlässliche Abstimmungszyklen.

Weitere mögliche Bewertungskriterien zur Belastbarkeit können bei den Bereichen „Flexibilität“ sowie der „strategischen Zeitebene“ auf der operativen Ebene einer Supply Chain sowie bei den Aspekten „Daten-/Planungsinfrastruktur“ sowie „Institutionelle Aspekte“ auf der strategischen Ebene einer Supply Chain gefunden werden. So wäre beispielsweise zu fragen, ob bzw. mit welchem Partner zur Reduzierung der „Time-to-Market“ ein Simultaneous Engineering praktiziert wird. Weiterhin würde der Einsatz von Entscheidungsunterstützungssystemen oder verbesserten Planungstools die Belastbarkeit der Beziehung im Rahmen der Daten-/Planungsinfrastruktur erhöhen. Ansatzpunkte zur Erhöhung der Belastbarkeit bei institutionellen Aspekten könnte eine Verbesserung der Einflussnahme durch eine Kapitalbeteiligung an dem entsprechenden Partnerunternehmen sein.

Insbesondere bei dem Instrument der Kapitalbeteiligung ist jedoch explizit die Marktsituation in die Überlegung mit einzubeziehen. So ist eine Beteiligung an einem kritischen Zulieferer, der eine Engpassressource in der Supply Chain darstellt, durchaus sinnvoll. Dagegen wäre es nicht sinnvoll, sich an Zulieferunternehmen zu beteiligen, die Commodities wie z. B. einfache Plastikteile oder andere standardisierte C-Teile herstellen. Hier sollte der Marktmechanismus im Rahmen einer Double- oder Multiple-Sourcing-Strategie ausgenutzt werden, um die Belastbarkeit durch den Aufbau alternativer Beschaffungsstränge in der Supply Chain zu erhöhen (vgl. auch der Aspekt Modularität einer Supply Chain).

In diesem Zusammenhang kann eine sinnvolle Erweiterung des Beanspruchungs-Belastbarkeitsportfolios zur Berücksichtigung von Kooperationsaspekten in der Transaktionskostentheorie (Vorliegen von transaktionsspezifischen Investitionen) oder der Principal-Agent-Theorie (z. B. Gelegenheiten zu opportunistischem Verhalten) liegen. Diese Aspekte sind besonders dann von Bedeutung, wenn in der Supply Chain regelmäßig Make-Or-Buy-Fragestellungen diskutiert werden, wie z. B. beim Einsatz von Lohnveredelern oder Logistik-Dienstleistern (vgl. Hauptmann 2007, S. 23 ff.).

Stellt man Beanspruchung und Belastbarkeit einander gegenüber, so können daraus wichtige Erkenntnisse für das systematische Management einer Supply Chain auf der strategischen Ebene abgeleitet werden. Dies ist wichtig, um dieses Instrument nicht nur als reines Analyseinstrument zu verwenden, sondern mit nicht erwünschten Konstellationen Handlungsempfehlungen zu verknüpfen.

- Im Optimalfall wird einer hohen Beanspruchung einer Beziehung mit einer hohen Belastbarkeit entgegengewirkt. In einem solchen Fall sollte die Partnerschaft erhalten bzw. weiterentwickelt werden.

- Gleichermaßen sollte die Beziehung bei einer geringen Beanspruchung und einer geringen Belastbarkeit in dieser Form erhalten werden bzw. nur in besonderen Ausnahmefällen ein aktives Management (Management by Exception) erfolgen.
- Bei einer hohen Beanspruchung und einer niedrigen Belastbarkeit sollte eine Stärkung bzw. ein Austausch von Kettengliedern erfolgen. In einer anderen Variante gilt diese Empfehlung für den oben dargestellten Fall des Türschlossherstellers Kiekert. Hier sollte z. B. ein zweiter Lieferant aufgebaut werden, um die Abhängigkeit zu reduzieren. Darüber hinaus kann auch die Belastbarkeit bestehender Beziehungen durch geeignete weiter oben dargestellte Konzepte in geeigneter Weise gestärkt werden.
- Schließlich sollte eine Relation, deren Belastbarkeit mit spezifischen Maßnahmen gestärkt wurde, für die jedoch nur eine geringe Beanspruchung vorliegt, auf Einsparpotenziale überprüft werden. Der Grund hierfür ist, dass die oben beispielhaft dargestellten Maßnahmen zur Stärkung der Belastbarkeit einer Relation häufig mit nicht unerheblichen Investitionen bzw. Kosten verbunden sind. Wenn eine Beziehung also als eher unkritisch eingestuft wird, ist zu fragen, ob es wirklich notwendig ist, einen hohen Abstimmaufwand zu investieren.

Der Wert des dargestellten Instruments liegt trotz seiner eher theoretischen Grundlagen in der systematischen Zusammenstellung von Kriterien zur strategischen Analyse der Supply Chain und der bislang getroffenen Maßnahmen zur aktiven Steuerung der jeweiligen Beziehungen. Während traditionelle Tools zum Warengruppenmanagement hauptsächlich produkt- und lieferantenbezogene Kriterien wie z. B. Wert des Beschaffungsgutes, Versorgungsrisiken etc. heranziehen (vgl. Wildemann 2013), geht das Beanspruchungs- und Belastbarkeitsportfolio auf die spezielle Notwendigkeit einer Supply Chain ein, indem es auf einzelne Beziehungen zwischen den Partnern in einer Supply Chain und den getroffenen Maßnahmen zur Steuerung und aktiven Gestaltung der Infrastruktur fokussiert.

Zusammenfassung Kap. 6

Die Bandbreite der Darstellungen hat verdeutlicht, dass das Aufgabengebiet des Supply Chain Controlling sehr breitgefächert und komplex ist. Dies kann nochmals anhand folgender Aspekte verdeutlicht werden:

- Die Aufgaben des Supply Chain Controlling sind so breit gefächert wie die Definition des Aufgabengebiets des Supply Chain Managers selbst. Wie oben gezeigt, kann dies mit dem Management der strategischen und operativen Ebene der Supply Chain sehr umfangreich sein.
- Weiterhin sind die zu fokussierenden Themen, bei denen der Supply Chain Controller den Supply Chain Manager unterstützen kann bzw. sollte, immer abhängig von den jeweiligen Prioritäten des Supply Chain Management. Diese können aber wiederum eine hohe Dynamik aufweisen. So liegt beispielsweise in Wachstumsphasen die Priorität häufig auf der Erhöhung des Gewinns. In Kontraktionsphasen, wie in der Wirtschaftskrise, liegt die Priorität dagegen eher auf der Überlebensfähigkeit und der Risikoreduzierung einer Supply Chain.

- Für ein effektives Supply Chain Controlling sind sowohl ein Verständnis der betriebswirtschaftlichen Grundlagen im Sinne von Kennzahlen etc. als auch der Konzepte und Instrumente des Supply Chain Management nötig. Dies allein stellt eine besondere Anforderung an den Supply Chain Controller.[19]
- Außerdem liegt eine besondere Herausforderung des Supply Chain Controllers im unternehmensinternen und -übergreifenden Querschnittscharakter des Supply Chain Management: Um valide bzw. überhaupt Daten über Sachverhalte zu erlangen, müssen Daten aus verschiedenen Quellen und Systemen mit sehr unterschiedlichen Qualitäten und Verfügbarkeiten zusammengeführt werden.

Der Wertbeitrag des Supply Chain Controlling liegt dann hauptsächlich darin, den Beitrag des Supply Chain Management für die erfolgreiche Umsetzung der Unternehmensstrategie aufzuzeigen und anhand von nachvollziehbaren Informationen möglichst quantitativ messbar zu machen. Was kann der Supply Chain Controller nun tun, um diesen Wertbeitrag zu erbringen? Folgender Arbeitsplan für das Supply Chain Controlling gibt hierzu grobe Leitlinien:

I. Identifizierung von für das Supply Chain Management relevanten Themenfeldern durch Herunterbrechen bzw. Konkretisierung der Unternehmensstrategie
II. Quantifizierung der Kosten und Nutzen möglicher Handlungsansätze und Maßnahmen in diesen Themenfeldern
III. Zusammenführung und Priorisierung der Ansatzpunkte in einer Supply Chain Road Map, mit der die Aufgaben des Supply Chain Management gesteuert und kommuniziert werden können

Literatur

Bretzke, W.-R. (1992). Entwicklung, Realisierung und Zertifizierung von Qualitätssicherungssystemen. In H.-C. Pfohl (Hrsg.), *Total Quality Management in der Logistik* (S. 77–111). Darmstadt: Erich Schmidt.

Brewer, P. C., & Speh, T. W. (2000). Using the balanced scorecard to measure supply chain performance. *Journal of Business Logistics, 1,* 75–93.

DIN EN ISO 9000:2015. 2015, Nov. Qualitätsmanagementsysteme – Grundlagen und Begriffe (ISO 9000:2015).

Gänßlein, S., Losbichler, H., Niedermayr, R., Rieder, L., Schäffer, U., & Weber, J. (2012). Grundsatzposition des Internationalen Controller Vereins (ICV) und der International Group of Controlling (IGC). Die Kernelemente des Controllings – Das Verständnis von ICV und IGC.

Göpfert, I., & Neher, A. (2003). Supply Chain Controlling. Wissenschaftliche Konzeptionen und praktische Umsetzungen. *Controlling, 4*(3), 34–44.

Gunasekaran, A., Patel, C., & Tirtiroglu, E. (2001). Performance measures ans metrics in a supply chain environment. *International Journal of Operations & Production Management, 1/2,* 71–87.

[19] Hierzu vgl. auch die Analyse über die Gründe, warum Kennzahlen des Supply Chain Controlling nicht eingesetzt werden, bei Liebetruth 2009. Hier wird aufgezeigt, dass der Einsatz bzw. die Akzeptanz von Kennzahlen auch von der individuellen Fähigkeit des Managements abhängt, die Kennzahlen selbst und die Konzepte dahinter zu verstehen.

Hauptmann, S. (2007). *Gestaltung des Outsourcings von Logistikleistungen* (1. Aufl.). s.l.: DUV Deutscher Universitäts-Verlag. http://ebooks.ciando.com/book/index.cfm/bok_id/16575.

Internationaler Controller Verein. (Hrsg.). (2013). Was macht Controller erfolgreich(er)? Auf das Verhalten kommt es an! Wörthsee. http://www.icv-controlling.com/de/controlling-wissen.html. Zugegriffen: 14. Aug. 2015.

Internationaler Controller-Verein. (2015). Kernelemente. http://www.icv-controlling.com/de/verein/kernelemente.html. Zugegriffen: 14. Aug. 2015.

Kaufmann, L., & Germer, T. (2001). Controlling internationaler Supply Chains. In H. Arnold, R. Mayer, & G. Urban (Hrsg.), *Supply Chain Management – Unternehmensübergreifende Prozesse – Kollaboration – IT Standards* (S. 177–192). Bonn.

Klaus, P. (1994). Jenseits einer Funktionenlogistik. In H. Isermann (Hrsg.), *Logistik* (S. 331–348). Landsberg: Moderne Industrie.

Lalonde, B. J., & Pohlen, T. L. (1996). Issues in supply chain costing. *International Journal of Logistics Management, 1,* 1–12.

Liebetruth, T. (2005). *Die Informationsbasis des Supply Chain Controllings. Forschungsstand, empirische Analyse, Gestaltungsempfehlungen. Univ., Diss.–Erlangen-Nürnberg, 2004.* Köln: Kölner Wissenschaftsverl. http://deposit.ddb.de/cgi-bin/dokserv?id=2603704&prov=M&dok_var=1&dok_ext=htm.

Liebetruth, T. (2006). Best Practice – Supply Chain Controlling. Ergänzungslieferung Dezember 2010. In U. Fröhling (Hrsg.), *Materialwirtschaft und Logistik. Auf einen Blick.* Augsburg: WEKA Media (WEKA-Praxislösungen).

Liebetruth, T. (2009). Verhaltenswissenschaftliche Ansätze zur Schließung von Implementierungslücken des Supply Chain Controllings. In S. Müller (Hrsg.), *Märkte, Anwendungsfelder und Technologien in der Logistik. Ergebnisse und Reflexion von 20 Jahren Logistikforschung; Festschrift für Peter Klaus. Unter Mitarbeit von Peter Klaus* (1. Aufl., S. 69–86). Wiesbaden: Gabler (Gabler Research).

Miller, T. (2001). *Hierarchical operations and supply chain planning.* London: Springer.

Otto, A. (2002). *Management und Controlling von Supply Chains. Ein Modell auf der Basis der Netzwerktheorie.* Wiesbaden: Deutscher Universitätsverlag. (Neue betriebswirtschaftliche Forschung, 290). http://dx.doi.org/10.1007/978-3-663-10716-3.

Pagh, J. D., & Cooper, M. C. (1998). Supply chain postponement and speculation strategies: How to choose the right strategy. *Journal of Business Logistics, 2,* 13–33.

Pampel, J. R. (2002). Instrumente für das kooperationsbezogene Controlling von Produktions- und Transaktionskosten. In D. Hahn & L. Kaufmann (Hrsg.), *Handbuch Industrielles Beschaffungsmanagement. Internationale Konzepte – Innovative Instrumente – Aktuelle Praxisbeispiele* (2. Aufl., S. 697–728). Wiesbaden.

Roth, M., & Lattwein, J. (2008). *Controlling der finanzwirtschaftlichen Risiken in der Supply Chain – Lieferanten-Risikomanagement der der Porsche AG* (4/5) (S. 219–226). München: Beck.

Scott, C., & Westbrook, R. (1991). New strategic tools for supply chain management. *International Journal of Physical Distribution and Logistics Management, 1,* 23–33.

Stölzle, W. (2002). Supply Chain Controlling und Performance Management – Konzeptionelle Herausforderungen für das Supply Chain Management. *Logistik Management, 4*(3), 10–21.

Strobel, S. (2002). Beziehungscontrolling – Vertrauen macht stark. *Logistik Heute, 7–8,* 38–39.

Thoms, J., Benz, M., & Warth, J. (2009). *Supply Chain Analytics. Das unentdeckte Wissen der Automobilindustrie.* Wiesbaden.

Weber, J. (2002). *Logistik- und Supply Chain Controlling. 5., aktualisierte und völlig überarb. Aufl.* Stuttgart: Schäffer-Poeschel.

Weber, J., & Schäffer, U. (2008). *Einführung in das Controlling. 12., überarb. und aktualisierte Aufl.* Stuttgart: Schäffer-Poeschel. http://deposit.d-nb.de/cgi-bin/dokserv?id=3111021&prov=M&dok_var=1&dok_ext=htm.

Weber, J., Bacher, A., & Groll, M. (2002). Supply chain controlling. In A. Busch & W. Dangelmaier (Hrsg.), *Integriertes Supply Chain Management. Theorie und Praxis effektiver unternehmensübergreifender Geschäftsprozesse* (S. 145–166). Wiesbaden: Gabler.

Wildemann, H. (2013). *Supply Chain Management. Leitfaden für unternehmensübergreifendes Wertschöpfungsmanagement* (14. Aufl.). München: TCW-Verl. (Leitfaden / TCW Transfer-Centrum für Produktions-Logistik und Technologie-Management, 53).

Printed by Printforce, the Netherlands